人工智能应用与实战系列

计算机视觉应用与实战

韩少云 郑政 冯华 杨瑞红 徐理想 等编著

电子工业出版社
Publishing House of Electronics Industry
北京·BEIJING

内 容 简 介

本书围绕计算机视觉在农业、医学、工业等领域的案例，深入浅出地讲解计算机视觉核心的模型与关键技术。本书中的案例代码可以在达内时代科技集团自主研发的 AIX-EBoard 人工智能实验平台上部署与实施，实现了教学场景化、学习趣味化。

本书分为三个部分，循序渐进地介绍计算机视觉相关技术的理论基础和各案例的实践步骤。第 1 部分基于 OpenCV 介绍传统视觉应用的基础算法，同时实现轮廓提取、全景图像拼接等案例的实践；在传统视觉应用的基础上，第 2 部分讲解基于机器学习和深度学习的视觉应用，结合不同行业的案例对图像进行分析处理，如水果识别、病虫害识别、相似图像搜索、眼底血管图像分割等；第 3 部分聚焦市场关注度较高的一些新兴视觉应用的原理及实现，如从二维图像到三维空间的重建、计算机视觉在移动设备中的应用、实时图像和视频的风格迁移等。

本书适合人工智能相关专业的本科生、专科生及计算机初学者阅读，既可以作为应用型本科院校和高等职业院校人工智能相关专业的教材，也可以作为相关领域从业者的学习和参考用书。本书可以帮助有一定基础的读者查漏补缺，深入理解和掌握相关原理与方法，提高解决实际问题的能力。

未经许可，不得以任何方式复制或抄袭本书之部分或全部内容。
版权所有，侵权必究。

图书在版编目（CIP）数据

计算机视觉应用与实战 / 韩少云等编著. —北京：电子工业出版社，2022.5
（人工智能应用与实战系列）
ISBN 978-7-121-43251-4

Ⅰ. ①计… Ⅱ. ①韩… Ⅲ. ①计算机视觉 Ⅳ. ①TP302.7

中国版本图书馆 CIP 数据核字（2022）第 056244 号

责任编辑：林瑞和　　　　　特约编辑：田学清
印　　刷：中国电影出版社印刷厂
装　　订：中国电影出版社印刷厂
出版发行：电子工业出版社
　　　　　北京市海淀区万寿路 173 信箱　　邮编：100036
开　　本：787×980　1/16　印张：23.75　字数：530 千字
版　　次：2022 年 5 月第 1 版
印　　次：2022 年 5 月第 1 次印刷
定　　价：109.00 元

凡所购买电子工业出版社图书有缺损问题，请向购买书店调换。若书店售缺，请与本社发行部联系，联系及邮购电话：（010）88254888，88258888。
质量投诉请发邮件至 zlts@phei.com.cn，盗版侵权举报请发邮件至 dbqq@phei.com.cn。
本书咨询联系方式：010-51260888-819，faq@phei.com.cn。

编委会

主编：韩少云　达内时代科技集团

副主编（以姓氏拼音排序）：
白旭乾　云南轻纺职业学院
陈　斌　铁岭师范高等专科学校
杜丽萍　哈尔滨职业技术学院
冯　华　达内时代科技集团
甘　庭　武汉大学
胡一波　西安外事学院
黄　浩　武汉大学
纪兆华　北京信息职业技术学院
贾鹤鸣　三明学院
金　锋　达内时代科技集团
李春民　咸阳职业技术学院
李燕梅　滇西科技师范学院
穆　俊　滇西科技师范学院
覃凤清　宜宾学院
覃　平　广西建设职业技术学院
宋　磊　哈尔滨职业技术学院
孙福才　哈尔滨职业技术学院
谭鹤毅　南充职业技术学院
田文涛　哈尔滨职业技术学院
王　超　湖州师范学院
王丹波　达内时代科技集团
向昌成　阿坝师范学院

肖　驰　海南大学
杨成福　四川文理学院
杨晓丹　漳州理工职业学院
袁小洁　贵州食品工程职业学院
张　楠　铁岭师范高等专科学校
赵梓安　达内时代科技集团
郑　荣　三明学院
郑　政　达内时代科技集团
周华飞　达内时代科技集团
朱达欣　泉州师范学院
朱育林　漳州理工职业学院
庄　凯　四川工商职业技术学院

委员（以姓氏拼音为序）：
蔡　葳　陈天竺　刁景涛　谷福甜　谷志伟　郭大喜　何海悦　蒋贵良　李　辉
李林书　李　宁　李友缘　刘安奇　吕　璐　裴广战　王琼夏　吴　飞　许海越
徐理想　杨瑞红　张　博　张弘哲　张久军　张晓军　赵成明　朱海蕊

序 一

与计算机视觉的结缘,源于我中学时期观看的由史蒂文·斯皮尔伯格执导的电影《人工智能》。该电影讲述了一个被赋予情感的小机器人渴望母爱、找寻自我、探索人性的故事。在那个还无法深刻理解"无论科技如何发达,爱才是宇宙之中的终极答案"的年龄,电影更吸引我的是:小机器人看到的世界是怎样的?看到了这些事物又是如何思考的?如何能够区分不同的物体,以及它们的形状、大小、是否在移动?

中学时期的好奇心驱使我从事了人工智能领域相关的工作,并在计算机视觉中找到了上述问题的答案。作为人工智能的一个分支,计算机视觉使计算机和系统能够从数字图像、视频与其他视觉输入中获取有意义的信息,并根据这些信息采取行动或提出建议。如果说人工智能使计算机能够思考,那么计算机视觉使计算机能够看到、观察和理解。得益于近年来深度学习、神经网络和计算机硬件相关技术的创新,计算机视觉在众多领域飞跃发展,在商业、农业、娱乐、交通、医疗保健等行业中扮演着重要的角色。例如,自动驾驶汽车通过摄像头和其他传感器的视觉输入,利用计算机视觉技术识别其他汽车、交通标志、道路标记、行人、自行车及在道路上可能遇到的所有其他视觉信息,理解这些信息并做出正确的反应或提示;在医疗行业中,Microsoft 的 InnerEye 可以帮助外科医生从肿瘤的 3D 图像中准确地识别肿瘤的位置和轮廓,并在不伤害重要器官的前提下,直接针对肿瘤进行放射性治疗。

随着计算机视觉技术的高速发展,相关应用市场规模迎来了爆发式的增长,2022 年全球计算机视觉和硬件市场规模预计将达到 486 亿美元,未来 3~5 年内中国计算机视觉人才缺口每年都在 10 万人以上,并且有逐年递增的趋势。因此,众多科研工作者和互联网企业都在该领域进行了布局、深耕,市面上也出现了一系列相关书籍,它们大多从原理出发,追本溯源地讲解计算机视觉的相关技术。虽然这些书籍清晰地阐述了计算机视觉的基础理论和底层逻辑,但大多包含大量的数学公式推导和模型算法解析,忽略了实战案例、实验操作的呈现,而强大的实战技能恰恰是众多互联网公司和数字化转型中的实体企业对计算机视觉工程师的基本要求。

在这样的大背景下,《计算机视觉应用与实战》应运而生!本书基于计算机视觉和机器学习软件库 OpenCV,以及达内时代科技集团自主研发的 AIX-EBoard 人工智能实验平台,结合农业、医学、工业等领域的 20 多个案例，深入浅出地讲解不同计算机视觉相关模型和算法的基本原理，并针对案例详细地描述了实现方法。书中的每个案例均可作为独立的章节呈现，读者可以根据实际需求，依照提供的实验方法和代码，针对感兴趣的章节反复学习、实践和拓展。作为"人工智能应用与实战系列"教材的第一本书，本书由达内时代科技集团人工智能研究院诸多专家学者和工程师共同编写，基于公司在 IT 职业培训领域近 20 年的深厚积累，以及服务累计超 20 万家企业、1200 所高校及 100 万名学生的丰富经验，旨在帮助读者快速成为符合企业实际需求的计算机视觉工程师和实战型人才，为中国人工智能产业的腾飞贡献一分力量！

郑政 博士

达内时代科技集团技术研发副总裁、人工智能研究院院长

2022 年 1 月于北京

序 二

随着数据的增加、算法的突破及算力的提升，人工智能迎来了蓬勃的发展，并且正逐渐深刻地影响经济和社会生活的方方面面。在此背景下，教育部学校规划建设发展中心与达内时代科技集团合作，启动了"人工智能+智慧学习"共建人工智能学院项目，在人工智能人才培养、高校专业共建、师资培训等各方面进行积极布局和投入，为进入未来智能时代、助力普惠人工智能做好准备，做出贡献。

计算机视觉作为人工智能最热门的研究领域之一，受到了广泛的关注。近年来，在产业政策助推、应用需求驱动、行业热度提升等因素的影响下，计算机视觉迈入了发展的"黄金期"，并且广泛应用于自动驾驶、医学诊断、保险索赔、手机摄像等领域。另外，在国内外市场上，实战型计算机视觉工程师也呈现出供不应求的趋势。

如果说计算机视觉的理论基础是武功的心法口诀和招式，那么案例就是与高手的实战过招，这是提升和检验解决实际问题能力的最佳方式。与传统的计算机视觉类书籍相比，本书更注重实践能力的培养，遵循计算机视觉工程项目的处理逻辑，将复杂的理论知识案例化，并提供了详细的代码解析，使读者从工程角度出发解决问题，通过场景化的实践来辅助理解理论知识，从而真正做到了理实结合、案例驱动。令人惊喜的是，本书中的案例代码可以在达内时代科技集团自主研发的 AIX-EBoard 人工智能实验平台上部署与实施，读者可以从算法设计、模型训练到工程部署与实施的全流程中学习知识和技术。与此同时，读者在实战过程中，可以更关注自己所在行业的应用场景。这对于不同行业（农业、交通、医学等）的计算机视觉爱好者，具有非常大的吸引力，可以帮助他们快速进行计算机视觉应用的开发。

很高兴看到达内时代科技集团人工智能研究院与电子工业出版社合作出版这样一本书，帮助人工智能专业的专科生、本科生，以及从事计算机视觉开发的工程师开发出理想的计算机视觉应用。很期待这本书能够帮助各位读者探索计算机视觉在不同行业的应用。衷心祝愿各位读者在计算机视觉领域取得成功！

黄　浩

武汉大学计算机学院研究员、博士生导师

乐筑 App 联合创始人、CTO

2022 年 2 月于武汉

前　言

人类通过一对生物相机——眼睛，观察、感知、情境化和理解我们周围的环境。虽然眼睛无法记录、存储和分析视觉数据，但它们可以帮助我们看到物体，在不同的环境中定位自己，并真正享受周围美丽的环境。生物视觉的魅力令人着迷，试想一下，如果汽车、无人机、机器人、卫星也拥有这样一双眼睛，在相机、算法和数据的帮助下实现各种功能，那么我们的生活和工作将变得更加轻松与便利。然而，视觉世界固有的复杂性使机器拥有"眼睛"极具挑战性，一个真正的视觉系统必须能够在任何方向、任何光照条件下、任何类型的其他对象遮挡等复杂环境下"看到"给定对象，并提取有意义的信息。自20世纪60年代以来，这个问题受到了无数优秀的学者和科研人员的关注，最终发展为计算机科学人工智能领域的一个重要分支——计算机视觉。

计算机视觉是一个跨学科领域，使机器能够从视频、数字图像和其他形式的视觉输入中获取丰富的信息。人工智能帮助计算机思考，而计算机视觉帮助计算机感知和理解环境。近年来，随着算力（以GPU、云计算为代表）的快速提升，以及以深度神经网络为代表的深度学习技术的突破性发展，计算机视觉已在各行业得到了广泛应用。

- 交通：自动驾驶、障碍物感知、路口监控、事故定责等。
- 零售和制造：物品质量或数量监控、条码分析、库存管理、客户行为跟踪等。
- 国防和安全：地雷探测、面部探测、武器缺陷探测、无人驾驶军用车辆等。
- 农业：受损作物检测、自动农药喷洒、牲畜数量检测、作物分级和分拣等。
- 医疗：疾病发现、精准诊断、CAT/MRI重建、失血量测量、精准医学影像等。
- 保险：资产分析、损坏分析、损失金额估算、自动化索赔等。
- 时尚：基于图像的服装分析、时尚趋势预测、品牌识别等。
- 媒体：假新闻识别、品牌曝光监控、影视虚拟回放、广告投放分析等。
- 智能手机：全景构建、面部检测、表情检测、图像搜索等。

随着计算机视觉在众多行业的快速发展与应用，国内外对于计算机视觉应用型人才的缺口也逐年增大。究其原因，一方面，源于近几年各行业对计算机视觉领域人才的需求快速增加；另一方面，通过对国内诸多计算机专业学生、互联网工程师的走访调研发现，虽然大家对计算机视觉具有浓厚的兴趣，但普遍认为它的入门门槛较高，需要掌握人工智能相关的多种模型算法才能初窥门径，最后在复杂的数学公式推导面前望而却步。市面上大多数计算机视觉方面的书籍也都更注重理论基础的讲解，案例方面的书籍相对较少。无可厚非，理论基础决定上层建筑，但案例实战是应用型人才应该具备的素质，也是帮助读者更好地理解理论知识的最佳方式。为此，达内时代科技集团将以往的与计算机视觉相关的项目经验、产品应用和技术知识整理成册，通过本书来总结和分享计算机视觉领域的实践成果。我们衷心希望本书能在读者心中种下一颗实践的种子，用计算机视觉重塑未来！

本书内容

本书围绕计算机视觉在农业、医学、工业等领域的案例（植物病虫害检测、眼底血管图像分割、口罩佩戴检测等）进行讲解，理论结合实际，采用大量插图，辅以实例，力求深入浅出，帮助读者快速理解计算机视觉若干模型和算法的基本原理与关键技术。本书既适合高职院校和本科院校的学生学习使用，也适合不同行业的计算机视觉爱好者阅读。在内容编排上，本书的每章都具备独立性，能够独立地解决一类实际问题，读者可以根据自身情况进行选择性阅读；同时各章之间循序渐进地形成有机整体，使全书内容不失系统性与完整性。本书包含以下章节。

- 第 1 部分（第 1~7 章）：基于 OpenCV 的传统视觉应用。该部分介绍传统视觉应用的基础算法，如二值化算法、Canny 边缘检测算法、BRIEF 算法、ORB 算法等，以及轮廓查找、全景图像拼接、双目测距等案例的应用。
- 第 2 部分（第 8~21 章）：基于机器学习和深度学习的视觉应用。首先通过手写数字识别、基于 HOG+SVM 的行人检测等案例介绍传统视觉与机器学习结合的算法，包含 SVM 模型的原理、图像处理的原理、HOG 算法、滑动窗口实现流程等；然后重点讲述基于深度学习算法的计算机视觉技术，包括卷积神经网络、目标检测、语义分割、GAN 模型、视频内容分析等，围绕水果识别、病虫害检测、相似图像搜索、人脸口罩佩戴检测、图像自动着色、眼底血管图像分割等视觉领域中的常见案例，强化上述模型的应用实践。
- 第 3 部分（第 22~25 章）：基于深度学习的新兴视觉应用。该部分介绍市场关注度较高的几个新兴视觉应用的相关原理及实现方法：第一，使用 3D-R2N2 算法进行三维空间重建；第二，通过 MobileNet-SSD 模型集成 L1 视频稳定算法实现视频稳定；第三，使用 YOLOv3-Tiny 模型结合 DeepSORT 模型实现车辆检测、跟踪和计数；第四，基于深度神经网络的实时图像和视频的风格迁移。

书中理论知识与实践的重点和难点部分均采用微视频的方式进行讲解，读者可以通过扫描每章中的二维码观看视频、查看作业与练习的答案。为了帮助读者提高实战技能，本书提供的案例代码可以在达内时代科技集团自主研发的 AIX-EBoard 人工智能实验平台上部署与实施。该实验平台具有操作方便、适于教学的特点，建议各院校和培训机构在组织学生进行人工智能编程学习时采用。如果是个人读者阅读本书，也可以在普通计算机上部署与实施案例的代码，不受影响。

另外，更多的视频等数字化教学资源，以及企业级综合教学项目（如智慧停车场管理系统、智慧景区管理系统和智能考勤打卡系统）的最新动态，读者可以通过关注微信公众号获取。

达内人工智能研究院产品资源

高慧强学公众号

致谢

本书是达内时代科技集团人工智能研究院团队通力合作的结果。全书由郑政博士、冯华、刁景涛策划、组织并负责统稿，参与本书编写工作的有杨瑞红、徐理想、裴广战、吴飞、谷志伟，以及院校老师陈斌、杜丽萍、纪兆华、穆俊、覃凤清、宋磊、孙福才、谭鹤毅、田文涛、向昌成、杨成福、张楠、庄凯等，他们对相关章节材料的组织与选编做了大量细致的工作，在此对各位编者的辛勤付出表示由衷的感谢！此外，感谢达内时代科技集团技术研发中心的技术总监赵梓安、大数据总监金锋为本书案例和技术细节的完善做出的贡献。

特别感谢曾经指导和支持过达内时代科技集团企业级综合教学项目，或者为本书的编写提出宝贵建议的众多专家和前辈，包括加拿大西安大略大学谢海鹏博士团队，中国科学院计算机网络信息中心吴开超博士团队，武汉大学计算机学院黄浩教授、甘庭博士团队，以及湖州师范大学王超博士团队等。

感谢达内时代科技集团 CEO、未来教育研究院院长孙滢对本书从立项讨论到编写出版全过程的倾心关注和大力支持，她不忘教育初心、坚守育人使命的情怀为本书的创作提供了强大的驱动力。

感谢电子工业出版社的老师们对本书的重视，他们一丝不苟的工作态度保证了本书的质量。

为读者呈现准确、翔实的内容是编者的初衷，但由于编者水平有限，书中难免存在不足之处，敬请专家和读者给予批评指正。

作 者

2022 年 2 月

目　录

第 1 部分　基于 OpenCV 的传统视觉应用

第 1 章　图像生成 ... 2
  1.1　图像显示 ... 3
    1.1.1　使用 OpenCV 显示图像 ... 3
    1.1.2　使用 Matplotlib 显示图像 ... 3
    1.1.3　案例实现——使用 OpenCV 显示图像 ... 3
    1.1.4　案例实现——使用 Matplotlib 显示图像 ... 5
  1.2　图像读取 ... 6
    1.2.1　使用 OpenCV 读取图像 ... 6
    1.2.2　使用 Matplotlib 读取图像 ... 7
    1.2.3　案例实现——使用 OpenCV 读取图像 ... 7
    1.2.4　案例实现——使用 Matplotlib 读取图像 ... 9
  1.3　图像保存 ... 10
    1.3.1　使用 OpenCV 保存图像 ... 10
    1.3.2　使用 Matplotlib 保存图像 ... 11
    1.3.3　案例实现——使用 OpenCV 保存图像 ... 11
    1.3.4　案例实现——使用 Matplotlib 保存图像 ... 14
  本章总结 ... 16
  作业与练习 ... 16

第 2 章　OpenCV 图像处理（1） ... 17
  2.1　图像模糊 ... 17
    2.1.1　均值滤波 ... 17
    2.1.2　中值滤波 ... 18
    2.1.3　高斯滤波 ... 18
    2.1.4　案例实现 ... 18
  2.2　图像锐化 ... 21
    2.2.1　图像锐化简介 ... 21
    2.2.2　案例实现 ... 21
  本章总结 ... 24
  作业与练习 ... 24

第 3 章　OpenCV 图像处理（2） ... 26
  3.1　OpenCV 绘图 ... 26
    3.1.1　使用 OpenCV 绘制各种图形 ... 26
    3.1.2　案例实现 ... 27
  3.2　图像的几何变换 ... 31
    3.2.1　几何变换操作 ... 31
    3.2.2　案例实现 ... 32
  本章总结 ... 38

作业与练习	38

第 4 章　图像特征检测　　40

- 4.1　边缘编辑和增强　　41
  - 4.1.1　Canny 边缘检测简介　　41
  - 4.1.2　案例实现　　42
- 4.2　图像轮廓检测　　44
  - 4.2.1　轮廓查找步骤　　45
  - 4.2.2　查找轮廓函数　　45
  - 4.2.3　绘制轮廓函数　　45
  - 4.2.4　案例实现　　46
- 4.3　图像角点和线条检测　　48
  - 4.3.1　角点的定义　　48
  - 4.3.2　Harris 角点简介　　48
  - 4.3.3　Harris 角点检测函数　　49
  - 4.3.4　案例实现　　49
- 本章总结　　51
- 作业与练习　　52

第 5 章　图像特征匹配　　53

- 5.1　ORB 关键点检测与匹配　　53
  - 5.1.1　FAST 算法　　54
  - 5.1.2　BRIEF 算法　　55
  - 5.1.3　特征匹配　　56
  - 5.1.4　代码流程　　56

- 5.2　案例实现　　57
- 本章总结　　59
- 作业与练习　　59

第 6 章　图像对齐与拼接　　60

- 6.1　全景图像拼接　　60
  - 6.1.1　全景图像的拼接原理　　61
  - 6.1.2　算法步骤　　61
  - 6.1.3　Ransac 算法介绍　　62
  - 6.1.4　全景图像剪裁　　63
- 6.2　案例实现　　64
- 本章总结　　67
- 作业与练习　　67

第 7 章　相机运动估计　　69

- 7.1　双目相机运动估计　　69
  - 7.1.1　相机测距流程　　69
  - 7.1.2　双目相机成像模型　　70
  - 7.1.3　极限约束　　71
  - 7.1.4　双目测距的优势　　71
  - 7.1.5　双目测距的难点　　71
- 7.2　案例实现　　73
- 本章总结　　83
- 作业与练习　　84

第 2 部分　基于机器学习和深度学习的视觉应用

第 8 章　基于 SVM 模型的手写数字识别　86

- 8.1　手写数字识别　　86
  - 8.1.1　手写数字图像　　86
  - 8.1.2　图像处理　　87
- 8.2　案例实现　　88
- 本章总结　　96

- 作业与练习　　96

第 9 章　基于 HOG+SVM 的行人检测　　97

- 9.1　行人检测　　97
  - 9.1.1　HOG+SVM　　97
  - 9.1.2　检测流程　　98
  - 9.1.3　滑动窗口　　99

9.1.4 非极大值抑制 101
9.2 案例实现 102
本章总结 110
作业与练习 110

第 10 章 数据标注 111

10.1 目标检测数据标注 111
 10.1.1 数据收集与数据标注 112
 10.1.2 数据标注的通用规则 113
 10.1.3 案例实现 114
10.2 视频目标跟踪数据标注 119
 10.2.1 视频与图像数据标注的差异 119
 10.2.2 案例实现 120
本章总结 128
作业与练习 128

第 11 章 水果识别 129

11.1 LeNet-5 模型的训练与评估 129
 11.1.1 卷积层 130
 11.1.2 池化层 131
 11.1.3 ReLU 层 132
 11.1.4 LeNet-5 模型 132
 11.1.5 Keras 133
 11.1.6 案例实现 134
11.2 LeNet-5 模型的应用 140
 11.2.1 使用 OpenCV 操作摄像头 140
 11.2.2 OpenCV 的绘图功能 141
 11.2.3 OpenCV 绘图函数的常见参数 141
 11.2.4 Keras 模型的保存和加载 141
 11.2.5 案例实现 143

本章总结 146
作业与练习 146

第 12 章 病虫害识别 148

12.1 植物叶子病虫害识别 148
 12.1.1 PlantVillage 数据集 149
 12.1.2 性能评估 149
 12.1.3 感受野 150
12.2 案例实现 150
本章总结 162
作业与练习 163

第 13 章 相似图像搜索 164

13.1 以图搜图 164
 13.1.1 VGG 模型 165
 13.1.2 H5 模型文件 166
 13.1.3 案例实现 167
13.2 人脸识别 174
 13.2.1 人脸检测 174
 13.2.2 分析面部特征 175
 13.2.3 人脸识别特征提取 176
 13.2.4 人脸相似性比较 177
 13.2.5 案例实现 177
本章总结 185
作业与练习 186

第 14 章 多目标检测 187

14.1 人脸口罩佩戴检测 187
 14.1.1 目标检测 188
 14.1.2 YOLO 模型 189
 14.1.3 YOLOv3 模型 191
 14.1.4 YOLOv3-Tiny 模型 192
14.2 案例实现 193
本章总结 199

作业与练习　199

第 15 章　可采摘作物检测　200

15.1　番茄成熟度检测　200
- 15.1.1　数据集　201
- 15.1.2　RCNN 模型　202
- 15.1.3　SPP-Net 模型　203
- 15.1.4　Fast-RCNN 模型　203
- 15.1.5　Faster-RCNN 模型　203
- 15.1.6　Mask-RCNN 模型　204

15.2　案例实现　205
本章总结　214
作业与练习　214

第 16 章　智能照片编辑　215

16.1　图像自动着色　215
- 16.1.1　GAN 模型的基本结构与原理　216
- 16.1.2　构建 GAN 模型　217

16.2　案例实现　219
本章总结　226
作业与练习　226

第 17 章　超分辨率　228

17.1　图像超分辨率　228
- 17.1.1　SRGAN 模型的结构　229
- 17.1.2　SRGAN 模型的损失函数　230
- 17.1.3　SRGAN 模型的评价指标　231

17.2　案例实现　231
本章总结　238
作业与练习　239

第 18 章　医学图像分割　240

18.1　眼底血管图像分割　240
- 18.1.1　图像分割　241
- 18.1.2　语义分割　242
- 18.1.3　全卷积神经网络　244
- 18.1.4　反卷积　245
- 18.1.5　U-Net 模型　245

18.2　案例实现　246
本章总结　254
作业与练习　254

第 19 章　医学图像配准　256

19.1　头颈部 CT 图像配准　256
- 19.1.1　图像配准方法　257
- 19.1.2　VoxelMorph 配准框架　258
- 19.1.3　TensorFlow-pix2pix　260

19.2　案例实现　261
本章总结　266
作业与练习　266

第 20 章　视频内容分析　268

20.1　人体动作识别　268
- 20.1.1　视频动作识别模型　269
- 20.1.2　UCF-101 数据集　270

20.2　案例实现　271
本章总结　276
作业与练习　276

第 21 章　图像语义理解　278

21.1　视觉问答　278
- 21.1.1　编码器-解码器模型　280
- 21.1.2　光束搜索　282

21.2 案例实现	283	作业与练习 289
本章总结	289	

第 3 部分　基于深度学习的新兴视觉应用

第 22 章　三维空间重建　292
- 22.1　3D-R2N2 算法　292
  - 22.1.1　算法简介　293
  - 22.1.2　算法的优势　293
  - 22.1.3　算法的结构　293
- 22.2　案例实现　295
- 本章总结　299
- 作业与练习　299

第 23 章　视频稳定　301
- 23.1　人脸视频稳定　301
  - 23.1.1　MobileNet 模型　302
  - 23.1.2　SSD 模型　303
  - 23.1.3　MobileNet-SSD 模型　304
  - 23.1.4　模型评估　304
  - 23.1.5　实时影响　304
- 23.2　案例实现　305
- 本章总结　318
- 作业与练习　318

第 24 章　目标检测与跟踪　320
- 24.1　车辆检测与跟踪　320
  - 24.1.1　UA-DETRAC 数据集　321
  - 24.1.2　目标跟踪　323
  - 24.1.3　DeepSORT 目标跟踪　324
- 24.2　案例实现　325
- 本章总结　338
- 作业与练习　338

第 25 章　风格迁移　340
- 25.1　图像与视频风格迁移　340
  - 25.1.1　理解图像内容和图像风格　341
  - 25.1.2　图像重建　342
  - 25.1.3　风格重建　343
- 25.2　案例实现　344
- 本章总结　355
- 作业与练习　356

附录 A　企业级综合教学项目介绍　357
- 1.1　智慧停车场管理系统　357
  - 1.1.1　项目概述　357
  - 1.1.2　技能目标　359
- 1.2　智慧景区管理系统　359
  - 1.2.1　项目概述　359
  - 1.2.2　技能目标　360
- 1.3　智能考勤打卡系统　361
  - 1.3.1　项目概述　361
  - 1.3.2　技能目标　362

读 者 服 务

微信扫码回复：43251
- 获取本书配套习题
- 加入本书读者交流群，与作者互动
- 获取【百场业界大咖直播合集】(持续更新)，仅需 1 元

第1部分 基于 OpenCV 的传统视觉应用

计算机视觉在商业、农业、娱乐、交通和医疗保健等领域的应用非常广泛且呈持续增长的趋势，从业人员数量也呈指数级增长。有没有简化的标准和解决方案来满足从业人员快速开发计算机视觉程序的需求呢？

OpenCV 是用于处理图像和视频的开源的计算机视觉库，提供了大量有用的工具和功能，可以处理从简单到复杂的众多场景。OpenCV 的应用领域非常广泛，包括图像拼接、图像降噪、产品质检、双目测距、人机交互、人脸识别等。

第 1 章

图像生成

本章目标

- 了解数字化图像处理方式。
- 会使用 OpenCV 显示、读取、保存图像。
- 会使用 Matplotlib 显示、读取、保存图像。

图像显示、图像读取和图像保存是计算机视觉的基本操作，也是后续图像操作的基础，能够正确存取和显示图像是计算机视觉的基本功。本章将通过案例对上述三种图像操作进行详细讲解。

本章包含如下三个实验案例。

- 图像显示。

要求使用 OpenCV 或 Matplotlib 显示一张图像。

- 图像读取。

要求使用 OpenCV 或 Matplotlib 读取一张图像，读取格式为单通道灰度图或三通道彩色图。

- 图像保存。

要求使用 OpenCV 或 Matplotlib 保存以 8 位无符号整型或 64 位浮点型表示的像素点。

1.1 图像显示

cv-01-v-001

1.1.1 使用 OpenCV 显示图像

OpenCV 是计算机视觉中经典的专用库，具备支持多语言、跨平台的优点，功能强大。

OpenCV-Python 为 OpenCV 提供了 Python 接口，这样使用者在 Python 中能够调用 C/C++，从而在保证易读性和运行效率的前提下，实现所需的功能。

使用 cv2.imshow(window_name,img)函数在窗口中显示图像，窗口会自动适应不同的图像尺寸。

第一个参数 window_name 是窗口名称，是一个字符串，使用者可以根据需要创建任意多个窗口；第二个参数 img 是图像名称。

使用者既可以根据需要创建任意多个窗口，也可以使用不同的窗口名称。

1.1.2 使用 Matplotlib 显示图像

Matplotlib 也是一种常用的图像处理库，可以使用 matplotlib.pyplot.imshow(img)函数来显示图像，参数 img 代表图像对象，相关参数较少，使用便捷。

需要注意的是，使用 OpenCV 读取的图像的颜色通道为 BGR（蓝绿红），而 Matplotlib 使用的颜色通道为 RGB（红绿蓝），所以需要进行颜色通道转换。先将 OpenCV 读取的 BGR（蓝绿红）颜色通道的图像转换为 RGB（红绿蓝）颜色通道的图像，再使用 Matplotlib 正确显示图像。

1.1.3 案例实现——使用 OpenCV 显示图像

1. 实验目标

提供一张图像，使用 OpenCV 显示该图像。

cv-01-v-002

2. 实验环境

实验环境如表 1.1 所示。

表 1.1　实验环境

硬　件	软　件	资　源
PC 机/笔记本电脑或 AIX-EBoard 人工智能视觉实验平台①	Ubuntu 18.4/Windows 10 Python 3.7.3 OpenCV-Python 4.5.1.48	一张图像

3. 实验步骤

创建源码文件 test01_imshow_opencv.py，用来实现使用 OpenCV 显示图像。按照如下步骤编写代码。

步骤一：导入模块

```
import cv2
```

步骤二：读取图像

```
image = cv2.imread("kitten.jpg") # 读取图像，关于读取图像的详细内容将在 1.2.1 节讲解
```

步骤三：使用 OpenCV 显示图像

```
cv2.namedWindow("window")              # 创建窗口
cv2.imshow("window", image)            # 显示图像
cv2.waitKey(0)                         # 等待键盘输入，若未输入，则一直等待
cv2.destroyAllWindows()                # 销毁窗口
```

步骤四：运行实验代码

使用如下命令运行实验代码。（注：如果是 Ubuntu 环境，可能需要运行 python3，以下同）

```
python test01_imshow_opencv.py
```

运行效果如图 1.1 所示。

图 1.1　使用 OpenCV 显示图像

---

① 该实验平台可用于各院校和培训机构人工智能课程教学。如果是个人读者阅读本书，也可以在普通计算机上部署与实施案例的代码，不受影响。

1.1.4 案例实现——使用 Matplotlib 显示图像

1. 实验目标

提供一张图像，使用 Matplotlib 显示该图像。

2. 实验环境

实验环境如表 1.2 所示。

表 1.2 实验环境

硬 件	软 件	资 源
PC 机/笔记本电脑或 AIX-EBoard 人工智能视觉实验平台	Ubuntu 18.4/Windows 10 Python 3.7.3 Matplotlib 3.5.1 OpenCV-Python 4.5.1.48	一张图像

3. 实验步骤

创建源码文件 test02_imshow_matplotlib.py，用来实现使用 Matplotlib 显示图像。按照如下步骤编写代码。

步骤一：导入模块

```
import cv2
import matplotlib.pyplot as plt
```

步骤二：读取图像

```
image = cv2.imread("kitten.jpg") # 读取图像，关于读取图像的详细内容将在1.2.2节讲解
```

步骤三：将颜色通道从 BGR 转换为 RGB

```
# image = image[:, :, ::-1]                              # 方法一
image = cv2.cvtColor(image, cv2.COLOR_BGR2RGB)           # 方法二
```

步骤四：使用 Matplotlib 显示图像

```
plt.imshow(image)
plt.show()
```

步骤五：运行实验代码

使用如下命令运行实验代码。

```
python test02_imshow_matplotlib.py
```

运行效果如图 1.2 所示。

图 1.2　使用 Matplotlib 显示图像

1.2　图像读取

1.2.1　使用 OpenCV 读取图像

在 OpenCV 中，可以使用 cv2.imread(filename, flags)函数来读取图像。图像应该存储在工作目录中或给出图像的完整路径。

第一个参数 filename 是图像地址，即使图像路径错误，也不会引发任何错误，但是在打印图像时系统会给出 None。

第二个参数 flags 是一个标志，指定了读取图像的方式。

- cv2.IMREAD_COLOR：加载彩色图。任何图像的透明度都会被忽视，它是默认参数值，可以用 1 代替。
- cv2.IMREAD_GRAYSCALE：以灰度模式（黑白图像）加载图像，可以用 0 代替。
- cv2.IMREAD_UNCHANGED：加载图像，包括 alpha 通道，可以用-1 代替。

该函数的返回值是图像数字矩阵，维度如下。

- (M, N)：用于灰度图。
- (M, N, 3)：用于 RGB 彩色图。

使用 cv2.cvtColor(img, color_change)函数对颜色维度进行转换。

第一个参数 img 是图像对象。

第二个参数 color_change 是 cv2.COLOR_BGR2GRAY（OpenCV 定义的常数），用来将 BGR 通道彩色图转换为灰度图。

该函数返回修改后的图像数字矩阵。

1.2.2 使用 Matplotlib 读取图像

在 Matplotlib 中，可以使用 matplotlib.pyplot.imread(fname, format=None) 函数来读取图像。

其中，fname 是图像路径；format 是图像格式，默认值是 None。如果没有提供图像格式，则 imread() 函数会从 fname 中提取图像格式。

该函数的返回值是图像数字矩阵，维度如下。
- (M, N)：用于灰度图。
- (M, N, 3)：用于 RGB 彩色图。

1.2.3 案例实现——使用 OpenCV 读取图像

1. 实验目标

（1）读取单通道灰度图。
（2）读取三通道彩色图。
（3）将彩色图转换为灰度图。

2. 实验环境

实验环境如表 1.3 所示。

表 1.3 实验环境

硬件	软件	资源
PC 机/笔记本电脑或 AIX-EBoard 人工智能视觉实验平台	Ubuntu 18.4/Windows 10 Python 3.7.3 Matplotlib 3.5.1 OpenCV-Python 4.5.1.48	一张图像

3. 实验步骤

创建源码文件 test01_imread_opencv.py。

按照如下步骤编写代码。

步骤一：导入模块

```python
import cv2
from matplotlib import pyplot as plt
```

步骤二：读取单通道灰度图

```python
image_gray = cv2.imread("images/kitten.jpg", flags=0)  # 图像存储在 images 文件夹下

print(image_gray.shape)      # 图像的尺寸，按照宽度、高度显示
print(image_gray.size)       # 图像所占内存大小
print(image_gray.dtype)      # 存储图像使用的数据类型

plt.imshow(image_gray, cmap="gray")
plt.show()
```

步骤三：读取三通道彩色图

```python
image_bgr = cv2.imread("images/kitten.jpg", flags=1)

# image_rgb = cv2.cvtColor(image_bgr, cv2.COLOR_BGR2RGB)
image_rgb = image_bgr[:, :, ::-1]

print(image_bgr.shape)       # 高度、宽度、通道数
print(image_bgr.size)        # 高度 * 宽度 * 通道数
print(image_bgr.dtype)       # 存储图像使用的数据类型

plt.imshow(image_rgb)
plt.show()
```

步骤四：将彩色图转换为灰度图

```python
image_gray_2 = cv2.cvtColor(image_bgr, cv2.COLOR_BGR2GRAY)
plt.imshow(image_gray_2, cmap="gray")
plt.show()
```

步骤五：运行实验代码

使用如下命令运行实验代码。

```
python test01_imread_opencv.py
```

运行效果如图 1.3~图 1.5 所示。

图 1.3　单通道灰度图　　　　　图 1.4　三通道彩色图

图 1.5　将彩色图转换为灰度图

1.2.4　案例实现——使用 Matplotlib 读取图像

1. 实验目标

使用 Matplotlib 读取图像，显示图像及其属性信息。

2. 实验环境

实验环境如表 1.4 所示。

表 1.4　实验环境

硬　件	软　件	资　源
PC 机/笔记本电脑或 AIX-EBoard 人工智能视觉实验平台	Ubuntu 18.4/Windows 10 Python 3.7.3 Matplotlib 3.5.1	一张图像

3. 实验步骤

创建源码文件 test02_imread_matplotlib.py。

按照如下步骤编写代码。

步骤一：导入模块

```python
from matplotlib import pyplot as plt
```

步骤二：读取图像

```python
image_rgb = plt.imread("images/kitten.jpg")  # 图像存储在 images 文件夹下
print(image_rgb.shape)                        # 高度、宽度、通道数
print(image_rgb.size)                         # 高度 * 宽度 * 通道数
print(image_rgb.dtype)                        # 存储图像使用的数据类型

plt.imshow(image_rgb)
plt.show()
```

步骤三：运行实验代码

使用如下命令运行实验代码。

```
python test02_imread_matplotlib.py
```

运行效果如图 1.6 所示。

图 1.6 使用 Matplotlib 读取图像

1.3 图像保存

1.3.1 使用 OpenCV 保存图像

在 OpenCV 中，可以使用 **cv2.imwrite(dir, img)** 函数来保存图像。

第一个参数 dir 是图像存储的位置。

第二个参数 img 是图像对象。

该函数用于将 ndarray（numpy 数组）对象保存成图像文件，并返回保存结果。在默认情况下，该函数的保存结果为 8 位单通道图像和 BGR 图像。

1.3.2 使用 Matplotlib 保存图像

在 Matplotlib 中，可以使用 matplotlib.pyplot.imsave(dir, img,**kwargs)函数来保存图像。

第一个参数 dir 是图像存储的位置。

第二个参数 img 是图像对象。

第三个参数**kwargs 是一个字典参数，内容较多，下面总结了几个常用的参数值。

- format：指明图像格式，可能的格式有 png、pdf、svg、etc，支持大多数图像格式。
- dpi：分辨率，用于调整图像的清晰度。
- cmap：颜色映射，对于彩色图像此参数被忽略，只对灰度图像有效。

1.3.3 案例实现——使用 OpenCV 保存图像

1. 实验目标

使用 OpenCV 读取一张 uint8 类型的图像，查看不同数据类型下图像的显示效果并保存。

2. 实验环境

实验环境如表 1.5 所示。

表 1.5　实验环境

硬　　件	软　　件	资　　源
PC 机/笔记本电脑或 AIX-EBoard 人工智能视觉实验平台	Ubuntu 18.4/Windows 10 Python 3.7.3 NumPy 1.21.6 Matplotlib 3.5.1 OpenCV-Python 4.5.1.48	两张不同数据类型的图像：①一张为 uint8 类型，即 8 位无符号整型的图像；②一张为 float64 类型，即 64 位浮点型的图像

3. 实验步骤

创建源码文件 test01_imwrite_opencv.py。

按照如下步骤编写代码。

步骤一：导入模块

```python
import numpy as np
import cv2
from matplotlib import pyplot as plt
```

步骤二：使用 OpenCV 保存 uint8 类型的图像

```python
# 使用OpenCV保存uint8类型的图像
image_array = np.array([
    [[255, 0, 0], [0, 255, 0], [0, 0, 255]],
    [[255, 255, 0], [255, 0, 255], [0, 255, 255]],
    [[255, 255, 255], [128, 128, 128], [0, 0, 0]]
], dtype=np.uint8)
cv2.imwrite("images/image_array_opencv.jpg", image_array)

# 读取保存的uint8类型的图像
image = cv2.imread("images/image_array_opencv.jpg")
image = cv2.cvtColor(image, cv2.COLOR_BGR2GRAY)
plt.imshow(image)
plt.show()
```

步骤三：使用 OpenCV 保存 float64 类型的图像

```python
# 使用OpenCV保存float64类型的图像
image_array_2 = np.array([
    [[1, 0, 0], [0, 1, 0], [0, 0, 1]],
    [[1, 1, 0], [1, 0, 1], [0, 1, 1]],
    [[1, 1, 1], [0.5, 0.5, 0.5], [0, 0, 0]]
], dtype=np.float64)
cv2.imwrite("images/image_array_2_opencv.jpg", image_array_2)

# 读取保存的float64类型的图像
image = cv2.imread("images/image_array_2_opencv.jpg")
image = cv2.cvtColor(image, cv2.COLOR_BGR2GRAY)
plt.imshow(image)
plt.show()
```

步骤四：使用 OpenCV 保存由 float64 类型转换为 uint8 类型的图像

```python
# 使用OpenCV保存由float64类型转换为uint8类型的图像
image_array_2_cvt = image_array_2 * 255
```

```
image_array_2_cvt = image_array_2_cvt.astype(np.uint8)
cv2.imwrite("images/image_array_2_cvt.jpg", image_array)

# 读取保存的由 float64 类型转换为 uint8 类型的图像
image = cv2.imread("images/image_array_2_cvt.jpg")
image = cv2.cvtColor(image, cv2.COLOR_BGR2GRAY)
plt.imshow(image)
plt.show()
```

步骤五：运行实验代码

使用如下命令运行实验代码。

```
python test01_imwrite_opencv.py
```

运行效果分别如图 1.7～图 1.9 所示。

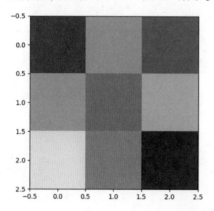
图 1.7　使用 OpenCV 保存 uint8 类型的图像

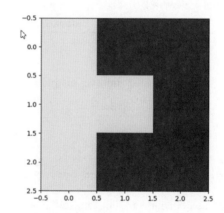
图 1.8　使用 OpenCV 保存 float64 类型的图像

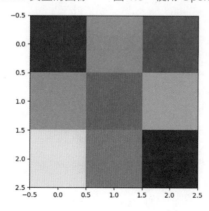
图 1.9　使用 OpenCV 保存由 float64 类型转换为 uint8 类型的图像

1.3.4 案例实现——使用 Matplotlib 保存图像

1. 实验目标

使用 Matplotlib 读取一张 uint8 类型的图像，分别使用不同的数据类型显示图像并保存。

2. 实验环境

实验环境如表 1.6 所示。

表 1.6 实验环境

硬 件	软 件	资 源
PC 机/笔记本电脑或 AIX-EBoard 人工智能视觉实验平台	Ubuntu 18.4/Windows 10 Python 3.7.3 NumPy 1.21.6 Matplotlib 3.5.1	两张不同数据类型的图像：①一张为 uint8 类型，即 8 位无符号整型的图像；②一张为 float64 类型，即 64 位浮点型的图像

3. 实验步骤

创建源码文件 test02_imsave_matplotlib.py。

按照如下步骤编写代码。

步骤一：导入模块

```python
import numpy as np
from matplotlib import pyplot as plt
```

步骤二：使用 Matplotlib 保存 uint8 类型的图像

```python
# 使用 Matplotlib 保存 uint8 类型的图像
image_array = np.array([
    [[255, 0, 0], [0, 255, 0], [0, 0, 255]],
    [[255, 255, 0], [255, 0, 255], [0, 255, 255]],
    [[255, 255, 255], [128, 128, 128], [0, 0, 0]]
], dtype=np.uint8)
plt.imsave("images/image_array_matplotlib.jpg", image_array)

# 读取保存的 uint8 类型的图像
image = plt.imread("images/image_array_matplotlib.jpg")
plt.imshow(image)
plt.show()
```

步骤三：使用 Matplotlib 保存 float64 类型的图像

```python
# 使用Matplotlib保存float64类型的图像
image_array_2 = np.array([
    [[1, 0, 0], [0, 1, 0], [0, 0, 1]],
    [[1, 1, 0], [1, 0, 1], [0, 1, 1]],
    [[1, 1, 1], [0.5, 0.5, 0.5], [0, 0, 0]]
], dtype=np.float64)
plt.imsave("images/image_array_2_matplotlib.jpg", image_array_2)
plt.show()

# 读取保存的float64类型的图像
image = plt.imread("images/image_array_2_matplotlib.jpg")
plt.imshow(image)
plt.show()
```

步骤四：运行实验代码

使用如下命令运行实验代码。

```
python test02_imsave_matplotlib.py
```

运行效果分别如图 1.10 和图 1.11 所示。

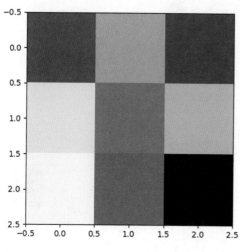 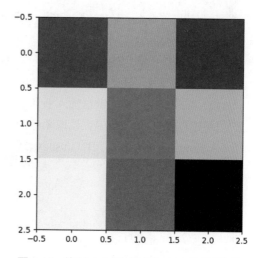

图 1.10　使用 Matplotlib 保存 uint8 类型的图像　　图 1.11　使 Matplotlib 保存 float64 类型的图像

可见，使用 OpenCV 和 Matplotlib 保存的图像在颜色方面存在差异。使用 OpenCV 保存的 float64 类型的图像，再次读取出来时图像存在失真现象。

本章总结

- 图像是由三维数组组成的数据形式，三维数组分别对应宽度、高度、通道数。灰度图为单通道图像，彩色图为三通道图像。
- OpenCV 是一个功能强大的图像处理库，使用 BGR 通道方式读取图像。
- Matplotlib 是一个可视化库，使用 RGB 通道方式读取图像。

作业与练习

1. [单选题]图像读取会生成三维数组，其分别代表图像的（　　）。
   A．宽度、高度、通道数　　　　　　B．通道数、宽度、高度
   C．RGB　　　　　　　　　　　　　D．高度、宽度、通道数
2. [单选题]在 OpenCV 中保存图像的函数是（　　）。
   A．imsave()　　B．imwrite()　　C．save()　　D．write()
3. [单选题]下列可以显示 Matplotlib 获取图像维度的属性的是（　　）。
   A．dtype　　　B．size　　　C．shape　　　D．以上都不是
4. [单选题]在 OpenCV 中，waitKey(0)函数表达的含义是（　　）。
   A．停止程序
   B．无须等待键盘输入，直接执行后续程序
   C．程序等待，直到输入 0 才执行后续程序
   D．程序等待，直到键盘输入任意数字才执行后续程序
5. [单选题]在 OpenCV 中，读取图像的函数是（　　）。
   A．imread()　　B．imshow()　　C．show()　　D．read()

cv-01-c-001

第 2 章

OpenCV 图像处理（1）

本章目标

- 理解使用 OpenCV 实现图像模糊的基本原理。
- 掌握使用 OpenCV 实现图像模糊的三种方法。
- 理解使用 OpenCV 实现图像锐化的基本原理。
- 掌握使用 OpenCV 实现图像锐化的方法。

图像处理（Image Processing）是用计算机对图像进行分析，以获取所需结果的过程，又称为影像处理。图像处理一般是指数字图像处理。数字图像是用工业相机、摄像机、扫描仪等设备经过拍摄得到的一个大的二维数组，该数组的元素称为像素，其值称为灰度值。

本章包含如下两个实验案例。

- 图像模糊。

要求使用 OpenCV 实现图像的均值滤波、中值滤波和高斯滤波。

- 图像锐化。

要求使用 OpenCV 实现图像锐化。

cv-02-v-001

2.1 图像模糊

2.1.1 均值滤波

均值滤波是指通过将图像与低通滤波器内核进行卷积来实现图像模糊，这对于消除噪声很有用。它实际上从图像中消除了高频部分（如噪声、边缘）。因此，在此操作中会使边缘有些模糊（利用一些模糊技术也可以不模糊边缘）。

一个 5 像素×5 像素的核模板其实就是一个均值滤波器。OpenCV 有一个专门的均值滤波模板供用户使用，即归一化卷积模板。所有的滤波模板都是使用卷积框覆盖区域的所有像素点与模板相乘后得到的值作为中心像素的值的。

OpenCV 可以使用 cv2.blur(img, (3, 3))函数实现图像的均值滤波。

第一个参数 img 是图像对象，第二个参数(3, 3)是滤波核（滤波核为奇数）。

2.1.2 中值滤波

中值滤波模板使用卷积框中像素的中值代替中心值，从而达到去噪声的目的。这个模板一般用于去除椒盐噪声。均值滤波用计算得到的一个新值来取代中心像素的值，而中值滤波用中心像素周围（也可以是它本身）的值来取代中心像素的值，卷积核的大小也是奇数。

OpenCV 可以使用 cv2. medianBlur(img, 3)函数实现图像的中值滤波。

第一个参数 img 是图像对象，第二个参数是滤波核（3 为简写方式，与均值滤波中(3,3)表达的含义相同）。

2.1.3 高斯滤波

现在把卷积模板中的值换一下，不全是 1，换成一组符合高斯分布的数值放在模板中。例如，中间的数值最大，越靠近两边数值越小，构造一个小的高斯包，可以使用函数 cv2.GaussianBlur()。

对于高斯模板，需要制定的是高斯核的高和宽（奇数），以及沿 x 方向与 y 方向的标准差（如果只给出 x，则 $y=x$；如果将 x 和 y 都设置为 0，那么函数会自己计算）。高斯核可以有效地去除图像的高斯噪声。

OpenCV 可以使用 cv2.GaussianBlur(source, (3, 3), 0)函数实现图像的高斯滤波。

第一个参数 source 为图像对象，第二个参数(3, 3)为滤波核，第三个参数 0 为高斯核标准差。

2.1.4 案例实现

1. 实验目标

（1）掌握使用 OpenCV 实现图像模糊的基本原理。

（2）掌握使用 OpenCV 实现图像模糊的三种方法。

2. 实验环境

实验环境如表 2.1 所示。

表 2.1 实验环境

硬　　件	软　　件	资　　源
PC 机/笔记本电脑或 AIX-EBoard 人工智能视觉实验平台	Ubuntu 18.4/Windows 10 Python 3.7.3 Matplotlib 3.5.1 OpenCV-Python 4.5.1.48	一张图像

3. 实验步骤

创建源码文件 test01_blur.py，实验目录结构如图 2.1 所示。按照如下步骤编写代码。

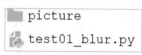

图 2.1 实验目录结构

步骤一：导入模块

```
import cv2
import matplotlib.pyplot as plt
import matplotlib as mpl
mpl.rcParams['font.sans-serif']=['SimHei']     # 指定默认字体为黑体
mpl.rcParams['axes.unicode_minus'] = False     # 正常显示负号
```

步骤二：均值滤波

```
# 均值滤波
img = cv2.imread("picture/housePepperSaltNoise.png", 0)   # 直接读为灰度图
blur = cv2.blur(img, (5, 5))                              # 模板大小为 5*5

# 显示图像
plt.subplot(1, 2, 1)
plt.imshow(img, 'gray')
plt.title('zaosheng')
plt.subplot(1, 2, 2)
plt.imshow(blur, 'gray')
plt.title('blur')
plt.show()
```

步骤三：中值滤波

```
# 中值滤波
```

```python
img = cv2.imread("picture/housePepperSaltNoise.png", 0)  # 直接读为灰度图
dst = cv2.medianBlur(img, (5))                            # 卷积核大小为 5
# 显示图像
plt.subplot(1, 2, 1)
plt.imshow(img, 'gray')
plt.title("zaosheng")
plt.subplot(1, 2, 2)
plt.imshow(dst, 'gray')
plt.title("medianBlur")
plt.show()
```

步骤四：高斯滤波

```python
# 高斯滤波
img = cv2.imread("picture/housePepperSaltNoise.png", 0)  # 直接读为灰度图像
m_dst = cv2.medianBlur(img, (5))
g_dst = cv2.GaussianBlur(img, (5, 5), 0)                 # 高斯核为 5*5
# 显示图像
plt.subplot(1, 3, 1), plt.imshow(img, 'gray')
plt.title("zaosheng")
plt.subplot(1, 3, 2), plt.imshow(g_dst, 'gray')
plt.title("GaussianBlur")
plt.subplot(1, 3, 3), plt.imshow(m_dst, 'gray')
plt.title('mediaBlur')
plt.show()
```

步骤五：运行实验代码

使用如下命令运行实验代码。

```
python test01_blur.py
```

运行效果如图 2.2～图 2.4 所示。

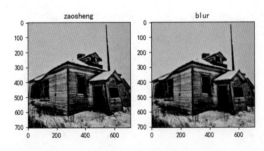

图 2.2　均值滤波

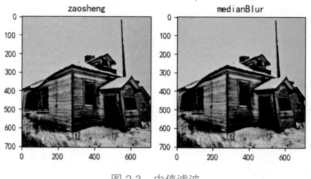

图 2.3　中值滤波

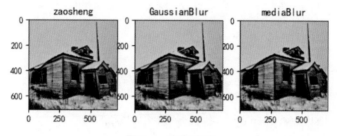

图 2.4　高斯滤波

2.2　图像锐化

2.2.1　图像锐化简介

　　图像锐化（Image Sharpening）是补偿图像的轮廓，以及增强图像的边缘和灰度跳变的部分，使图像变得清晰的操作，分为空间域处理和频域处理两类。

　　图像锐化的目的是突出图像上地物的边缘、轮廓，或者某些线性目标要素的特征。这种滤波方法增强了地物边缘与周围像元之间的反差，因此也称为边缘增强。

2.2.2　案例实现

1. 实验目标

（1）掌握使用 OpenCV 实现图像锐化的方法。
（2）掌握使用 OpenCV 实现图像锐化的基本原理。

2. 实验环境

实验环境如表 2.2 所示。

表 2.2 实验环境

硬 件	软 件	资 源
PC 机/笔记本电脑或 AIX-EBoard 人工智能视觉实验平台	Ubuntu 18.4/Windows 10 Python 3.7.3 NumPy 1.21.6 Matplotlib 3.5.1 OpenCV-Python 4.5.1.48	一张图像

3. 实验步骤

按照如下步骤编写代码。

步骤一：创建 Python 源码文件

新建源码文件 test01_sharpen.py，实验目录结构如图 2.5 所示。

```
picture
test01_sharpen.py
```

图 2.5 实验目录结构

步骤二：导入模块

```python
import cv2 as cv
import numpy as np
import matplotlib.pyplot as plt
import matplotlib as mpl

mpl.rcParams['font.sans-serif'] = ['SimHei']
```

步骤三：读取图像

```python
moon = cv.imread("picture/moon.jpg", 0)    # 灰度图

plt.imshow(moon, "gray")
plt.title("灰度图")
plt.show()

moon_f = np.copy(moon)
moon_f = moon_f.astype("float")
```

```
plt.imshow(moon_f, "gray")
plt.title("灰度图 2")
plt.show()
```

步骤四：图像锐化

```
row, column = moon.shape
gradient = np.zeros((row, column))
for x in range(row - 1):
    for y in range(column - 1):
        gx = abs(moon_f[x + 1, y] - moon_f[x, y])  # 通过相邻像素相减计算图像梯度
        gy = abs(moon_f[x, y + 1] - moon_f[x, y])  # 通过相邻像素相减计算图像梯度
        gradient[x, y] = gx + gy

plt.imshow(gradient, "gray")
plt.title("梯度图")
plt.show()

sharp = moon_f + gradient    # 叠加原图与梯度图，实现图像锐化
# 将小于 0 的像素设置为 0，将大于 255 的像素设置为 255
sharp = np.where(sharp < 0, 0, np.where(sharp > 255, 255, sharp))
plt.imshow(sharp, "gray")
plt.title("锐化图")
plt.show()
```

步骤五：显示图像

```
# 修改图像类型
gradient = gradient.astype("uint8")
sharp = sharp.astype("uint8")

# 显示图像
plt.subplot(1, 3, 1)
plt.imshow(moon, "gray")
plt.title("灰度图")

plt.subplot(1, 3, 2)
plt.imshow(gradient, "gray")
plt.title("梯度图")
```

```
plt.subplot(1, 3, 3)
plt.imshow(sharp, "gray")
plt.title("锐化图")

plt.show()
```

步骤六：运行实验代码

使用如下命令运行实验代码。

```
python test01_sharpen.py
```

运行效果如图 2.6 所示。

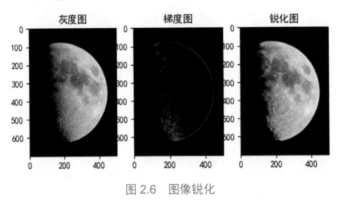

图 2.6　图像锐化

本章总结

- 图像模糊常用于图像去噪、弱化边界的情景，常见的模糊方法有均值滤波、中值滤波、高斯滤波。
- 通过图像锐化可以更清晰地显示图像轮廓，从而查看图像细节。

作业与练习

1. [单选题]滤波过程采用权重法确认像素数值的滤波方式是（　　）。
   A．中值滤波　　　　B．高斯滤波　　　　C．均值滤波　　　　D．图像锐化

2．[单选题]图像锐化可以增强图像轮廓的原理是（　　）。
　　A．获取图像的梯度值，叠加到原始图像中
　　B．使用高斯滤波对图像进行处理
　　C．使用中值滤波对图像进行处理
　　D．使用均值滤波对图像进行处理
3．[单选题]关于滤波的说法正确的是（　　）。
　　A．滤波核最好是偶数　　　　　　B．滤波核尺寸越大越好
　　C．滤波核最好是奇数　　　　　　D．滤波核尺寸越小越好
4．[单选题]消除椒盐噪声最好的方式是（　　）。
　　A．中值滤波　　　　B．均值滤波　　　　C．高斯滤波　　　　D．图像锐化
5．[单选题]高斯滤波采用的权重特点是（　　）。
　　A．滤波核内所有像素灰度取均值
　　B．滤波核内所有像素灰度取中值
　　C．按照距离修改灰度像素的远近，采取不同权重，取权重和
　　D．不做改变

cv-02-c-001

第3章

OpenCV 图像处理（2）

本章目标

- 掌握使用 OpenCV 在图像上绘制多种图形的方法。
- 掌握使用 OpenCV 实现图像几何变换的方法。

图像处理需要执行绘图操作标注图像中检测物的具体位置，以及注明图像内容。在实际取景过程中，内存大小、拍摄角度等因素会影响图像呈现效果，所以需要对图像的尺寸、角度进行修改。

本章包含如下两个实验案例。

- OpenCV 绘图。

要求使用 OpenCV 在图像上绘制线、矩形、圆形、椭圆形、多边形，以及添加文字。

- 图像的几何变换。

要求使用 OpenCV 对图像进行缩放、平移、旋转和仿射变换操作。

cv-03-v-001

3.1 OpenCV 绘图

3.1.1 使用 OpenCV 绘制各种图形

使用 OpenCV 可以绘制不同的几何图形，可以使用的方法包括 **cv.line()**、**cv.circle()**、**cv.rectangle()**、**cv.ellipse()**、**cv.putText()**等。在上述方法中有如下一些常见的参数。

- img：要绘制图形的图像。

- color：图形的颜色。对于 BGR，将其作为元组传递，如(255,0,0)。对于灰度，只需传递标量值即可。
- 厚度：线或圆形等的粗细。如果向闭合图形（如圆形）传递-1，它将填充图形。默认厚度为 1。
- lineType：线的类型，包括 8 连接线、抗锯齿线等，在默认情况下为 8 连接线。cv.LINE_AA 表示抗锯齿的线条，非常适合作为曲线。

3.1.2 案例实现

1. 实验目标

掌握使用 OpenCV 在图像上绘制多种图形（包括绘制线、矩形、圆形、椭圆形、多边形）及添加文字的方法。

2. 实验环境

实验环境如表 3.1 所示。

表 3.1 实验环境

硬　件	软　件	资　源
PC 机/笔记本电脑或 AIX-EBoard 人工智能视觉实验平台	Ubuntu 18.4/Windows 10 Python 3.7.3 NumPy 1.21.6 Matplotlib 3.5.1 OpenCV-Python 4.5.1.48	

3. 实验步骤

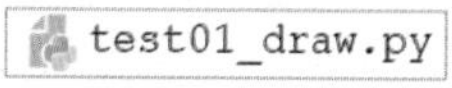

创建源码文件 test01_draw.py，实验目录结构如图 3.1 所示。按照如下步骤编写代码。

图 3.1 实验目录结构

步骤一：导入模块

```python
import cv2
import numpy as np
import matplotlib.pyplot as plt
```

步骤二：绘制线

```python
# 1.绘制线
img = np.zeros((512, 512, 3), np.uint8)
```

```python
print(img.dtype)

cv2.line(img,                    # 目标图像
         (0, 0),                 # 起点
         (256, 256),             # 终点
         (255, 0, 0),            # 颜色
         5)                      # 粗细

img_line = cv2.cvtColor(img, cv2.COLOR_BGR2RGB)
plt.imshow(img_line)
plt.show()
```

步骤三：绘制矩形

```python
# 2.绘制矩形
img = np.zeros((512, 512, 3), np.uint8)

cv2.rectangle(img,               # 目标图像
              (128, 128),        # 顶点
              (256, 256),        # 相对的顶点
              (0, 255, 0),       # 颜色
              3)                 # 粗细

img_rectangle = cv2.cvtColor(img, cv2.COLOR_BGR2RGB)
plt.imshow(img_rectangle)
plt.show()
```

步骤四：绘制圆形

```python
# 3.绘制圆形
img = np.zeros((512, 512, 3), np.uint8)

cv2.circle(img,                  # 目标图像
           (256, 256),           # 圆心
           256,                  # 半径
           (0, 0, 255),          # 颜色
           -1)                   # 填充

img2 = cv2.cvtColor(img, cv2.COLOR_BGR2RGB)
plt.imshow(img2)
plt.show()
```

步骤五：绘制椭圆形

```python
# 4.绘制椭圆形
img = np.zeros((512, 512, 3), np.uint8)

cv2.ellipse(img,                # 目标图像
            (256, 256),         # 中心
            (256, 128),         # 长轴、短轴
            0,                  # 逆时针旋转角度
            0,                  # 开始角度
            360,                # 结束角度
            (0, 0, 255),        # 颜色
            -1)                 # 填充
cv2.ellipse(img, (256, 256), (256, 128), 45, 0, 360, (0, 255, 0), -1)
cv2.ellipse(img, (256, 256), (256, 128), 90, 0, 360, (255, 0, 0), -1)

img2 = cv2.cvtColor(img, cv2.COLOR_BGR2RGB)
plt.imshow(img2)
plt.show()
```

步骤六：绘制多边形

```python
# 5.绘制多边形
img = np.zeros((512, 512, 3), np.uint8)

pts = np.array([[50, 50], [400, 100], [462, 462], [100, 400]], np.int64)
print(pts)
print(pts.shape)
pts = pts.reshape((-1, 1, 2))
print(pts)
print(pts.shape)
cv2.polylines(img,              # 目标图像
              [pts],            # 顶点
              True,             # 是否闭合
              (0, 0, 255),      # 颜色
              3)                # 粗细

img2 = cv2.cvtColor(img, cv2.COLOR_BGR2RGB)
plt.imshow(img2)
plt.show()
```

步骤七：添加文字

```python
# 6.添加文字
img = np.zeros((512, 512, 3), np.uint8)

font = cv2.FONT_HERSHEY_SIMPLEX
cv2.putText(
    img,                    # 目标图像
    "OpenCV",               # 文字
    (10, 300),              # 文本框左下角
    font,                   # 文字字体
    4,                      # 文字大小
    (255, 255, 255),        # 文字颜色
    3,                      # 文字粗细
    cv2.LINE_AA             # 文字线型
)

img2 = cv2.cvtColor(img, cv2.COLOR_BGR2RGB)
plt.imshow(img2)
plt.show()
```

步骤八：运行实验代码

使用如下命令运行实验代码。

```
python test01_draw.py
```

运行效果如图 3.2～图 3.7 所示。

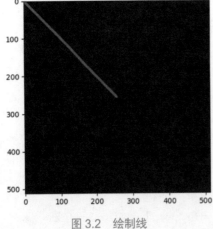

图 3.2　绘制线

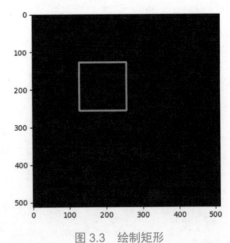

图 3.3　绘制矩形

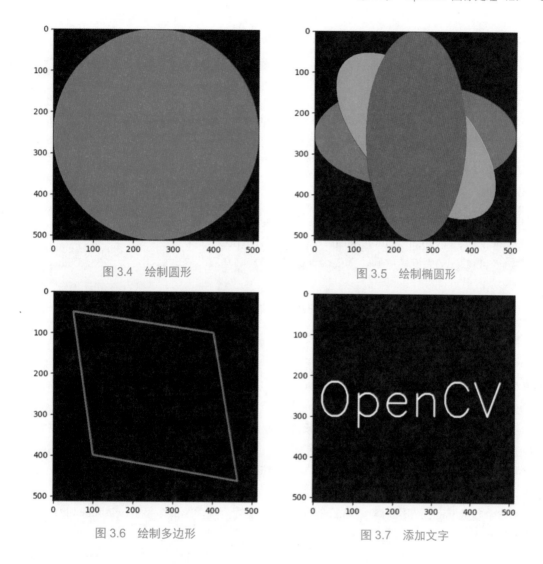

图 3.4　绘制圆形　　　　　　　图 3.5　绘制椭圆形

图 3.6　绘制多边形　　　　　　图 3.7　添加文字

3.2　图像的几何变换

3.2.1　几何变换操作

1. 缩放

缩放操作只是调整图像的大小，使用矩阵进行计算和修改。
OpenCV 使用 cv2.resize(img,(scale)) 函数对图像进行缩放。

cv-03-v-002

第一个参数 img 为图像对象，第二个参数(scale)为缩放尺寸或比例。

2. 平移

平移是指物体位置的移动。

OpenCV 使用 cv2.warpAffine(img,M,(width,height))函数对图像进行平移。

第一个参数 img 为图像对象，第二个参数 M 为变换矩阵，第三个参数(width,height)为变换后的图像大小。

3. 旋转

OpenCV 提供了可缩放的和可调整的旋转中心，可以在任意位置旋转图像。

OpenCV 使用 cv2.getRotationMatrix2D ((x,y),45,1)函数处理变换矩阵。

第一个参数(x,y)为旋转中心，第二个参数 45 为旋转角度（逆时针），第三个参数 1 为缩放比例。

经过上述处理后，使用 cv2.warpAffine()函数进行旋转操作。

4. 仿射变换

在仿射变换中，原始图像中的所有平行线在输出图像中仍将平行。为了找到变换矩阵，需要输入图像中的三个像素点及其在输出图像中的对应位置。

使用 cv2.getAffineTransform(pst1, pst2)函数进行像素点对应，生成变换矩阵。

第一个参数 pst1 为原始图像中三个像素点的位置，第二个参数 pst2 为处理后三个像素点的位置。

得到像素点的相对位置后，使用 cv2.warpAffine(img,M,(width,height))函数进行仿射变换操作。

第一个参数 img 为图像对象，第二个参数 M 为变换矩阵，第三个参数(width,height)为变换后的图像大小。

3.2.2 案例实现

1. 实验目标

掌握使用 OpenCV 实现图像几何变换的方法，分别对图像进行缩放、平移、旋转、仿射变换操作。

2. 实验环境

实验环境如表 3.2 所示。

表 3.2　实验环境

硬　件	软　件	资　源
PC 机/笔记本电脑或 AIX-EBoard 人工智能视觉实验平台	Ubuntu 18.4/Windows 10 Python 3.7.3 NumPy 1.21.6 Matplotlib 3.5.1 OpenCV-Python 4.5.1.48	一张图像

3. 实验步骤

分别创建源码文件 test01_resize.py、test02_translate.py、test03_rotate.py、test04_radiate.py，用于实现图像的缩放、平移、旋转和仿射变换，实验目录结构如图 3.8 所示。

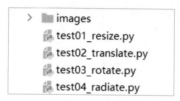

图 3.8　实验目录结构

按照如下步骤编写代码。

步骤一：缩放

```
"""
图像的几何变换：缩放
"""
# 导入模块
import cv2
from matplotlib import pyplot as plt

# 读取图像
img = cv2.imread('images/lena.jpg')
print(img.shape)
width, height = img.shape[:2]

# 显示图像
img_original = cv2.cvtColor(img, cv2.COLOR_BGR2RGB)
plt.imshow(img_original)
plt.show()
```

```python
# 1.通过 dsize 设置输出图像的大小
img_dsize = cv2.resize(img,                              # 输入图像
                       (4 * width, 2 * height),          # 输出图像的大小
                       )

img_dsize = cv2.cvtColor(img_dsize, cv2.COLOR_BGR2RGB)
plt.imshow(img_dsize)
plt.show()

# 2.通过 fx 和 fy 设置输出图像的大小
img_fx_fy = cv2.resize(img,                              # 输入图像
                       None,                             # 输出图像的大小
                       fx=1/2,                           # x 轴缩放因子
                       fy=1/4,                           # y 轴缩放因子
                       )

img_fx_fy = cv2.cvtColor(img_fx_fy, cv2.COLOR_BGR2RGB)
plt.imshow(img_fx_fy)
plt.show()
```

步骤二:平移

```python
"""
图像的几何变换:平移
"""
# 导入模块
import cv2
import numpy as np
from matplotlib import pyplot as plt

# 读取图像
img = cv2.imread('images/lena.jpg')
print(img.shape)
width, height = img.shape[:2]

# 显示平移前的图像
img_rgb = cv2.cvtColor(img, cv2.COLOR_BGR2RGB)           # 颜色通道从 BGR 转换为 RGB
plt.imshow(img_rgb)
plt.show()

# 2*3 变换矩阵:100 表示水平方向上的平移距离,50 表示垂直方向上的平移距离
```

```python
M = np.float64([[1, 0, 100], [0, 1, 50]])

# 平移
img2 = cv2.warpAffine(img,                      # 变换前的图像
                      M,                        # 变换矩阵
                      (width, height))          # 变换后的图像大小

img2_rgb = cv2.cvtColor(img2, cv2.COLOR_BGR2RGB)   # 颜色通道从 BGR 转换为 RGB
plt.imshow(img2_rgb)
plt.show()
```

步骤三：旋转

```python
"""
图像的几何变换：旋转
"""
# 导入模块
import cv2
from matplotlib import pyplot as plt

# 读取图像
img = cv2.imread('images/lena.jpg')
print(img.shape)
width, height = img.shape[:2]

# 显示旋转前的图像
img_rgb = cv2.cvtColor(img, cv2.COLOR_BGR2RGB)
plt.imshow(img_rgb)
plt.show()

# 2*3 变换矩阵
M = cv2.getRotationMatrix2D((width/2, height/2),   # 旋转中心
                            45,                    # 旋转角度
                            1)                     # 缩放比例
print(M)

# 旋转
img_rotate = cv2.warpAffine(img,                   # 输入图像
                            M,                     # 变换矩阵
                            (width, height))       # 变换后的图像大小
```

```python
img_rotate = cv2.cvtColor(img_rotate, cv2.COLOR_BGR2RGB)
plt.imshow(img_rotate)
plt.show()
```

步骤四：仿射变换

```python
"""
图像的几何变换：仿射变换
"""
# 导入模块
import cv2
import numpy as np
from matplotlib import pyplot as plt

# 读取图像
img = cv2.imread('images/lena.jpg')
print(img.shape)
width, height = img.shape[:2]

# 显示仿射变换前的图像
img_rgb = cv2.cvtColor(img, cv2.COLOR_BGR2RGB)
plt.imshow(img_rgb)
plt.show()

# 2*3 变换矩阵
pst1 = np.float32([[50, 50], [200, 50], [50, 200]])
# 关于 x = 256 对称的三个像素点
pst2 = np.float32([[462, 50], [312, 50], [462, 200]])
M = cv2.getAffineTransform(pst1, pst2)
print(M)

# 仿射变换
img_radiate = cv2.warpAffine(img,                    # 输入图像
                             M,                      # 变换矩阵
                             (width, height))        # 变换后的图像大小

img_radiate = cv2.cvtColor(img_radiate, cv2.COLOR_BGR2RGB)
plt.imshow(img_radiate)
plt.show()
```

步骤五：运行实验代码

使用如下命令运行实验代码。

```
python test01_resize.py
python test02_translate.py
python test03_rotate.py
python test04_radiate.py
```

原图如图 3.9 所示。

图 3.9　原图

运行效果如图 3.10～图 3.13 所示。

图 3.10　缩放

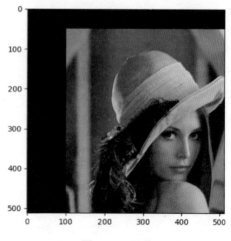

图 3.11　平移

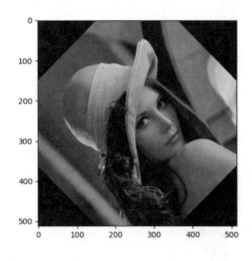

图 3.12　旋转　　　　　　　　　　　　图 3.13　仿射变换

本章总结

- OpenCV 自带多种绘图方式，可以绘制直线、矩形、圆形、椭圆形，以及添加文字。
- OpenCV 支持图像变换操作，可以对图像进行缩放、平移、旋转、仿射变换。

作业与练习

1．[单选题]cv.line(img,(0,0),(255,255),(255,0,0),5)用于绘制一条（　　）线。
　　A．红色　　　　　B．绿色　　　　　C．蓝色　　　　　D．白色
2．[单选题]img_out=cv2.resize(img_in,None,fx=1/2,fy=1/4,…)表示输出图像的大小为输入图像的大小的（　　）。
　　A．1/2　　　　　B．1/4　　　　　C．未指定　　　　　D．1/8
3．[单选题]若 img2=cv2.warpAffine(img,M,(width,height))，其中变换矩阵 M=np.float64([[1,0,100], [0,1,50]])，则变换矩阵 M 中的 100 表示（　　）。
　　A．水平方向上的平移距离　　　　　B．水平方向上的旋转距离
　　C．垂直方向上的平移距离　　　　　D．垂直方向上的旋转距离

4．[单选题]若 img2=cv2.warpAffine(img,M,(width,height))，其中变换矩阵 M=cv2.getRotationMatrix2D ((width/2, height/2),45,1)，则变换矩阵 M 中的 45 表示（   ）。

A．顺时针旋转角度　　　　　　　　B．逆时针旋转角度
C．旋转中心　　　　　　　　　　　D．缩放比例

5．[单选题]某张图像的大小是(512, 512, 3)，下面几行代码用于实现该图像的仿射变换，效果是（   ）。

```
pst1 = np.float32([[50, 50], [200, 50], [50, 200]])
pst2 = np.float32([[462, 50], [312, 50], [462, 200]])
M = cv2.getAffineTransform(pst1, pst2)
img_radiate = cv2.warpAffine(img,M,(width, height))
```

A．绕着图像垂直中心轴翻转　　　　B．绕着图像水平中心轴翻转
C．绕着图像中心点顺时针旋转 180°　D．绕着图像中心点逆时针旋转 180°

cv-03-c-001

第 4 章

图像特征检测

本章目标

- 掌握 OpenCV 中的 Canny 边缘检测算法。
- 了解 Canny 边缘检测的概念。
- 掌握查找轮廓、绘制轮廓的方法。
- 掌握查找角点的方法。

OpenCV 被称作计算机的眼睛，是计算机视觉中最重要的部分。

图像特征，其实就是指的图像的边缘、轮廓和棱角（角点）。如果想要绘制一张图像，首先要做的就是绘制图像的轮廓，然后在轮廓的基础上绘制图像的线条（边缘）和棱角（角点），这样整张图像大体就展现出来了。

本章包含如下三个实验案例。

- 边缘编辑和增强。

要求使用 OpenCV 获取图像，并显示图像中的边缘。

- 图像轮廓检测。

要求使用 OpenCV 获取图像，检测并显示图像中的轮廓。

- 图像角点和线条检测。

要求使用 OpenCV 获取图像，检测并显示图像中的角点。

4.1 边缘编辑和增强

cv-04-v-001

图像的边缘一般是指局部不连续的图像特征，即局部亮度变化最显著的部分。

如图 4.1 所示，图像中的部分文字和 UFO 喷射的光芒重合，如果使用原图进行文字识别，必定会影响识别效果。可以看出，UFO 喷射的光芒虽然和文字颜色接近，但是亮度没有文字的亮度高。根据这个特点，就可以使用边缘增强，以突出文字的效果。

图 4.1 实验所用图像

4.1.1 Canny 边缘检测简介

Canny 边缘检测是一种非常流行的算法，由 John F. Canny 于 1986 年提出。它是一个多阶段的算法，包括噪声去除、计算图像梯度、非极大值抑制和滞后阈值。

1. 噪声去除

噪声去除是 Canny 边缘检测算法的第一步。对拍摄的图像进行边缘检测很容易受到噪声的影响，因此，通常使用 5 像素×5 像素的高斯滤波器去除噪声。

2. 计算图像梯度

所谓图像梯度，是指图像灰度变化大的相邻像素，通过向量的形式记录变化方向和大小，在图像上显示线条。梯度的方向一般总是与边界垂直。梯度的方向被归为四类，分别为垂直、水平和两条对角线。这里可以使用 OpenCV 提供的 Sobel 算法获取图像梯度（线条）。

如图 4.2 所示，使用 Sobel 算法获取的线条并不能清楚地显示文字，所以还需要进行后续处理。

3. 非极大值抑制

获得各像素点的梯度方向和大小后，需要对整张图像进

图 4.2 使用 Sobel 算法处理的图像

行分析，去除非边界点。将每个像素点与周围像素点进行比较，保留梯度方向相同、数值最大的像素点，通过这样的处理，可以降低图像的复杂程度，更快地获取边界。

4. 滞后阈值

图像的像素点通过梯度计算后，会获得较高的灰度（亮度）值。受到获取图像的光线的影响，部分边界的灰度值并不是很高。为了获取完整的边界信息，需要设置两个参数值，分别为 minVal 和 maxVal。像素点的灰度值高于 maxVal 时被认为是真实边界的像素点，低于 minVal 的像素点会被抛弃。如果像素点的梯度灰度值在 maxVal 和 minVal 之间，则需要判断当前像素点是否与某个被确定的真实边界像素点相连，如果相连就认为是真实边界点，如果不相连就会被抛弃。

如图 4.3 所示，C 段像素点的梯度灰度值在 maxVal 和 minVal 之间。C 段像素点与真实边界 A 段像素点相连，所以 C 段像素点是真实边界点。而 B 段像素点没有与任何真实边界点相连，所以 B 段像素点不是真实边界点。

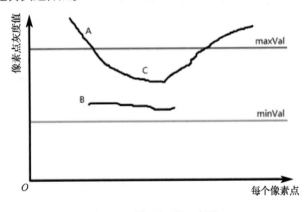

图 4.3 滞后阈值示意图

4.1.2 案例实现

1. 实验目标

（1）掌握 OpenCV 中的 Canny 边缘检测算法。

（2）了解 Canny 边缘检测的概念。

（3）掌握 cv2.Canny() 函数。

2. 实验环境

实验环境如表 4.1 所示。

表 4.1　实验环境

硬　件	软　件	资　源
PC 机/笔记本电脑或 AIX-EBoard 人工智能视觉实验平台	Ubuntu 18.4/Windows 10 Python 3.7.3 OpenCV-Python 4.5.1.48 Matplotlib 3.5.1	0401.jpg

3. 实验步骤

创建源码文件 edge_detection.py，实验目录结构如图 4.4 所示。

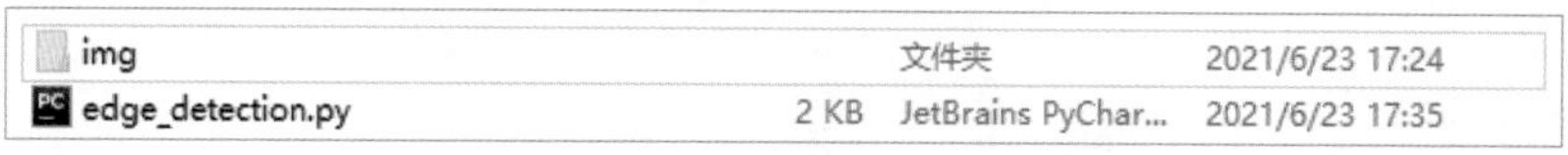

图 4.4　实验目录结构

按照如下步骤编写代码。

步骤一：导入模块

```
import cv2
import matplotlib.pyplot as plt
# 绘图文字使用黑体显示（显示中文，默认不支持中文）
plt.rcParams['font.sans-serif']=['SimHei']
```

步骤二：读取图像，将彩色图转换为灰度图

```
# 读取图像
img = cv2.imread('img/0401.jpg')
# 将彩色图转换为灰度图
img = cv2.cvtColor(img, cv2.COLOR_BGR2RGB)
```

步骤三：使用 Canny 边缘检测算法，配合滞后阈值处理图像

```
# 使用 Canny 边缘检测算法，将滞后阈值分别设定为 200 和 300
edges1 = cv2.Canny(img, 200, 300)
```

步骤四：编写可视化代码

```
plt.subplot(121)  # 绘制第一张子图，总共为 1 行 2 列
plt.title('原图')
plt.imshow(img)
# 去除图像的坐标尺
plt.xticks([])
```

```
plt.yticks([])

plt.subplot(122)      # 绘制第二张子图，总共为 2 行 2 列
plt.title('轮廓处理 1')
plt.imshow(edges1, cmap='gray')
plt.xticks([])
plt.yticks([])

# 显示图像效果
plt.show()
```

步骤五：运行实验代码

使用如下命令运行实验代码。

```
python edge_detection.py
```

运行效果如图 4.5 所示。

图 4.5　轮廓处理的运行效果

4. 实验小结

本次实验可以得到三种不同的 Canny 边缘检测效果。

通过 Canny() 函数的应用，可以得到以下结论。

（1）获取图像边缘效果，可以使用 Canny() 函数。

（2）根据不同的图像需求，需要调整函数中的滞后阈值，以保证获取的图像不受噪声影响。

4.2　图像轮廓检测

轮廓就是临近的像素点连接而成的曲线，具有相同的颜色或灰度。轮廓检测常被应用于目标检测、物体检测中。

如图 4.6 所示,水杯具有非常明显的外轮廓,本次实验就使用该水杯完成图像的轮廓检测。

4.2.1 轮廓查找步骤

(1)将图像进行二值化处理,以降低图像复杂度。在寻找轮廓之前,需要进行阈值化或 Canny 边缘检测。

图 4.6 轮廓检测用水杯

(2)使用查找轮廓函数修改原始图像。如果要保留原始图像,则需要使用其他变量进行存储。

(3)在 OpenCV 中,查找轮廓就像在黑色背景中查找白色物体。

4.2.2 查找轮廓函数

cv2.findContours()是 OpenCV 中常用的查找轮廓函数,一般生成形式如下。

```
contours, hierarchy = cv2.findContours(thresh, cv2.RETR_TREE, cv2. CHAIN_APPROX_SIMPLE)
```

- 参数 thresh 代表进行二值化处理后的图像。
- 参数 cv2.RETR_TREE 代表轮廓显示方式,该方式可以显示所有轮廓。
- 参数 cv2.CHAIN_APPROX_SIMPLE 代表轮廓存储方式,只存储直线型轮廓的两个端点,节省返回值 contours 的存储内存。如图 4.7 所示,右图显示的是获取轮廓的四个端点的效果,相对于左图获取轮廓点而言,可以节省很多内存。

图 4.7 轮廓坐标点的获取方式

- 返回值 contours 是轮廓的坐标点。
- 返回值 hierarchy 是轮廓的层析结构,用来查看当前轮廓内外是否包含其他轮廓。

4.2.3 绘制轮廓函数

cv2.drawContours()是 OpenCV 中常用的绘制轮廓函数,一般生成形式如下。

```
img = cv2.drawContours(img, contours, -1, (0,0,255), 2)
```

- 参数 img 是原始图像数据。
- 参数 contours 是轮廓的坐标。
- 参数−1 代表全部轮廓。
- 参数(0,0,255)代表轮廓颜色，按照 GBR 的格式，绘制的颜色为红色。
- 参数 2 代表绘制的线宽为 2 像素。
- 返回值 img 是绘制轮廓后的图像。

4.2.4 案例实现

1. 实验目标

（1）理解轮廓的概念。
（2）掌握查找轮廓、绘制轮廓的方法。
（3）掌握 cv2.findContours()函数和 cv2.drawContours()函数的使用方法。

2. 实验环境

实验环境如表 4.2 所示。

表 4.2　实验环境

硬件	软件	资源
PC 机/笔记本电脑或 AIX-EBoard 人工智能视觉实验平台	Ubuntu 18.4/Windows 10 Python 3.7.3 OpenCV-Python 4.5.1.48	0402.jpg

3. 实验步骤

创建源码文件 Contour_acquisition.py，实验目录结构如图 4.8 所示。

图 4.8　实验目录结构

按照如下步骤编写代码。

步骤一：导入模块

```
import cv2
```

步骤二：读取图像，并将其转换为灰度图

```
img = cv2.imread('img/0402.jpg')
img_gray = cv2.cvtColor(img, cv2.COLOR_BGR2GRAY)
```

步骤三：采用二值化方式处理图像

```
# 采用二值化方式处理图像。像素值在182和255之间的数据为1，小于182的数据为0
ret, thresh = cv2.threshold(img_gray, 182, 255, 0)
```

步骤四：查找轮廓

```
# 使用简易方式获取全部轮廓
contours, hierarchy = cv2.findContours(thresh, cv2.RETR_TREE, cv2.CHAIN_APPROX_SIMPLE)
```

步骤五：绘制轮廓

```
# 传入的参数：图像、轮廓坐标、全部轮廓、轮廓颜色（红色）、线宽
img = cv2.drawContours(img, contours, -1, (0,0,255), 2)
```

步骤六：可视化图像

```
cv2.imshow('gray', img_gray)       # 灰度图效果
cv2.imshow('bin', thresh)          # 二值化图效果
cv2.imshow('contour', img)         # 轮廓图效果
# 按任意键退出图像显示，结束程序
cv2.waitKey(0)
cv2.destroyAllWindows()
```

步骤七：运行实验代码

使用如下命令运行实验代码。

```
python Contour_acquisition.py
```

运行效果如图4.9所示。

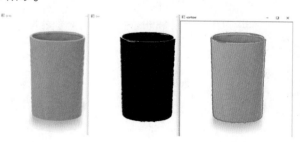

图4.9 灰度图、二值化图、轮廓图的运行效果

4. 实验小结

本次实验可以得到处理轮廓图过程中的三张图像。

通过轮廓检测的应用，可以得到以下结论。

（1）二值化取值不一定是按照灰度值 182 作为阈值切分的，可以根据每张图像的特点进行调整。

（2）轮廓查找是二值化图像黑色和白色交界处的像素点位置。

4.3 图像角点和线条检测

cv-04-v-002

4.3.1 角点的定义

在现实世界中，角点对应于物体的拐角，如道路的十字路口、丁字路口等。从图像分析的角度来讲，角点可以有以下两种定义。

（1）角点可以是两个边缘的角点。

（2）角点是邻域内具有两个主方向的特征点。

4.3.2 Harris 角点简介

Chris Harris 和 Mike Stephens 在 *A Combined Corner and Edge Detector* 中提出了角点检测的方法，即 Harris 角点检测。

人眼对角点的识别通常是在一个局部的小区域或窗口内完成的。如果在各个方向上移动这个特定的窗口，窗口内图像的灰度值发生了较大的变化，就认为在窗口内遇到了角点。

如果这个特定的窗口在图像各个方向上移动，窗口内图像的灰度值没有发生变化，那么窗口内不存在角点；如果窗口在某一个方向上移动，窗口内图像的灰度值发生了较大的变化，而在另一些方向上没有发生变化，那么窗口内的图像可能是一条直线线段，如图 4.10 所示。

 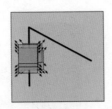 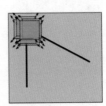

图 4.10 无角点区域、边缘、角点

4.3.3 Harris 角点检测函数

cv2.cornerHarris()是 OpenCV 中的角点检测函数，一般生成形式如下：

```
dst = cv2.cornerHarris(gray, 2, 3, 0.04)
```

- 参数 gray 是灰度为 float 类型的图像。
- 参数 2 是检测过程中考虑的邻域大小，要将该值设置得小一些，该值过大会导致计算时间长，准确率降低。
- 参数 3 是 Sobel 算法在求导时使用的窗口大小，要将该值设置得小一些，该值过大会导致计算时间长，准确率降低。
- 参数 0.04 是 Harris 角点检测方程中的自由参数，取值范围为[0.04,0.06]。
- 返回值 dst 代表每个像素点到周围样本像素点变化的幅度。

如图 4.11 所示，国际象棋棋盘上面分布着黑色和白色的网格。本次实验需要获取目标图像中的角点。

图 4.11　国际象棋棋盘

4.3.4 案例实现

1. 实验目标

（1）理解角点的定义。
（2）掌握查找角点的方法。
（3）掌握 cv2.cornerHarris()函数的使用方法。

2. 实验环境

实验环境如表 4.3 所示。

表 4.3 实验环境

硬　　件	软　　件	资　　源
PC 机/笔记本电脑或 AIX-EBoard 人工智能视觉实验平台	Ubuntu 18.4/Windows 10 Python 3.7.3 OpenCV-Python 4.5.1.48	0403.jpg

3. 实验步骤

创建源码文件 corner_point.py，实验目录结构如图 4.12 所示。

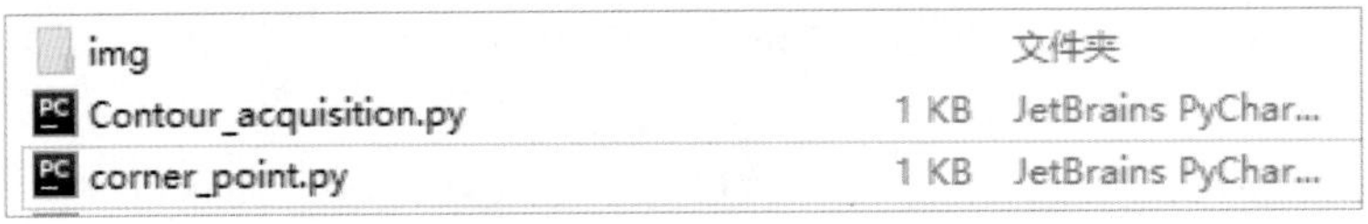

图 4.12 实验目录结构

按照如下步骤编写代码。

步骤一：导入模块

```
import cv2
import numpy as np
```

步骤二：图像预处理

```
# 读取图像
img = cv2.imread('img/0403.jpg')
# 将图像转换成灰度图
gray = cv2.cvtColor(img, cv2.COLOR_BGR2GRAY)
# 在检测角点时必须保证图像为 float 类型
gray = np.float32(gray)
```

步骤三：角点处理

```
# gray: 输入的 float 类型的灰度图
# 2: 检测过程中考虑的邻域大小
# 3: 使用 Sobel 算法在求导时使用的窗口大小
# 0.04: Harris 角点检测方程中的自由参数，取值范围为[0.04, 0.06]
dst = cv2.cornerHarris(gray, 2, 3, 0.04)
# 这里设定一个阈值，只要大于这个阈值就可以判定为角点
img[dst>0.01*dst.max()]=[0,0,255]   # [0,0,255]为红色
```

步骤四：可视化处理

```
cv2.imshow('dst',img)
if cv2.waitKey(0) & 0xff == 27:
    cv2.destroyAllWindows()
```

步骤五：运行实验代码

使用如下命令运行实验代码。

```
python corner_point.py
```

运行效果如图 4.13 所示，其中红色点为角点。

图 4.13　运行效果

4. 实验小结

本次实验可以得到图像的角点位置。
通过角点检测的使用，可以得到以下结论。
（1）在查找角点之前，需要先将图像转换为 float 类型。
（2）检测框和 Sobel 算法的计算窗口不能设置得太大，否则计算量会增加，并且检测效果会变差。

本章总结

- 使用 Canny 边缘检测算法进行边缘检测，不仅可以保留最大梯度方向信息，还可以降低图像复杂度。
- 图像轮廓检测可以保留图像的轮廓信息，这有利于对复杂图像进行分类操作。
- 角点是物体线条中的拐点，常被作为图像中的特征点进行处理。

作业与练习

1. [单选题]在Canny边缘检测算法中,(　　)可以降低图像复杂度,更快地获取边界。
   A．噪声去除　　　　B．计算图像梯度　　C．非极大值抑制　　D．滞后阈值
2. [单选题]在进行轮廓检测前,需要先进行(　　)处理。
   A．二值化　　　　　B．梯度查找　　　　C．角点检测　　　　D．无须进行任何处理
3. [单选题]Harris角点检测使用(　　)方式检测角点。
   A．像素点梯度　　　　　　　　　　　　B．窗口内图像的灰度值变化
   C．设定阈值判断　　　　　　　　　　　D．查找相邻像素灰度值差值
4. [单选题]cv2.Canny(img,200, 300)中的200和300代表的是(　　)。
   A．输入图像的尺寸　　　　　　　　　　B．需要进行线条增强的区域
   C．输出图像的尺寸　　　　　　　　　　D．滞后阈值的最小值和最大值
5. [单选题]关于滞后阈值的说法正确的是(　　)。
   A．梯度灰度值高于maxVal的像素点不一定保留
   B．梯度灰度值介于maxVal和minVal之间的像素点一定保留
   C．梯度灰度值小于maxVal的像素点一定不保留
   D．梯度灰度值介于maxVal和minval之间,并且与maxVal梯度边界相关的像素点一定保留

cv-04-c-001

第 5 章

图像特征匹配

本章目标

- 理解 FAST 算法的基础知识。
- 理解 BRIEF 算法的基础知识。
- 理解 ORB 算法的基础知识。
- 掌握 Brute-Force 匹配器的原理和使用方式。

图像特征匹配可以帮助用户识别图像中的物体种类,如果用户使用另一张图像和当前图像做对比,就可以判断出两张图像中的物体是否是同一种类,从而达到匹配效果。本章将介绍如何进行图像特征匹配。

本章包含如下一个实验案例。

ORB 关键点检测与匹配:要求使用 OpenCV 获取目标图和查询图,并将两张图像中对应的位置进行标注。

5.1 ORB 关键点检测与匹配

ORB(Oriented FAST and Rotated BRIEF)是一种快速进行特征点提取和描述的算法,发布于 *ORB:An Efficient Alternative to SIFT or SURF* 中。

ORB 特征由关键点和描述符两部分组成。关键点称为 Oriented FAST,是一种改进的 FAST 角点。描述符称为 BRIEF(Binary Robust Independent Elementary Feature)。提取 ORB 特征分为如下两个步骤。

1. FAST 角点的提取

找出图像中的角点（特征）。相较于原始的 FAST，ORB 计算了特征点的主方向，为 BRIEF 增加了旋转不变特性。

2. BRIEF 的计算

对前一步提取的特征点的周围图像区域进行描述。ORB 对 BRIEF 进行了改进，主要是在 BRIEF 中使用了先前计算的方向信息。

如图 5.1 所示，左边是一张手表展示图，右边是一张手表佩戴效果图。本次实验的目标是将两张图中的特征点进行匹配。

图 5.1　实验所用图像

5.1.1　FAST 算法

1. 简介

cv-05-v-001

传统图像的局部特征检测算法已经非常成熟，随着研究者对图像特征认识的不断深入，近年来出现了很多特征检测算法的改良算法。在这些特征检测算法中，检测效果性能高的算法有很多。

角点检测算法的种类很多，但最大的痛点是计算时间长。在一个真实的图像项目中，特征提取仅仅是整个项目中很小的一部分，后续还要进行特征匹配、融合等其他算法，这会导致项目运行时间很长，无法满足工业化高效率的需求。

为了解决这个问题，Edward Rosten 和 Tom Drummond 在 2006 年提出了 FAST 算法。

2. 使用 Fast 算法提取特征的步骤

（1）在图像中任选一点 p，假定其像素（亮度）值为 Ip。

（2）以 3 像素为半径绘制圆，覆盖 p 点周围的 16 个像素值，如图 5.2 所示。

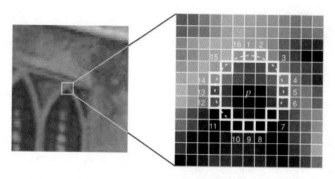

图 5.2 使用 FAST 算法获取 p 点周围的 16 个像素值

（3）设定阈值 t，如果这 16 个像素值中有连续的 n 个像素的像素值都小于 I_p-tI_p-t 或有连续的 n 个像素的像素值都大于 I_p+tI_p+t，这个点就被判断为角点。在 OpenCV 的实现中，n 的取值为 12（16 个像素周长的 3/4）。

（4）一种更快速的方式是检测 p 点周围的 4 个点，即 1、5、9、12 这 4 个点中是否有 3 个点的像素值满足大于 I_p+tI_p+t。如果不满足，则直接跳过；如果满足，则继续使用前面的算法，全部判断 16 个点中是否有 12 个点满足条件。

以上算法的缺点是，很可能检测出来的点大部分彼此之间相邻，需要去除一部分这样的点。为了解决这个问题，可以采用最大值抑制的算法。

3. 算法总结

（1）在速度上 FAST 算法比其他算法快很多。

（2）受图像噪声及设定的阈值的影响很大。

（3）FAST 算法不产生多尺度特征，并且 FAST 特征点没有方向信息，这样就会失去旋转不变性。

5.1.2 BRIEF 算法

1. 简介

BRIEF 是由 EPFL 的 Calonder 提出的一种可以快速计算且表达方式为二进制编码的描述符，主要思路就是在特征点附近随机选取若干点对进行对比，如果点对中的第一个点小于第二个点，则返回 1，否则返回 0，使用这样的方式生成一个二进制串，并将这个二进制串作为该特征点的特征描述符。

2. BRIEF 算法的特点

BRIEF 算法的优点：抛弃了传统的用梯度直方图描述区域的方法，改用检测随机响应，大大加快了描述符建立的速度；生成的二进制描述符便于高速匹配，并且便于在硬件上实现。

BRIEF 算法的缺点：旋转不变性较差，需要通过新的方法来改进。

3. 汉明距离

可以通过比较向量的每一位数值是否相同来计算汉明距离（Hamming Distance），若不同则汉明距离加 1。向量相似度越高，对应的汉明距离越小。

例如，码字 A 为 10001001，码字 B 为 10110001。码字 A 和码字 B 不同的位数有 3 个，因此汉明距离就是 3。

不难看出，汉明距离就是两个码字不同位数的个数。

5.1.3 特征匹配

1. Brute-Force 匹配器

Brute-Force（蛮力）匹配器首先在第一张图像中选取一个关键点，然后依次与第二张图像中的每个关键点（描述符）进行距离测试，最后返回距离最近的关键点。

2. FLANN 匹配器

FLANN 是快速最近邻搜索包（Fast_Library_for_Approximate_Nearest_Neighbors）的简称。FLANN 匹配器是一个对大数据集和高维特征进行最近邻搜索的算法的集合，并且这些算法都已经被优化过。在面对大数据集时 FLANN 匹配器的效果要好于 Brute-Force 匹配器的效果。

5.1.4 代码流程

ORB 算法的第一步是定位训练图像中的所有关键点。找到关键点后，ORB 算法会创建相应的二进制特征向量，并在 ORB 描述符中将它们组合在一起。

创建 bf 对象。

```
bf = cv2.BFMatcher(cv2.NORM_HAMMING, crossCheck=True)
```

第一个参数用来指定要使用的距离测试的类型，如果使用 ORB 算法、BRIEF 算法、BRISK 算法，则需要匹配汉明距离。

第二个参数表示是否进行严格匹配，默认值为 False。当设置为 True 时，只有满足 A 图中的 a 特征点与 B 图中的 b 特征点最相似，并且 B 图中的 b 特征点与 A 图中的 a 特征点最相似，才会认为 a 特征点和 b 特征点是最佳匹配。

BFMatcher.match() 函数会返回最佳匹配点。

cv2.drawMatches()函数用于绘制匹配的点，并将两张图像先进行水平排列，然后在最佳匹配的点之间绘制直线（从目标图到查询图）。

5.2 案例实现

1. 实验目标

（1）理解 FAST 算法的基础知识。
（2）理解 BRIEF 算法的基础知识。
（3）理解 ORB 算法的基础知识。
（4）掌握 Brute-Force 匹配器的原理和使用方式。

2. 实验环境

实验环境如表 5.1 所示。

表 5.1　实验环境

硬　件	软　件	资　源
PC 机/笔记本电脑或 AIX-EBoard 人工智能视觉实验平台	Ubuntu 18.4/Windows 10 Python 3.7.3 OpenCV-Python 4.5.1.48 Matplotlib 3.5.1	0501.jpg 0502.jpg

3. 实验步骤

创建源码文件 feature_matching.py，实验目录结构如图 5.3 所示。

图 5.3　实验目录结构

按照如下步骤编写代码。

步骤一：导入模块

```
import cv2
from matplotlib import pyplot as plt
```

步骤二：读取图像，并将其转换为彩色图

```
# 获取目标图和查询图，转换为 RGB 彩色图
img1 = cv2.imread('img/0501.jpg')
img2 = cv2.imread('img/0502.jpg')
```

```python
img1 = cv2.cvtColor(img1,cv2.COLOR_BGR2RGB)
img2 = cv2.cvtColor(img2,cv2.COLOR_BGR2RGB)
```

步骤三：使用 Brute-Force 匹配器，匹配两张图像数据

```python
# 使用Brute-Force匹配器，并使用汉明距离计算，进行交叉检验
bf = cv2.BFMatcher(cv2.NORM_HAMMING, crossCheck=True)
# 从查询集中查找每个描述符的最佳匹配
matches = bf.match(des1,des2)
# 将距离差（距离差越小，相似度越高）按照升序排序
matches = sorted(matches, key = lambda x:x.distance)
```

步骤四：编写可视化代码

```python
# 将两张图像最相似的10个特征点进行关联
img2 = cv2.drawMatches(img1,kp1,img2,kp2,matches[:10],None,flags=2)
plt.rcParams['font.sans-serif'] = ['SimHei']
plt.imshow(img2)
plt.title('蛮力法匹配效果')
plt.xticks([])
plt.yticks([])
plt.show()
```

步骤五：运行实验代码

使用如下命令运行实验代码。

```
python feature_matching.py
```

运行效果如图 5.4 所示。

图 5.4　图像特征匹配的运行效果

4. 实验小结

本次实验可以得到两张图像的特征匹配效果。
通过特征匹配函数的应用，可以得到以下结论。

（1）根据匹配的图像是否有颜色要求，可以选择彩色图或灰度图进行处理。
（2）根据不同的图像需求，可以选择不同数量的特征点进行匹配。
（3）除了 ORB 算法，还可以尝试使用其他方式的特征选择机制进行处理。
（4）Brute-Force 匹配方式简单易操作。

本章总结

- ORB 算法通过 FAST 算法提取角点，BRIEF 算法用于获取角点特征描述符。
- FAST 算法的计算速度快，使用周边像素点灰度值差进行判定。
- BRIEF 算法先生成像素点对，然后通过进行灰度对比生成特征描述符。
- 使用 ORB 算法不仅可以查找两张图像中的角点及其特征描述符，还可以用于相似特征匹配。

作业与练习

1. [单选题]ORB 算法是复合算法，内部使用（　　）算法查找角点。
   A．Harris　　　　B．FAST　　　　C．灰度搜索　　　　D．Sobel
2. [单选题]FAST 算法查找特征点的处理方式为（　　）。
   A．梯度计算处理
   B．检测周边 3×3 范围内的像素点灰度值差
   C．计算像素点周围导数值
   D．获取当前像素点附近 16 个像素点灰度值，与当前像素点灰度值进行比较
3. [单选题]BRIEF 算法的缺点是（　　）。
   A．计算速度慢　　B．使用二进制编码　　C．旋转不变性差　　D．计算复杂度高
4. [单选题]BRIEF 算法的作用是（　　）。
   A．计算特征描述符　　　　　　B．查找角点
   C．在角点间进行匹配　　　　　D．相关角点连线
5. [多选题]ORB 算法使用（　　）算法查找角点，（　　）算法计算特征描述符。
   A．Sobel　　　　　　　　　　B．FAST
   C．BRIEF　　　　　　　　　　D．Canny

第 6 章

图像对齐与拼接

本章目标

- 掌握 OpenCV 中的全景图像处理操作。
- 了解全景图像的处理流程。
- 了解全景图像的剪裁原理。
- 掌握 cv2.Stitcher_create()函数的用法。

上面介绍了图像特征检测和图像特征匹配的相关内容，这些内容可以支持用户进行实际场景应用下的全景图像拼接及视频拼接操作。

本章包含如下一个实验案例。

全景图像拼接：要求使用 OpenCV 将在同一位置拍摄的两张不同角度的图像合成为全景图像。

6.1 全景图像拼接

图 6.1 所示为两张在同一位置拍摄的不同角度的图像，两张图像中有一部分重叠区域。本次实验的目标是将两张图像的重叠部分去除，合成为一张图像。

图 6.1 实验所用图像

6.1.1 全景图像的拼接原理

一般处理拼接图像的原型是站在一个位置拍摄多个角度的照片，只要找到多张照片中相互匹配的关键点，将不同照片之间的关键点进行连接，就可以得到一张拼接图像（一般总是用于拍摄全景图像），如图 6.2 所示。

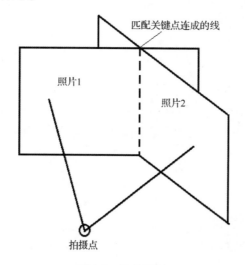

图 6.2 拼接原理

6.1.2 算法步骤

使用多张图像创建全景图像的步骤如下。
（1）检测每张图像的特征（HOG、Harris 等）。
（2）计算不变特征描述符（SIFT、SURF 或 ORB 等）。

cv-06-v-001

(3)根据关键点特征和描述符对两张图像进行匹配，得到若干匹配点对，并移除错误匹配（图像特征匹配）。

(4)使用Ransac算法和匹配的特征来估计单应矩阵（Homography Matrix）。

(5)通过单应矩阵对图像进行仿射变换。

(6)将两张图像进行拼接，重叠部分融合。

(7)剪裁全景图像。

6.1.3 Ransac算法介绍

为了保证能够将两张图像拼接为一张图像，需要找到匹配关键点连成的线（见图6.2）。在图像拼接过程中存在很多关键点，不能连成直线的关键点称为局外点。

可以从局外点的数据集中观察数据（见图6.3），通过迭代计算，找出关键点中最合理的关键点连成的线。

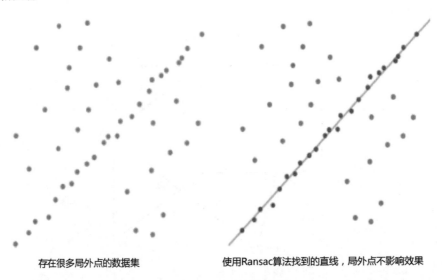

存在很多局外点的数据集　　使用Ransac算法找到的直线，局外点不影响效果

图6.3　Ransac算法的原理

Ransac算法通过对关键点进行迭代计算达成目标，通过迭代计算被选中的关键点称为局内点（关键点连成的线），验证方式如下。

(1)随机假设一些局内点作为初始值，使用这部分局内点拟合一个模型，通过模型计算，可以得到所有未知参数。

(2)将上一步得到的参数代入模型测试其他关键点，如果某关键点适用于模型，就认定该关键点为局内点，并将局内点进行扩充。

如果有足够多的局内点，该模型就被认定是合理的。

（3）先使用更新后的局内点继续计算模型参数，再使用计算的模型参数测试所有关键点，扩充局内点数量，进行更新。

（4）通过模型和局内点的错误率来评估模型效果。

6.1.4 全景图像剪裁

全景图像处理的最后一步是全景图像剪裁。在进行处理时，因为透视变换会产生黑色区域，如图 6.4 所示，所以需要做进一步处理，剪裁出全景图像的最大内部矩形区域，也就是只保留图 6.5 中红色边框内的全景区域。

图 6.4　图像全景拼接后的效果

图 6.5　预计剪裁后的效果

实现这个目标的具体处理方式如下。

（1）在全景图像的四周各添加宽度为 10 像素的黑色边框，以确保能够找到全景图像的完整轮廓，如图 6.6 所示。

（2）将全景图像转换为灰度图，并将不为 0 的像素灰度值全部设置为 255，作为前景图，其他像素灰度值设置为 0，作为背景图。现在有了全景图像的二值图，应用轮廓检测就可以找到最大轮廓的边界框，如图 6.7 所示。

图 6.6　增加宽度为 10 像素的黑色边框

图 6.7　获取最大轮廓的边界框

（3）根据图像的尺寸计算可以将全景图像所有像素放入图像中的尺寸。针对此图像对图像和全景图像进行腐蚀操作，最终得到想要的图像尺寸效果，完成剪裁。

6.2 案例实现

1. 实验目标

（1）掌握 OpenCV 中的全景图像的处理方法。
（2）了解全景图像的处理流程。
（3）掌握 cv2.Stitcher_create() 函数的用法。

2. 实验环境

实验环境如表 6.1 所示。

表 6.1 实验环境

硬　件	软　件	资　源
PC 机/笔记本电脑或 AIX-EBoard 人工智能视觉实验平台	Ubuntu 18.4/Windows 10 Python 3.7.3 OpenCV-Python 4.5.1.48 NumPy 1.21.6	0601.jpg 0602.jpg

3. 实验步骤

创建源码文件 panoramic_mosaic.py，实验目录结构如图 6.8 所示。

图 6.8 实验目录结构

按照如下步骤编写代码。

步骤一：导入模块

```
import os
import cv2
import numpy as np
```

步骤二：读取需要进行全景处理的图像，并放入列表中

```
img_dir = 'img'                                      # 需要处理的图像文件夹
```

```python
names = os.listdir(img_dir)              # 获取两个文件名
images = []
for name in names:
    img_path = os.path.join(img_dir, name)   # 获取图像全路径
    image = cv2.imread(img_path)
    images.append(image)
```

步骤三：构造图像拼接对象 stitcher

```python
stitcher = cv2.Stitcher_create()  # 全景拼接处理函数
```

步骤四：在图像列表中传入.stitch()函数，该函数会返回状态和拼接好的全景图像（如果没有出现错误）

```python
# 如果可以进行拼接处理，则status数值返回0，否则返回1，stitched为进行全景处理后的图像
status, stitched = stitcher.stitch(images)  # 处理图像
if status == 0:
    cv2.imwrite('result1.jpg', stitched)
```

步骤五：在全景图像四周添加宽度为 10 像素的黑色边框，确保找到全景图像的完整轮廓

```python
# 在全景图像的四周填充黑色像素
stitched = cv2.copyMakeBorder(stitched, 10, 10, 10, 10, cv2.BORDER_CONSTANT,
(0, 0, 0))
```

步骤六：将全景图像转换为灰度图，不为 0 的灰度值全部设置为 255，其他灰度值设置为 0，作为背景图

```python
gray = cv2.cvtColor(stitched, cv2.COLOR_BGR2GRAY)
ret, thresh = cv2.threshold(gray, 0, 255, cv2.THRESH_BINARY)
```

步骤七：获得轮廓后，使用轮廓检测，找到最大轮廓的边界框，并计算能容纳最大图像的尺寸

```python
# 获取轮廓，转换为灰度图，只检测最外围轮廓，只保留垂直方向和水平方向的终点坐标
# 返回图像和轮廓端点坐标
cnts,hierarchy=cv2.findContours(thresh.copy(),cv2.RETR_EXTERNAL,
cv2.CHAIN_APPROX_SIMPLE)
# 获取最大轮廓坐标点
cnt = max(cnts, key=cv2.contourArea)
mask = np.zeros(thresh.shape, dtype="uint8")
# 绘制轮廓垂直边界最小矩形
x, y, w, h = cv2.boundingRect(cnt)
cv2.rectangle(mask, (x, y), (x + w, y + h), 255, -1)
```

步骤八：根据图像的大小制作两个副本，并计算前景图尺寸

```
minRect = mask.copy()
sub = mask.copy()
# 开始while循环，直到sub中没有前景图像素
while cv2.countNonZero(sub) > 0:
    minRect = cv2.erode(minRect, None)      # 腐蚀图像
    sub = cv2.subtract(minRect, thresh)     # 剪裁前景图像
```

步骤九：得到矩形轮廓后，获取坐标进行处理

```
# 将重新获取轮廓尺寸
cnts,hierarchy=cv2.findContours(minRect.copy(),cv2.RETR_EXTERNAL,
cv2.CHAIN_APPROX_SIMPLE)
cnt = max(cnts, key=cv2.contourArea)
x, y, w, h = cv2.boundingRect(cnt)

# 使用边界框坐标提取最终的全景图像
stitched = stitched[y:y + h, x:x + w]
cv2.imwrite('result2.jpg', stitched)
```

步骤十：运行实验代码

使用如下命令运行实验代码。

```
python panoramic_mosaic.py
```

经过运行上述代码，出现 result2.jpg 文件，最终效果如图 6.9 所示。

图 6.9　最终效果

4. 实验小结

本次实验可以查看通过图像拼接实现的全景图像。

通过图像拼接技术的使用，可以得到以下结论。

（1）在拼接图像的过程中，原始图像的放置顺序对生成的效果图无影响。

（2）在进行图像拼接时，尽量使用在同一位置拍摄的不同角度的图像，否则很难复原。

本章总结

- 利用相似关键点进行匹配，找到两张图像中的重叠区域，结合仿射变换，将图像进行拼接。
- 利用腐蚀原理对图像中的黑色区域进行剪裁，保留无黑色边框的全景图像。

作业与练习

1. [单选题]关于全景图像的拼接操作，以下说法正确的是（   ）。

    A．图像间有相同物体图像

    B．使用同一摄像机，在同一位置、不同角度拍摄有重叠区域的图像

    C．图像间无重叠区域也能获得不错的全景图像效果

    D．在全景图像处理过程中无须查找特征点

2. [多选题]在全景图像处理过程中，查找特征点后需要进行的步骤是（   ）。

    A．全景图像剪裁

    B．使用单应矩阵进行仿射变换

    C．使用 Ransac 算法和匹配特征来估计单应矩阵

    D．计算特征描述符

3. [单选题]Ransac 算法的作用是（   ）。

    A．进行角点特征查找

    B．用来计算角点的特征描述符

    C．将两张图像对应的特征进行匹配，形成单应矩阵

    D．用于剪裁全景图像的黑色边框

4. [单选题]腐蚀操作的效果是（   ）。

A．模糊图像

B．锐化图像

C．如果当前像素的上、下、左、右像素点中存在 0，则当前像素变为 0

D．如果当前像素的上、下、左、右像素点中存在 255，则当前像素变为 255

5．使用手机在同一位置拍摄两张不同角度的图像，进行全景图像拼接处理。

cv-06-c-001

第 7 章

相机运动估计

本章目标

- 掌握 OpenCV 中的双目测距处理操作。
- 了解摄像头标定流程。
- 掌握双目测距的处理方式。
- 掌握测距窗口参数调整方法。

对于目前比较流行的人工智能驾驶项目,除了需要对行人等目标进行检测,还需要对这些目标的距离进行测定,以帮助自动驾驶汽车计算合理的行车路线。目前比较流行的测距方式有单目相机测距、双目相机测距及雷达测距。双目相机测距是目前研究较多、性能较好的一种测距方式。

本章包含如下一个实验案例。

双目相机运动估计:要求使用 OpenCV 并配合双目相机,完成物体的距离测量。

7.1 双目相机运动估计

7.1.1 相机测距流程

1. 相机标定

摄像头因为具有光学透镜的特性所以成像存在径向畸变,可以通过参数 $k1$、$k2$、$k3$ 确定相机畸变参数。由于装配方面的误差,传感器与光学镜头之间并非完全平行,因此成像存在切向畸变，可以通过参数 $p1$、$p2$ 确定。

单个摄像头的标定需要计算摄像头的内部参数及外部参数（标定物的世界坐标），其中内部参数包括焦距和成像原点（cx,cy）、五个畸变参数（一般只需要计算参数 $k1$、$k2$、$p1$、$p2$，鱼眼镜头等径向畸变特别大的才需要计算参数 $k3$）。

双目摄像头的标定不仅需要计算每个摄像头的内部参数，还需要通过标定来测量两个摄像头之间的相对位置（右摄像头相对于左摄像头的旋转矩阵 ***R***、平移向量 ***t***）。

2. 双目校正

双目校正是根据摄像头标定后获得的单目内部参数（焦距、成像原点、畸变参数）和双目摄像头的相对位置（旋转矩阵和平移向量），分别对左右视图进行消除畸变和行对准，使左右视图的成像原点坐标一致、两摄像头光轴平行、左右成像平面共面、对极线行对齐的一种操作。这样一张图像上任意一点与其在另一张图像上的对应点就必然具有相同的行号，只需在该行进行一维搜索即可匹配到对应点。

3. 双目匹配

双目匹配的作用是把同一场景在左右视图上对应的像素点匹配起来，这样做的目的是得到视差图。双目匹配被普遍认为是立体视觉中最困难、最关键的问题。

7.1.2 双目相机成像模型

cv-07-v-001

假设左右两个相机位于同一平面（光轴平行），且相机参数（焦距 f）一致，那么深度值的推导原理和公式如图 7.1 所示。

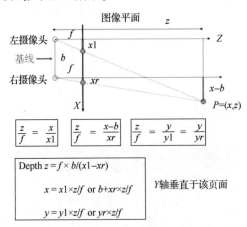

图 7.1 原理图

根据上述推导，空间点 P 与视图的距离（深度）$z=f \times b/(xl-xr)$，可以发现，如果要计算深度 z，就必须知道以下两点。

（1）相机焦距 f、左右视图视差 b。这些参数可以通过先验信息或相机标定得到。

（2）视差 b。需要知道左视图的每个像素点（xl, yl）和右视图中对应点（xr, yr）的对应关系，这是双目匹配的核心问题。

7.1.3 极限约束

对于左视图中的一个像素点，可以通过极限约束确定该点在右视图中的位置。

什么是极限呢？如图 7.2 所示，$C1$、$C2$ 是两个相机的中心点，P 是空间中的一点，P 和中心点 $C1$、$C2$ 形成了三维空间中的一个平面 $PC1C2$，称为极平面。极平面和两张图像相交于两条直线，这两条直线为极线。P 在相机 $C1$ 中的成像点是 $P1$，在相机 $C2$ 中的成像点是 $P2$，但 P 的位置事先是未知的。

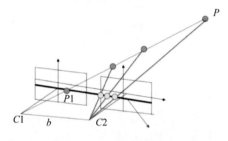

图 7.2 极限约束的原理

7.1.4 双目测距的优势

（1）双目测距的成本比单目测距的成本稍高，但比雷达测距的成本低，成本合理。

（2）无识别约束限制，双目测距使用两个摄像头参数进行计算，可以对所有物体进行测距。

（3）因为双目测距使用摄像头视差计算距离，所以双目测距的精度比单目测距的精度高。

（4）双目测距无须使用数据库样本，测距所占内存少。

7.1.5 双目测距的难点

（1）双目测距的计算量大，对于设备的计算性能依赖比较高，所以双目系统很难做到产品化、小型化。

（2）双目测距的精确度非常依赖双目摄像头的标定，如果标定效果不好，则直接影响测距的准确性。

（3）双目测距对光照环境非常敏感。

如图 7.3 所示，双目测距依赖环境中的自然光线采集图像，由于受到光照角度、强度等因素的影响，因此拍摄的两张图像的亮度差别比较大，这会直接影响测距效果。

图 7.3　光照对测距的影响

（4）双目测距不适用于单调纹理场景。双目测距使用视觉特征进行图像匹配，对于缺乏特征的场景（墙、填空等）匹配困难，测距误差大或匹配失败。

（5）计算复杂度高。

如图 7.4 所示，双目测距需要逐像素匹配，又因为上述多种因素的影响，为了保证匹配结果的健壮性，需要在算法中增加大量的错误剔除策略，所以对算法要求较高，实现可靠商用的难度较大，计算量较大。

图 7.4　无场景特征图像

（6）相机基线限制了测量范围。测量范围和基线（两个摄像头的间距）的关系很大，基线越大，测量范围越大；基线越小，测量范围越小。所以，基线在一定程度上限制了该深度相机的测量范围。

7.2　案例实现

1. 实验目标

（1）掌握 OpenCV 中的双目测距处理操作。

（2）了解摄像头标定流程。

（3）掌握双目测距的处理方式。

2. 实验环境

实验环境如表 7.1 所示。

表 7.1　实验环境

硬　件	软　件	资　源
PC 机/笔记本电脑或 AIX-EBoard 人工智能视觉实验平台	Ubuntu 18.4/Windows 10 Python 3.7.3 OpenCV-Python 4.5.1.48 NumPy 1.21.6	标定板

3. 实验步骤

创建源码文件 calibration.py、distance_measurement.py，实验目录结构如图 7.5 所示。

calibration.py	JetBrains PyChar...	2 KB
distance_measurement.py	JetBrains PyChar...	7 KB

图 7.5　实验目录结构

其中，calibration.py 文件负责双目相机标定，distance_measurement.py 文件负责确定双目畸变参数并计算距离。

（1）按照如下步骤编写 calibration.py 文件。

步骤一：导入模块

```
import cv2
import numpy
```

步骤二：设置初始化参数

```
cv2.namedWindow("left")
cv2.namedWindow("right")
cv2.moveWindow("left", 0, 0)
```

```python
cv2.moveWindow("right", 400, 0)
# 根据情况设定相机id，这里使用的是外接双目摄像头，开启12或10
right_camera = cv2.VideoCapture(12)
# width=2560
right_camera.set(3, 2560)
# height=960
right_camera.set(4, 960)
# 用图像序号为标定命名
counter = 1
# 拍摄快照文件目录
folder = "./snapshot/"
```

步骤三：创建存储标定摄像头图像文件夹

```python
# 创建存储标定摄像头图像文件夹
import os
if not os.path.exists(folder):
    os.mkdir(folder)
```

步骤四：保存标定图像函数

```python
# 保存标定图像函数
def shot(pos, frame):
    global counter
    path = folder + pos + "_" + str(counter) + ".jpg"
    cv2.imwrite(path, frame)
    print("snapshot saved into: " + path)
```

步骤五：存储图像处理

```python
# 存储图像处理
while True:
    ret, right_frame = right_camera.read()
    left_frame,right_frame=numpy.split(right_frame,2,1)
    cv2.imshow("left", left_frame)
    cv2.imshow("right", right_frame)
    
    key = cv2.waitKey(1)
    # 如果通过键盘输入q或标定图像有10张
    if key == ord("q") or counter>=11:
        break
```

```
    # 如果通过键盘输入 s 则保存图像
    elif key == ord("s"):
        shot("left", left_frame)
        shot("right", right_frame)
        counter += 1

# 释放资源，关闭窗口
right_camera.release()
cv2.destroyWindow()
```

步骤六：运行实验代码

使用如下命令运行实验代码。

```
python calibration.py
```

运行上述代码会弹出两个窗口，分别是使用双目摄像头拍摄的左右两侧的图像，如图 7.6 所示。

图 7.6　使用双目摄像头拍摄的左右两侧的图像

步骤七：图像标定处理

分别保存不同视角下的棋盘图像，这有助于摄像头标定。保存时按 s 键即可，存储 10 次后会自动结束程序。拍摄效果如图 7.7 所示。

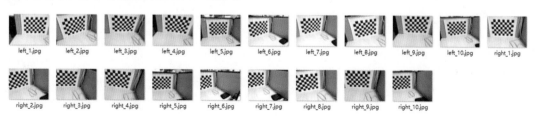

图 7.7　拍摄效果

图像标定工作完成。

(2) 按照如下步骤编写 distance_measurement.py 文件。

步骤一：导入模块

```
import cv2
import numpy
```

步骤二：设置初始化参数

```
# 确定使用标定图像的数量
number=10
# 统计图像读取数
counter = 1
# 棋盘格子尺寸和内部角点个数需要根据选择形式调整
pattern = (6, 9)
# 每个棋盘格子的尺寸
cell_size= 4
dimension='cm'
```

步骤三：获取之前存储的图像

```
# 创建左右两侧摄像头的存储列表
left_pics = []
right_pics = []
for i in range(number):
    # 读取左右两侧摄像头快照图像
    pic1 = cv2.imread("./snapshot/left" + "_" + str(counter) + ".jpg")
    pic2 = cv2.imread("./snapshot/right" + "_" + str(counter) + ".jpg")
    left_pics.append(pic1)
    right_pics.append(pic2)
    counter += 1
```

步骤四：计算摄像头数据信息

```
# 计算左侧摄像头数据信息
tmp = []
coins = []
a1 = []
for i in range(number):
    ii = i
    gray = cv2.cvtColor(left_pics[i], cv2.COLOR_BGR2GRAY)
```

```python
        # 查找棋盘角点特征
        ok, corners = cv2.findChessboardCorners(
            cv2.cvtColor(left_pics[i], cv2.COLOR_BGR2GRAY), pattern, None)
        tmps = []
        # 记录角点
        for ih in range(pattern[1]):
            for j in range(pattern[0]):
                tmps.append([j, ih, 0])
        tmps = numpy.array(tmps, dtype=numpy.float32)
        if ok:
            criteria = (cv2.TERM_CRITERIA_EPS + cv2.TERM_CRITERIA_MAX_ITER, 30, 0.001)
            # 获取像素坐标
            corners = cv2.cornerSubPix(cv2.cvtColor(
                left_pics[i], cv2.COLOR_BGR2GRAY),    # 输入图像
                corners,                               # 角点
                pattern,                               # 区域范围
                (-1, -1),                              # 具体范围,忽略
                criteria)                              # 停止优化标准
            a1.append(ii)
            tmp.append(corners)
            coins.append(tmps)

# 计算右侧摄像头数据信息
tmp1 = tmp
tmp = []
coins = []
a2 = []
for i in range(number):
    ii = i
    gray = cv2.cvtColor(right_pics[i], cv2.COLOR_BGR2GRAY)
    # 查找棋盘角点特征
    ok, corners = cv2.findChessboardCorners(
        cv2.cvtColor(right_pics[i], cv2.COLOR_BGR2GRAY), pattern, None)
    tmps = []
    # 记录角点
    for ih in range(pattern[1]):
        for j in range(pattern[0]):
            tmps.append([j, ih, 0])
```

```python
        tmps = numpy.array(tmps, dtype=numpy.float32)
    if ok:
        criteria = (cv2.TERM_CRITERIA_EPS + cv2.TERM_CRITERIA_MAX_ITER, 30, 0.001)
        # 获取像素坐标
        corners = cv2.cornerSubPix(cv2.cvtColor(
            right_pics[i], cv2.COLOR_BGR2GRAY),   # 输入图像
            corners,                               # 角点
            pattern,                               # 区域范围
            (-1, -1),                              # 具体范围，忽略
            criteria)                              # 停止优化标准
        print(ii)
        a2.append(ii)
        tmp.append(corners)
        coins.append(tmps)
```

步骤五：相机参数处理

```python
# 计算相机畸变参数
u1 = []
u2 = []
u3 = []
for item in a2:
    if item in a1:
        print(item)
        u1.append(tmp[a2.index(item)])
        u2.append(coins[a2.index(item)])
        u3.append(tmp1[a1.index(item)])
tmp1 = u3
coins = u2
tmp = u1
# 相机标定处理
ret, mtx1, dist1, rvecs, tvecs = \
    cv2.calibrateCamera(coins, tmp1, gray.shape[::-1], None, None)
ret, mtx, dist, rvecs, tvecs = \
    cv2.calibrateCamera(coins, tmp, gray.shape[::-1], None, None)
# 双目标定函数
retval, cameraMatrix1, distCoeffs1, cameraMatrix2, distCoeffs2, R, T, E, F = \
```

```
        cv2.stereoCalibrate(coins, tmp1, tmp, mtx1,dist1, mtx, dist, gray.
shape[::-1])
    print(R)
    print(T)
    print(cameraMatrix1)
    print(cameraMatrix2)
    # 双目标定函数
    R1, R2, P1, P2, Q, validPixROI1, validPixROI2 = \
        cv2.stereoRectify(cameraMatrix1,
                    distCoeffs1,
                    cameraMatrix2,
                    distCoeffs2,
                    gray.shape[::-1], R, T)

    # 计算并更正map
    # 计算无畸变参数和修正转换映射
    left_map1, left_map2 = cv2.initUndistortRectifyMap(
        cameraMatrix1,
        distCoeffs1,
        R1,
        P1,
        gray.shape[::-1],
        cv2.CV_16SC2)
    right_map1, right_map2 = cv2.initUndistortRectifyMap(
        cameraMatrix2,
        distCoeffs2,
        R2,
        P2,
        gray.shape[::-1],
        cv2.CV_16SC2)
```

步骤六：设置相机参数

```
    class tt:
        def __init__(self):
            pass

    camera_configs = tt()
    camera_configs.left_map1 = left_map1
    camera_configs.left_map2 = left_map2
```

```python
camera_configs.right_map1 = right_map1
camera_configs.right_map2 = right_map2
camera_configs.Q = Q
```

步骤七：摄像头显示及测距

```python
# 设置显示参数
if True:
    import numpy as np

    cv2.namedWindow("left")
    cv2.namedWindow("right")
    cv2.namedWindow("depth")
    cv2.moveWindow("left", 0, 0)
    cv2.moveWindow("right", 600, 0)
    cv2.moveWindow("depth", 1200, 0)
    # 设置并调整阈值控件
    cv2.createTrackbar("num", "depth", 0, 20, lambda x: None)
    cv2.createTrackbar("blockSize", "depth", 5, 255, lambda x: None)
    camera2 = cv2.VideoCapture(12)        # 开启12或10
    camera2.set(3, 2560)                  # width=2560
    camera2.set(4, 960)                   # height=960

    # 添加点击事件，打印当前点的距离
    def callbackFunc(e, x, y, f, p):
        if e == cv2.EVENT_LBUTTONDOWN:
            # cell_size 标定框格子尺寸
            print(str(threeD[y][x][-1] * cell_size) + "cm")

    # 在左视图中点击测量点
    cv2.setMouseCallback("left", callbackFunc, None)

    # 开启及设置摄像头
    while True:
        ret2, frame2 = camera2.read()
        ret1 = ret2
        frame1, frame2 = numpy.split(frame2, 2, 1)

        if not ret1 or not ret2:
```

```python
        break

    # 根据更正 map 对图像进行重构
    img1_rectified = cv2.remap(
        frame1,
        camera_configs.left_map1,
        camera_configs.left_map2,
        cv2.INTER_LINEAR)
    img2_rectified = cv2.remap(
        frame2,
        camera_configs.right_map1,
        camera_configs.right_map2,
        cv2.INTER_LINEAR)

    # 将图像设置为灰度图, 为 StereoBM 做准备
    imgL = cv2.cvtColor(img1_rectified, cv2.COLOR_BGR2GRAY)
    imgR = cv2.cvtColor(img2_rectified, cv2.COLOR_BGR2GRAY)

    # 两个 trackbar 用来调节不同的参数, 并查看效果
    num = cv2.getTrackbarPos("num", "depth")
    blockSize = cv2.getTrackbarPos("blockSize", "depth")
    if blockSize % 2 == 0:
        blockSize += 1
    if blockSize < 5:
        blockSize = 5
    if num < 5:
        num = 5
    import copy

    stereo = cv2.StereoSGBM_create(
        numDisparities=16 * num,
        blockSize=blockSize)
    disparity = stereo.compute(imgL, imgR)   # 距离度量计算
    disp = cv2.normalize(disparity,
                         copy.deepcopy(disparity),
                         alpha=0,
                         beta=255,
                         norm_type=cv2.NORM_MINMAX,
                         dtype=cv2.CV_8U)
```

```
    # 将图像扩展至3D空间中, 其z方向的值为当前的距离
    threeD = cv2.reprojectImageTo3D(
        disparity.astype(np.float32) / 16.,
        camera_configs.Q)  # 注意threeD是以左视图为基准的
    cv2.imshow("left", img1_rectified)
    cv2.imshow("right", img2_rectified)
    cv2.imshow("depth", disp)

    key = cv2.waitKey(100)
    # 按键操作处理
    if key == ord("q"):
        break
    elif key == ord("s"):
        cv2.imwrite("./snapshot/BM_left.jpg", imgL)
        cv2.imwrite("./snapshot/BM_right.jpg", imgR)
        cv2.imwrite("./snapshot/BM_depth.jpg", disp)

camera2.release()
cv2.destroyAllWindows()
```

步骤八: 运行实验代码

使用如下命令运行实验代码。

cv-07-v-002

```
python distance_measurement.py
```

运行上述代码会弹出3个窗口, 分别是双目摄像头拍摄的左右两侧的图像及调整图像, 如图7.8和图7.9所示。

图7.8 使用双目摄像头拍摄的图像

根据图像中的白色区域可以正确测量距离，测量单位为厘米。检测距离要使用左视图，点击想要测距的点即可。

点击想要预测的点后，会在控制台打印当前点的距离，如图 7.10 所示。

图 7.9　非黑色区域可检测距离，对应左视图配合检测　　图 7.10　检测点距离预测

4. 实验小结

本次实验可以使用双目摄像头检测物体到摄像头的距离。

通过双目测距技术的应用，可以得到以下结论。

（1）图像标定非常重要，可以从不同角度、不同距离多拍摄几张图像，使测距效果更好。

（2）对没有变化的墙面、沙漠等测距效果较差。

（3）双目测距对光照环境敏感，尽量不要在强光下进行测距。

本章总结

- 摄像头因制作工艺会产生畸变，在测距前需要进行校正。
- 在测距前需要对双目摄像头的参数进行计算。
- 保存的标定图像越多，测距准确率越高。

作业与练习

1. [单选题]不对相机畸变参数进行调整,带来的后果是(　　)。
   A. 无法进行距离计算　　　　　　B. 相机坐标系与真实坐标系会产生偏差
   C. 无法显示图像　　　　　　　　D. 无法进行双目相机标定
2. [单选题]以下不是双目测距的优势的是(　　)。
   A. 成本相对低廉　　　　　　　　B. 计算量小
   C. 无须数据库样本　　　　　　　D. 精度比单目测距的精度高
3. [单选题]标定板的作用是(　　)。
   A. 查看相机是否正常运行　　　　B. 查看图像颜色是否正常显示
   C. 对相机进行参数调整　　　　　D. 以上说法都不对
4. 使用标定板,并使用双目相机拍摄照片,用于相机标定处理。
5. 按照实际标定板参数更正代码数值,进行测距实验。

cv-07-c-001

第 2 部分　基于机器学习和深度学习的视觉应用

　　第 1 部分介绍了基于 OpenCV 的传统视觉应用，但在现实的大量其他场景中，如水果识别、植物叶子病虫害识别等，需要借助深度学习算法自动提取特征。第 2 部分将介绍以下应用案例。

（1）使用 Sklearn 识别手写数字图像，并使用可视化界面进行展示。
（2）使用 OpenCV、skimage、Sklearn 识别图像中行人的位置，并进行可视化。
（3）使用 LeNet-5 模型，通过摄像头实时识别画面中的水果。
（4）使用卷积神经网络模型，识别健康叶子与发生病虫害的叶子。
（5）从摄像头中检测多张人脸，实现同时识别多张人脸，将识别结果显示到摄像头画面中。
（6）使用 YOLOv3-Tiny 模型，实现对人脸口罩佩戴的识别与检测。
（7）构建目标检测模型，自动检测番茄的生长位置，识别其成熟度。
（8）构建并训练 GAN 模型，为黑白图像自动着色。
（9）基于 TensorFlow 使用 GAN 模型实现单图像超分辨率转换。
（10）使用 U-Net 模型完成眼底血管图像分割，并且对训练过程与结果进行可视化。
（11）使用 VoxelMorph 为 2D 头部 CT 图像实现无监督配准网络。
（12）使用深度学习进行视频内容分析，识别并理解视频中的人体行为。
（13）基于 TensorFlow 训练深度神经网络模型，并根据图像回答问题。

第 8 章

基于 SVM 模型的手写数字识别

本章目标

- 掌握 Sklearn 中 SVM 模型的训练、预测,以及保存和加载操作。
- 了解手写数字识别处理的流程。
- 掌握将函数图像转化为数据的流程。
- 会使用 PyQt5 用户交互界面调用 SVM 模型。

图像识别(Image Recognition)是利用计算机对图像进行处理、分析和理解,以识别各种不同模式的目标的技术。

图像识别的发展经历了三个阶段,分别为文字识别、数字图像处理与识别、物体识别。机器学习领域一般将此类识别问题转化为分类问题。

本章包含如下一个实验案例。

手写数字识别:要求使用 Sklearn 对手写数字图像进行识别,评估模型效果,并使用可视化界面进行展示。

8.1 手写数字识别

8.1.1 手写数字图像

手写识别是常见的图像识别任务。计算机通过手写体图像来识别图像中的字,与印刷字体不同的是，不同人的手写体风格迥异，大小不一，因此计算机对手写体的识别比较困难。

手写数字图像如图 8.1 所示。数字手写体识别由于其有限的类别（0～9，共 10 个数字）成为相对简单的手写识别任务。

本次实验使用的数据集中每张图像的尺寸为 16 像素×16 像素，总共有 10 000 张图像，抽取其中的 100 张图像作为测试集，其余数据作为训练集，供模型训练使用。

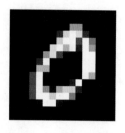

图 8.1 手写数字图像

8.1.2 图像处理

cv-08-v-001

图像是由像素组成的，每个像素点都可以用一个数字来表示，范围为 0～255。如图 8.2 所示，数字越大，亮度越高。

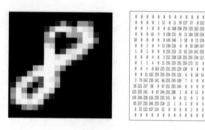

图 8.2 图像与其数字矩阵对比图

使用 SVM 模型无法处理矩阵形式的数据，需要将矩阵形式的数据转化为向量形式的数据（将二维数据变为一维数据）才可以进行计算，如图 8.3 所示。

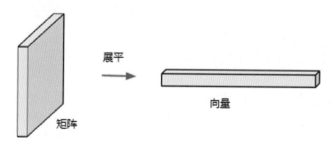

图 8.3 矩阵转化为向量的示意图

SVM 模型具有良好的健壮性，在计算机视觉中经常用于分类处理。在处理数据之前，一般要根据模型的效果进行数据预处理（常用的是归一化处理），以加快模型的计算速度，以及提高模型的准确率。

8.2 案例实现

1. 实验目标

（1）掌握 Sklearn 中 SVM 模型的训练、预测，以及保存和加载操作。
（2）了解手写数字识别处理的流程。
（3）掌握将函数图像转化为数据的流程。
（4）了解 PyQt5 可视化应用处理。

2. 实验环境

实验环境如表 8.1 所示。

表 8.1 实验环境

硬　件	软　件	资　源
PC 机/笔记本电脑或 AIX-EBoard 人工智能视觉实验平台	Ubuntu 18.4/Windows 10 Python 3.7.3 scikit-learn 0.20.3 NumPy 1.21.6 joblib 0.14.1 PyQt5 5.7 Pillow 9.1.0	img_train img_test

3. 实验步骤

该项目主要由三段代码组成，对应的文件分别为 svm.py、svmtest.py、user_interface.py。接下来分别对三段代码的功能和难点进行解析。

（1）svm.py 文件的主要功能为读取图像、将图像转化为数字矩阵、将矩阵转化为向量、训练模型、存储 SVM 模型。

（2）svmtest.py 文件的主要功能为调用存储的 SVM 模型，以及验证测试集的准确率。

（3）user_interface.py 文件的主要功能是使用可视化窗口实现模型测试。

分别创建源码文件 svm.py、svmtest.py、user_interface.py，实验目录结构如图 8.4 所示。

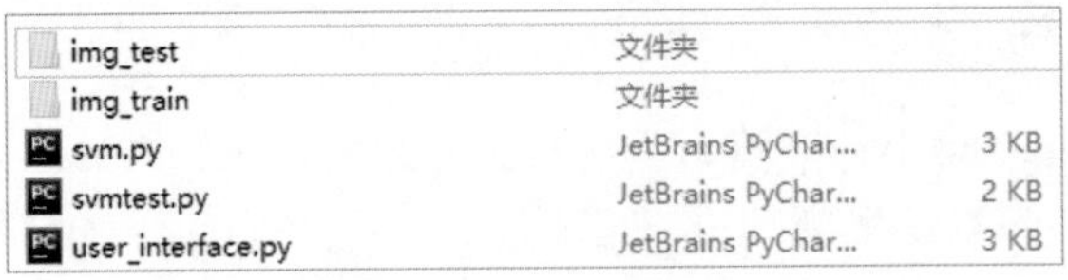

图 8.4 实验目录结构

按照如下步骤分别编写代码。

（1）编写 **svm.py** 文件，进行图像获取、模型训练、模型存储操作。

步骤一：导入模块

```
from PIL import Image
import os
import sys
import numpy as np
import time
from sklearn import svm
import joblib
import warnings
warnings.filterwarnings('ignore')
```

步骤二：创建函数，获取所有指定路径下的.jpg 文件

```
def get_file_list(path):
    return [os.path.join(path, f) for f in os.listdir(path) if f.endswith(".jpg")]
```

步骤三：创建函数，获取图像名称

```
def get_img_name_str(imgPath):
    return imgPath.split(os.path.sep)[-1]
```

步骤四：创建函数，将图像矩阵转化为向量进行处理

```
# 将 16 像素 * 16 像素的图像数据转换成 1*256 的 NumPy 向量
# 参数：imgFile（图像名称），如 0_1.png
# 返回：1*256 的 NumPy 向量
def img2vector(imgFile):
    # print("in img2vector func--para:{}".format(imgFile))
    img = Image.open(imgFile).convert('L')
    img_arr = np.array(img, 'i')                          # 16 像素 * 16 像素的灰度图
    img_normalization = np.round(img_arr / 255)           # 对灰度值进行归一化处理
    img_arr2 = np.reshape(img_normalization, (1, -1))     # 1 * 256 的向量
    return img_arr2
```

步骤五：创建函数，将图像文件转化为向量并获取标签

```
# 读取转换功能
# 输入图像文件
# 输出图像矩阵和标签
```

```python
def read_and_convert(imgFileList):
    dataLabel = []                                        # 存放类标签
    dataNum = len(imgFileList)
    dataMat = np.zeros((dataNum, 256))                    # dataNum * 256 的矩阵
    for i in range(dataNum):
        imgNameStr = imgFileList[i]
        imgName = get_img_name_str(imgNameStr)            # 得到数字_实例编号.jpg
        classTag = imgName.split(".")[0].split("_")[0]    # 得到类标签(数字)
        dataLabel.append(classTag)
        dataMat[i, :] = img2vector(imgNameStr)
    return dataMat, dataLabel
```

步骤六：创建函数，读取训练数据

```python
# 读取训练数据
def read_all_data():
    path = sys.path[0]
    train_data_path = os.path.join(path, r'img_train')
    # 调用所有图像
    flist = get_file_list(train_data_path)
    # 转化为图像矩阵和标签
    dataMat, dataLabel = read_and_convert(flist)
    return dataMat, dataLabel
```

步骤七：创建函数，完成 SVM 模型的创建

```python
# 创建模型
def create_svm(dataMat, dataLabel, path, decision='ovr'):
    clf = svm.SVC(decision_function_shape=decision)
    rf = clf.fit(dataMat, dataLabel)
    joblib.dump(rf, path)       # 存储模型
    return clf
```

步骤八：主函数处理

```python
if __name__ == '__main__':
    print('正在运行模型请稍等')
    dataMat, dataLabel = read_all_data()      # 调用函数，获取图像矩阵和标签
    path = sys.path[0]
    model_path = os.path.join(path, r'svm.model')
    create_svm(dataMat, dataLabel, model_path, decision='ovr')
    print('模型训练存储完成')
```

步骤九：运行实验代码

使用如下命令运行实验代码。

```
python svm.py
```

运行上述代码，在项目文件夹下会保存训练好的 SVM 模型，如图 8.5 所示。

图 8.5　存储 SVM 模型

（2）编写 svmtest.py 文件，进行 SVM 模型加载、评估预测。

步骤一：导入模块

```
import sys
import time
# 调用自己创建的类
import svm
import os
import joblib
```

步骤二：完成模型、数据的加载工作

```
# 获取模型位置
path = sys.path[0]
model_path=os.path.join(path,r'svm.model')
# 加载测试集数据
path = sys.path[0]
tbasePath = os.path.join(path, r"img_test")
tst = time.clock()
# 加载模型
clf = joblib.load(model_path)
testPath = tbasePath
```

步骤三：调用 svm.py 文件中的函数，将图像转化为向量

```
# 读取所有图像
tflist = svm.get_file_list(testPath)
# 将数据转化为图像矩阵和标签
```

```
tdataMat, tdataLabel = svm.read_and_convert(tflist)
print("测试集数据维度为: {0}, 标签数量: {1} ".format(tdataMat.shape, len
(tdataLabel)))
```

步骤四：预测测试集的效果

```
# 预测效果
score_st = time.clock()
score = clf.score(tdataMat, tdataLabel)
score_et = time.clock()
print("计算准确率花费{:.6f}秒.".format(score_et - score_st))
print("准确率: {:.6f}.".format(score))
print("错误率: {:.6f}.".format((1 - score)))
tet = time.clock()
print("测试总耗时{:.6f}秒.".format(tet - tst))
```

步骤五：运行实验代码

使用如下命令运行实验代码。

```
python svmtest.py
```

运行效果如图 8.6 所示。

```
测试集数据维度为: (100, 256), 标签数量: 100
计算准确率花费0.207663秒.
准确率: 0.950000.
错误率: 0.050000.
测试总耗时0.319145秒.
```

图 8.6　运行效果

（3）编写 user_interface.py 文件，对 SVM 模型的测试集效果进行可视化。

步骤一：导入模块

cv-08-v-002

```
import sys
from PyQt5.QtWidgets import QFileDialog
from PyQt5 import QtCore, QtGui, QtWidgets
from PyQt5.QtWidgets import *
import os
import joblib
# 调用自己创建的类
import svm
```

步骤二：创建类，完成可视化窗口的初始化

```python
class Ui_Dialog(object):
    def setupUi(self, Dialog):
        Dialog.setObjectName("Dialog")
        # 设置窗口大小
        Dialog.resize(645, 475)
        # 设置"打开图像"按钮
        self.pushButton = QtWidgets.QPushButton(Dialog)
        self.pushButton.setGeometry(QtCore.QRect(230, 340, 141, 41))
        self.pushButton.setAutoDefault(False)
        self.pushButton.setObjectName("pushButton")
        # 设置"显示标签"按钮
        self.label = QtWidgets.QLabel(Dialog)
        self.label.setGeometry(QtCore.QRect(220, 50, 191, 221))
        self.label.setWordWrap(False)
        self.label.setObjectName("label")
        # 设置文本编辑区域
        self.textEdit = QtWidgets.QTextEdit(Dialog)
        self.textEdit.setGeometry(QtCore.QRect(220, 280, 191, 41))
        self.textEdit.setObjectName("textEdit")

        self.retranslateUi(Dialog)
        QtCore.QMetaObject.connectSlotsByName(Dialog)
    # 创建窗口设置
    def retranslateUi(self, Dialog):
        _translate = QtCore.QCoreApplication.translate
        Dialog.setWindowTitle(_translate("Dialog", "手写体识别"))
        self.pushButton.setText(_translate("Dialog", "打开图像"))
        self.label.setText(_translate("Dialog", "显示图像"))
```

步骤三：创建类，完成测试集图像验证功能

```python
class MyWindow(QMainWindow, Ui_Dialog):
    # 初始化数据
    def __init__(self, parent=None):
        super(MyWindow, self).__init__(parent)
        self.setupUi(self)
        self.pushButton.clicked.connect(self.openImage)  # 点击事件，开启下面的函数

    # 点击事件函数
```

```python
    def openImage(self):
        # 点击"打开图像"按钮时
        imgName, imgType = QFileDialog.getOpenFileName(self, "打开图像", "img_test")
        # 获取图像宽高,显示在对话框上
        png = QtGui.QPixmap(imgName).scaled(self.label.width(), self.label.height())
        self.label.setPixmap(png)
        self.textEdit.setText(imgName)
        # 加载SVM模型,预测选中图像的类别
        path = sys.path[0]
        model_path = os.path.join(path, r'svm.model')
        clf = joblib.load(model_path)
        dataMat=svm.img2vector(imgName)
        preResult = clf.predict(dataMat)
        # 在文本框中显示处理结果
        self.textEdit.setReadOnly(True)
        self.textEdit.setStyleSheet("color:red")
        self.textEdit.setAlignment(QtCore.Qt.AlignHCenter|QtCore.Qt.AlignVCenter)
        self.textEdit.setFontPointSize(9)
        self.textEdit.setText("预测的结果是: ")
        self.textEdit.append(preResult[0])
```

步骤四：主函数处理

```python
# 运行主函数
if __name__ == '__main__':
    app = QApplication(sys.argv)
    myWin = MyWindow()
    myWin.show()
    sys.exit(app.exec_())
```

步骤五：运行实验代码

使用如下命令运行实验代码。

```
python user_interface.py
```

运行上述代码，显示的可视化界面如图8.7所示。

点击"打开图像"按钮，可以选择使用SVM模型预测的图像，如图8.8所示。

选中图像，打开后就可以在窗口中查看选择的图像及预测结果，如图8.9所示。

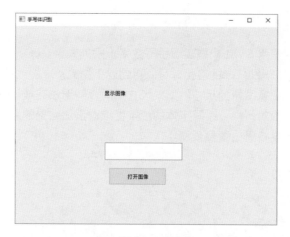

图 8.7　可视化界面

图 8.8　选择测试图像

图 8.9　预测结果

4. 实验小结

本次实验可以查看使用 SVM 模型实现手写数字识别的效果。

通过 SVM 手写数字识别技术的应用，可以得到以下结论。

（1）在识别过程中注意图像的尺寸，如果尺寸不同，则无法完成识别操作。

（2）识别图像要求相对严格，手写字体的线条粗细对预测结果的影响很大。

（3）该识别技术仅支持黑白图像预测。

本章总结

- 在使用 SVM 模型进行处理前，需要将图像由二维矩阵转化为一维向量。
- 使用网格搜索交叉验证可以快速得到最优参数模型。
- SVM 模型具有很好的健壮性，使用该模型对简单图像进行分类可以获得很高的准确率。

作业与练习

1. [单选题]对数据进行归一化处理的好处是（　　）。
   A．避免噪声影响　　　　　　　　B．加快模型运行速度
   C．减少图像颜色差别　　　　　　D．缩小图像类别差异
2. [单选题]网格搜索交叉验证的作用是（　　）。
   A．辅助调参，查找模型的最优参数　B．加快模型的运行速度
   C．提高模型的准确率　　　　　　D．使用多种模型测评得分
3. [单选题]SVM 模型的分类原理是（　　）。
   A．距离分类线最近的样本尽量增加间隔距离
   B．使用 Sigmoid 函数判定样本的概率
   C．使用二叉树原理进行分类
   D．使用距离判定，距离哪个类别样本最近就属于哪个类别
4. [单选题]像素灰度值的取值范围是（　　）。
   A．0～1　　　　　　　　　　　　B．0～9
   C．0～255　　　　　　　　　　　D．0～100
5. [多选题]可以用于评估 SVM 模型的指标有（　　）。
   A．准确率　　　　　　　　　　　B．召回率
   C．F1　　　　　　　　　　　　　D．均方误差

cv-08-c-001

第 9 章

基于 HOG+SVM 的行人检测

本章目标

- 掌握 Sklearn 中 SVM 模型的训练、预测，以及保存和加载操作。
- 了解基于 HOG+SVM 进行行人检测处理的流程。
- 掌握 HOG 函数的应用。
- 理解滑动窗口的原理。
- 理解非极大值抑制的原理。

行人检测具有极其广泛的应用，可以应用于智能辅助驾驶、智能监控、行人分析及智能机器人等领域。自 2005 年以来，行人检测进入了快速发展阶段，但是也存在很多问题有待解决，主要是在性能和速度方面还不能达到平衡。近几年，以 Google 为首的自动驾驶技术的研发正在如火如荼地进行，迫切需要能对行人进行快速、有效的检测，以保证自动驾驶期间对行人的安全不会产生威胁。

本章包含如下一个实验案例。

行人检测：要求使用 OpenCV、skimage、Sklearn 对是否包含行人的数据集进行训练，识别图像中行人的位置，并进行可视化。

9.1 行人检测

9.1.1 HOG+SVM

方向梯度直方图（Histogram of Oriented Gradient，HOG）特征是一种在计算机视觉和图像处理中用来进行物体检测的特征描述符。HOG 特征通过计算和统计图像局部区域的方向梯度直方图来构成特征。

SVM 是一种常见的判别方法。在机器学习领域，它是一个有监督的学习模型，通常用来进行模式识别、分类及回归分析，在行人检测中可以用作区分行人和非行人的分类器。

在使用 HOG+SVM 进行行人检测的过程中，截取包含有行人（正样本）和无行人（负样本）的图像数据集，使用 HOG 算法分别提取图像中正样本和负样本的特征向量，将获取的特征数据放在 SVM 模型中进行训练，得到一个健壮性高的模型。本项目使用 skimage 中提供的 HOG 算法获取图像特征，生成对应的 HOG 特征向量，作为 SVM 模型的输入特征。使用 Sklearn 中的 SVM 模型调参，可以获得更好的健壮性，这有利于进行行人的检测。

9.1.2 检测流程

（1）准备训练样本集合，包括正样本集和负样本集。收集到足够的训练样本之后，操作者需要手动剪裁样本。本次实验提供了处理好的样本，如图 9.1 和图 9.2 所示。

cv-09-v-001

图 9.1 有行人图像

（2）剪裁样本后，将有行人（正样本）图像放入一个文件夹中，无行人（负样本）图像放入另一个文件夹中，并将所有尺寸缩放到相同大小，以方便后续使用 SVM 模型进行训练及检测。在早期的 OpenCV 自带案例训练中，将所有样本图像缩放为 64 像素×128 像素（宽度为 64

像素,高度为 128 像素,符合行人正常宽高比例,且计算精度和效率适中)进行训练。本次实验的图像尺寸为 64 像素×128 像素,与 OpenCV 自带案例一致。

图 9.2　无行人图像

(3)提取正负样本图像的 HOG 特征,并将特征分别进行存储。

(4)对所有正负样本打标签。例如,将所有正样本标记为 1,所有负样本标记为 0。

(5)将所有特征代入 SVM 模型中进行训练,得到一个能够检测行人的 SVM 模型。

(6)进行行人检测处理(滑动窗口)。

9.1.3　滑动窗口

在一张真实的图像中,行人会出现在图像的任意位置,并且检测图像的尺寸要远远大于训练样本的尺寸。为了保证能够检测到图像中任意位置的行人,需要使用滑动窗口的方式来完成行人检测。

首先从图像左上角开始创建一个 64 像素×128 像素的检测框(与训练样本的大小相同),识别检测框内的角点特征,然后使用 SVM 模型进行预测。如图 9.3 所示,将这个 64 像素×128 像素的检测框在图像上滑动,检测每个区域的特点并使用 SVM 模型进行处理,这样就可以检测到图像中的每个区域是否有行人。

图 9.3 滑动窗口示意图

注意：图 9.3 中检测框的移动步幅很大，在真实情况下，该检测框的移动步幅相对较小，可以对图像中的每个区域进行检测。

在图 9.3 中，当前的 64 像素×128 像素的检测框只能框选行人部分区域，所以检测效果并不好。为了能够提升检测效果，在原图像检测完成后，会将图像的尺寸缩为原图像的 80%，重新使用 64 像素×128 像素的检测框进行检测。如图 9.4 所示，因为原图像尺寸相对变小，所以检测框相对来说会大一些，可以检测出更大的目标（距离较近的行人）。

图 9.4 原图像缩小后检测框搜索范围相对变大

通过缩小原图像的方式，可以使用检测框识别出距离更近的行人目标。原图像会一直缩小，辅助检测框检测行人，直到原图像的尺寸小于检测框时，图像不再缩小，检测过程结束。

9.1.4 非极大值抑制

如图 9.5 所示,在进行滑动卷积处理后,可以检测出很多疑似行人的边界框。边界框之间会出现很多重叠区域,这并不是我们想要的处理结果。这时需要使用非极大值抑制,保留最有可能的行人边界框。

图9.5 行人检测原始图

在进行目标检测时一般会采用窗口滑动的方式,先在图像上生成很多候选框,然后把这些候选框进行特征提取后送入分类器,一般会得出一个得分(score)。

例如,当进行人脸检测时,在很多候选框上都有得分,把这些得分全部排序,选取得分最高的那个框,接下来计算其他框与当前框的重合程度(IOU),如果重合程度大于一定的阈值就删除。因为在同一张脸上可能会有多个得分高的框,但是只需要一个就够了,如图 9.6 所示。

图9.6 非极大值抑制处理效果

也可以使用这样的方式处理行人检测图像,最终得到的效果如图 9.7 所示。

图 9.7 行人检测最终得到的效果

9.2 案例实现

1. 实验目标

（1）掌握 Sklearn 中 SVM 模型的训练、预测，保存和加载操作。
（2）理解 SVM+HOG 的行人检测处理流程。
（3）掌握 HOG 函数的应用。
（4）理解滑动窗口的原理。
（5）理解非极大值抑制的原理。

2. 实验环境

实验环境如表 9.1 所示。

表 9.1 实验环境

硬　　件	软　　件	资　　源
PC 机/笔记本电脑或 AIX-EBoard 人工智能视觉实验平台	Ubuntu 18.4/Windows 10 Python 3.7.3 scikit-learn 0.20.3 NumPy 1.21.6 joblib 0.14.1 PyQt5 5.7 Pillow 9.1.0 scikit-image 0.18.2 OpenCV-Python 4.5.1.48 imutils 0.5.4	images 图像文件夹

3. 实验步骤

该项目主要由三段代码组成，对应的文件分别为 extract_features.py、train_svm.py、detector.py。接下来分别对三段代码的功能和难点进行解析。

（1）extract_features.py 文件的主要功能为读取训练图像，使用 HOG 算法提取特征并存储。

（2）train_svm.py 文件的主要功能为训练 SVM 模型，对 SVM 模型进行调参并保存模型。

（3）detector.py 文件的主要功能为使用滑动窗口和 HOG 算法获取检测图像特征，使用 SVM 模型进行判别并使用非极大值抑制方式获取最终检测的行人位置。

分别创建源码文件 extract_features.py、train_svm.py 和 detector.py，实验目录结构如图 9.8 所示。

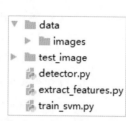

图 9.8　实验目录结构

按照如下步骤分别编写代码。

（1）编写 extract_features.py 文件，提取训练图像特征并存储。

步骤一：导入模块

```
from skimage.feature import hog
from skimage.io import imread
import joblib
import glob
import os
```

步骤二：设置数据初始化位置

```
# 图像位置
pos_im_path = 'data/images/pos_person'
neg_im_path = 'data/images/neg_person'
# 特征存储位置
pos_feat_ph = 'data/features/pos'
neg_feat_ph = 'data/features/neg'
```

步骤三：创建特征存储路径

```
# 如果不存在特征存储路径，则先创建
if not os.path.isdir(pos_feat_ph):
    os.makedirs(pos_feat_ph)
if not os.path.isdir(neg_feat_ph):
    os.makedirs(neg_feat_ph)
```

步骤四：获取所有训练图像行人特征并进行保存

```
# 获取所有的有行人的图像并进行处理
```

```python
for im_path in glob.glob(os.path.join(pos_im_path, "*")):
    im = imread(im_path, as_gray=True)
    print(im.shape)
    '''
        orientation: 指定 bin 的个数
        pixels_per_cell: 每个 cell 的像素数
        cell_per_block : 每个 block 内有多少个 cell
        visualize: 是否输出 HOG image
        transform_sqrt: 是否进行 power law compression, 也就是 gamma correction,
            这是一种图像预处理操作, 可以将较暗的区域变亮, 减少阴影和光照变化对图像的影响
    '''
    fd = hog(im, orientations=9, pixels_per_cell=[8,8], cells_per_block=[2,2],
            visualize=False, transform_sqrt=True)
    print(fd.shape)
    fd_name = os.path.split(im_path)[1].split(".")[0] + ".feat"
    fd_path = os.path.join(pos_feat_ph, fd_name)
    joblib.dump(fd, fd_path)  # 存储文件
```

步骤五：处理所有训练背景图像特征并保存

```python
# 使用上述同样方式对负样本做处理
for im_path in glob.glob(os.path.join(neg_im_path, "*")):
    im = imread(im_path, as_gray=True)
    fd = hog(im, orientations=9, pixels_per_cell=[8,8], cells_per_block=[2,2],
            visualize=False, transform_sqrt=True)
    fd_name = os.path.split(im_path)[1].split(".")[0] + ".feat"
    fd_path = os.path.join(neg_feat_ph, fd_name)
    joblib.dump(fd, fd_path)
print('特征处理完成')
```

步骤六：运行实验代码

使用如下命令运行实验代码。

```
python extract_features.py
```

运行上述代码，在 data 文件夹下生成保存特征的 features 文件夹，如图 9.9 所示。

图 9.9　生成保存特征的 features 文件夹

（2）编写 train_svm.py 文件，训练和保存 SVM 模型。

步骤一：导入模块

```
from sklearn.svm import LinearSVC
from sklearn.model_selection import GridSearchCV
import joblib
import glob
import os
import warnings
warnings.filterwarnings('ignore')
```

步骤二：设置获取数据的地址

```
pos_feat_path = 'data/features/pos'
neg_feat_path = 'data/features/neg'
model_path = 'data/models/svm_model'
fds, labels = [], []
```

步骤三：加载正样本特征和负样本特征

```
# 加载正样本特征
for feat_path in glob.glob(os.path.join(pos_feat_path, "*.feat")):
    fd = joblib.load(feat_path)
    fds.append(fd)
    labels.append(1)

# 加载负样本特征
for feat_path in glob.glob(os.path.join(neg_feat_path, "*.feat")):
    fd = joblib.load(feat_path)
    fds.append(fd)
    labels.append(0)
```

步骤四：使用网格搜索交叉验证配合数据完成 SVM 模型的训练

```
# 使用网格搜索交叉验证处理模型，提升模型预测的准确率，运行时间稍长
print('开始训练模型，时间稍长，请多等待...')
clf = LinearSVC()
pg = {'C': [0.1, 0.2, 0.5, 0.8, 1]}
model = GridSearchCV(clf, pg, cv=5)
model.fit(fds, labels)
print(model.best_params_)

# 根据上述代码运行的最优模型参数重新创建模型
clf = LinearSVC(C=0.1)
clf.fit(fds, labels)
```

步骤五：保存 SVM 模型

```
# 保存 SVM 模型
if not os.path.isdir(os.path.split(model_path)[0]):
    os.makedirs(os.path.split(model_path)[0])
joblib.dump(clf, model_path)
print('SVM 模型保存至：{}'.format(model_path))
```

步骤六：运行实验代码

使用如下命令运行实验代码。

```
python train_svm.py
```

运行上述代码，显示运行效果及生成的 models 文件夹，如图 9.10 所示。

```
开始训练模型，时间稍长，请多等待...
{'C': 0.1}
SVM 模型保存至：../data/models/svm_model
```

图 9.10　运行效果及生成的 models 文件夹

（3）编写 detector.py 文件，测试图像，获取最终的检测效果。

步骤一：导入模块

```
import numpy as np
from skimage.transform import pyramid_gaussian
from imutils.object_detection import non_max_suppression
import imutils
from skimage.feature import hog
```

```python
import joblib
import cv2
from skimage import color
import matplotlib.pyplot as plt
import os
import glob
import warnings
warnings.filterwarnings('ignore')
```

步骤二：调用 SVM 模型的路径

```python
model_path = 'data/models/svm_model'
```

步骤三：创建函数，处理滑动窗口

```python
# 处理滑动窗口
def sliding_window(image, window_size, step_size):
    for y in range(0, image.shape[0], step_size[1]):
        for x in range(0, image.shape[1], step_size[0]):
            yield(x, y, image[y : y + window_size[1], x:x + window_size[0]])
```

步骤四：创建函数，完成检测功能

```python
# 检测函数
def detector(filename):
    im = cv2.imread(filename)
    im = imutils.resize(im, width = min(400, im.shape[1]))
    min_wdw_sz = (64, 128)
    step_size = (10, 10)
    downscale = 1.25

    clf = joblib.load(model_path)
    detections = []
    scale = 0

    for im_scaled in pyramid_gaussian(im, downscale=downscale):
        # 如果数据小于训练图像大小（64像素 * 128像素），则停止
        if im_scaled.shape[0] < min_wdw_sz[1] or im_scaled.shape[1] < min_wdw_sz[0]:
            break
        # 循环滑动窗口，每次的选择范围为64像素*128像素，每次的滑动步数为10像素*10像素
```

```python
            for (x, y, im_window) in sliding_window(im_scaled, min_wdw_sz, step_size):
                if im_window.shape[0] != min_wdw_sz[1] or im_window.shape[1] != min_wdw_sz[0]:
                    continue
                # 将彩色图转换为灰度图
                im_window = color.rgb2gray(im_window)
                # 提取特征
                fd = hog(im_window, orientations=9, pixels_per_cell=[8,8], cells_per_block=[2,2],
                         visualize=False, transform_sqrt=True)

                fd = fd.reshape(1, -1)    # 转换为向量格式
                pred = clf.predict(fd)    # 模型预测

                # 将所有检测到的有行人的信息进行记录
                if pred == 1:     # 如果预测为正样本（有行人）
                    # 当决策边界大于0.5时，距离决策边界越远效果越好
                    if clf.decision_function(fd) > 0.5:
                        detections.append((int(x * (downscale**scale)), int(y * (downscale ** scale)),
                                          clf.decision_function(fd),
                                          int(min_wdw_sz[0] * (downscale ** scale)),
                                          int(min_wdw_sz[1] * (downscale ** scale))))

            scale += 1

        clone = im.copy()

        for(x_t1, y_t1, _, w, h) in detections:
            # 绘制长方形框
            cv2.rectangle(im, (x_t1, y_t1), (x_t1 + w, y_t1 + h), (0, 255, 0), thickness = 2)

        rects = np.array([[x, y, x + w, y + h] for (x, y, _, w, h) in detections])
        sc = [score[0] for (x, y, score, w, h) in detections]
        print("sc: ", sc)
        sc = np.array(sc)
        # 使用非极大值抑制处理数据信息
        pick = non_max_suppression(rects, probs = sc, overlapThresh = 0.3)
```

```
   for (xA, yA, xB, yB) in pick:
       cv2.rectangle(clone, (xA, yA), (xB, yB), (0, 255, 0), 2)

plt.rcParams['font.sans-serif'] = ['SimHei']
plt.axis("off")
plt.imshow(cv2.cvtColor(im, cv2.COLOR_BGR2RGB))
plt.title('原始检测效果')
plt.show()

plt.axis("off")
plt.imshow(cv2.cvtColor(clone, cv2.COLOR_BGR2RGB))
plt.title("非极大值抑制处理后的效果")
plt.show()
```

步骤五：创建函数，读取图像完成检测功能

```
# 运行函数
def test_folder(foldername):
    filenames = glob.iglob(os.path.join(foldername, '*'))
    for filename in filenames:
        print(filename)  # 打印当前检测文件的名称
        detector(filename)
```

步骤六：完成主函数的设置

```
if __name__ == '__main__':
    foldername = 'test_image'
    test_folder(foldername)
```

步骤七：运行实验代码

使用如下命令运行实验代码。

```
python detector.py
```

检测效果如图 9.11 所示。

4. 实验小结

本次实验可以查看使用 HOG+SVM 进行行人检测的效果。
通过 HOG+SVM 行人检测技术的应用，可以得到以下结论。
（1）在缩小原图像尺寸的过程中，其尺寸不能小于检测框的尺寸。

图 9.11　检测效果

（2）对SVM模型进行调参可以得到最好的行人检测效果。
（3）距离SVM模型越远的样本，可信度越高。

本章总结

- HOG算法用于提取图像中的特征及其描述符。
- 使用滑动窗口匹配训练集图像。
- 使用SVM模型可以对滑动窗口中的图像进行对比。
- 使用非极大值抑制方式去除目标检测效果差的检测窗口。

作业与练习

1. [单选题]关于滑动窗口，描述正确的是（　　）。
   A．滑动窗口的尺寸可以任意修改
   B．滑动窗口仅在检测图像上遍历一次
   C．滑动窗口的尺寸与训练用图像的尺寸相同
   D．使用HOG+SVM检测行人可以不设置滑动窗口
2. [单选题]在HOG+SVM算法中，使用（　　）指标进行非极大值抑制。
   A．IOU   B．准确率
   C．样本到决策边界的距离   D．F1
3. [单选题]滑动窗口停止的条件是（　　）。
   A．遍历检测图像一次
   B．查找到目标后
   C．缩小图像后，图像的尺寸比检测框的尺寸小
   D．重复遍历两次后没有新的目标出现
4. 简述滑动窗口的运行原理。
5. 简述基于HOG+SVM进行行人检测的主要步骤。

cv-09-c-001

第 10 章　数据标注

本章目标

- 了解数据标注的作用。
- 了解数据收集的方法与常用的平台和工具。
- 掌握目标检测数据标注的方法与技能。
- 掌握视频目标检测数据标注的方法与技能。

数据标注是数据收集后的一个重要步骤。数据标注就是对未处理的初级数据（包括语音、图像、文本、视频等）进行加工处理，添加属性标签，以制作训练数据集。

本章包含如下两个实验案例。

- 目标检测数据标注。

使用数据标注工具对室内场景的不同目标进行标注。

- 视频目标跟踪数据标注。

使用数据标注工具对视频中的人和车辆进行检测与跟踪标注。

10.1　目标检测数据标注

目标检测数据标注是指对图像中的目标对象进行检测与定位，即识别其类别和位置。此类数据标注通常使用"框+属性"的方式，框表示位置，属性则用于记录类别等信息。

本次实验要求对室内不同的目标进行数据标注，效果如图 10.1 所示。

图 10.1　目标检测数据标注

10.1.1　数据收集与数据标注

数据对于人工智能的重要性不言而喻，那么如何收集数据呢？

可以选择公开的数据集，但是在实际项目中，开发人员常常需要进行专门的数据收集和数据标注工作。

数据收集就是对需要处理的任务尽可能从多个渠道收集相关的数据；而数据标注就是对收集到的数据进行标注，对于图像任务来说，标注一般包括分类标注、标框标注、描点标注和区域标注等。

1）数据收集

数据收集的方法包含使用第三方数据收集平台、爬虫、手动收集等。

通过第三方数据收集平台进行数据收集，对于企业来说是效率比较高的方式。国内数据收集平台有阿里众包、百度众包、腾讯众包等。

阿里众包提供了一个众包平台，服务对象包括千万个提供数据的个体和需要收集数据的个人或组织。如果需要收集数据的一方并不想关注数据收集的过程而只想得到最终结果，则可以直接寻找一些数据收集机构完成任务。

爬虫是收集大数据集经常使用的方法，ImageNet 等数据集的建立，就是通过 WordNet 中的树形组织结构关键词来搜索并爬取数据的。

下面介绍一些比较好用的爬虫工具。

Image-Downloader：可以按要求爬取谷歌、百度、Bing 等搜索引擎上的图像，并且提供 GUI，方便用户操作。

Annie：一款使用 Go 语言编程的视频下载工具，支持抖音、腾讯视频等多个网站视频和图像的下载。

火车采集器：一款网页采集工具，提供 GUI，使用人群很广。

2）数据标注

标注类型一般包含以下五种。

- **Classification** 标注：对图像进行分类。
- **Detection** 标注：用于检测图像中出现的物体的位置。
- **Segmentation** 标注：对图像进行切割。
- **Caption** 标注：简单来说就是看图说话。
- **Attribute** 标注：用于标注图像中出现的物体的属性。

可以借助如下数据标注平台对数据进行标注。

- 亚马逊众包。
- CrowdFlower 众包：在 2009 年的美国科技创业大会 TechCrunch50 上被正式推出，被定位为一款众包数据处理工具，可以通过提供远程众包式服务帮助企业完成一些普通任务，如照片审核等工作。
- 国内众包平台：随着机器学习数据需求的增加，国内也有了一些类似的众包标注平台，包括阿里数据标注平台、百度众包及京东微工等。

10.1.2　数据标注的通用规则

目标检测数据标注的通用规则包括以下几点。

（1）贴边规则：标注框需要紧贴目标物体的边缘进行画框标注，不可框得太小或太大，如图 10.2 所示。

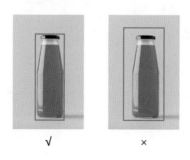

图 10.2　贴边规则

（2）重叠规则：当两个目标物体有重叠区域时，只要遮挡未超过一半就可以添加边框，允许两个框有重叠的部分，如图 10.3 所示。

图 10.3　重叠规则

（3）边界检查：确保框坐标不在图像边界上，防止在数据载入或数据扩展过程中出现越界报错，如图 10.4 所示。

图 10.4　边界检查

（4）独立规则：每个目标物体都需要单独拉框。

（5）不标注规则：图像模糊不清的不标注，太暗和曝光过度的不标注，不符合项目特殊规则的不标注。

（6）小目标规则：不同的算法对小目标的检测效果不同，对于小目标，只要人眼能分清就应该标注出来。

10.1.3　案例实现

1．实验目标

（1）掌握图像目标检测工具的基本使用方法。

（2）理解"框+属性"标注的内容。

第 10 章 数据标注

（3）能根据不同的场景正确标注目标。

2. 实验环境

实验环境如表 10.1 所示。

表 10.1 实验环境

硬　件	软　件	资　源
PC 机/笔记本电脑	Windows 10 精灵标注助手数据标注工具	标注练习使用的图像

3. 实验步骤

实验目录结构如图 10.5 所示。

图 10.5　实验目录结构

精灵标注助手是一款非常好用的图像标注软件，可以批量对图像进行文本标注，拥有自定义标注的形式，支持图像分类、位置标注、三维位置标注、视频跟踪、图像转录等多种功能，标注完成后，还能导出 Pascal Voc 标准的 XML 文件。

在 Windows 系统下，双击实验目录下的 jinglingbiaozhu-setup-2.0.4.exe 进行安装。

按照如下步骤完成数据标注。

步骤一：新建标注项目

先选择"文件"→"新建"命令，然后在打开的"新建项目"界面中选择"位置标注"选项，选择图像文件夹，点击"创建"按钮，软件会自动加载文件夹下的图像（.png、.jpg、.gif）并创建一个项目，如图 10.6 所示，红线处的分类值用于定义目标类型，名称之间用英文逗号隔开。

步骤二：目标标注

在精灵标注助手中，图像标注框可以使用矩形、多边形和曲线。如图 10.7 所示，点击左侧矩形框（蓝色虚线处）或按 R 键即可切换到矩形标注模式。直接在图像中框出需要标注的位置，绘制完框后，在右侧选择类别。

图 10.6 新建项目

图 10.7 绘制框并选择类别

标注完成后可以点击下方中央的对钩按钮（红色虚线处）或使用 **Ctrl+S** 快捷键进行保存。

接着可以通过点击左边的"前一个"按钮、"后一个"按钮（绿色虚线处）或直接使用键盘的左方向键和右方向键来切换图像。

为了提高标注质量和效率，需要遵循以下标注规范。

（1）床：只标注床身，不区分床头与背景墙。
（2）枕头：抱枕属于枕头。
（3）床头柜：床两边的是床头柜。
（4）台灯：桌子上和地上的都属于台灯。
（5）窗户：落地窗只标注玻璃部分。如果窗户被窗帘遮挡，则框选透过窗帘能看到的边缘处；如果窗户被框架隔开，则将其框选到一起（见图10.8）；如果窗户被墙隔开，则分开框选。

图 10.8　标注窗户

（6）花瓶和盆栽：只标注有植物的，同植物框选到一起。
（7）地毯：只框选看见地毯边界的地毯。
（8）椅子和凳子：凳子没有靠背，餐桌和办公桌旁边优先选择椅子。

步骤三：导出标注结果

全部标注好之后点击左侧的"导出"按钮，选择导出格式，如 pascal-voc，并选择导出地址，如图 10.9 所示。

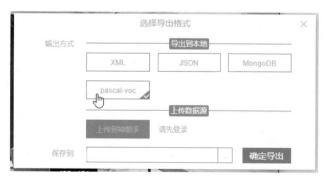

图 10.9　导出标注结果

导出的文件内容如下。

```xml
<?xml version="1.0" ?>
<annotation>
<folder>imgs</folder>
<filename>1.jpg</filename>
<path>SG10\code01\imgs\1.jpg</path>
<source>
    <database>Unknown</database>
</source>
<size>
    <width>4000</width>
    <height>3000</height>
    <depth>3</depth>
</size>
<segmented>0</segmented>
    <object>
    <name>电脑</name>
    <pose>Unspecified</pose>
    <truncated>0</truncated>
    <difficult>0</difficult>
    <bndbox>
        <xmin>745</xmin>
        <ymin>940</ymin>
        <xmax>2032</xmax>
        <ymax>2059</ymax>
    </bndbox>
    </object>
    <object>
    <name>盆栽</name>
    <pose>Unspecified</pose>
    <truncated>0</truncated>
    <difficult>0</difficult>
    <bndbox>
        <xmin>1428</xmin>
        <ymin>17</ymin>
        <xmax>2446</xmax>
        <ymax>814</ymax>
```

```
            </bndbox>
        </object>
</annotation>
```

4. 实验小结

本次实验利用位置标注工具对图像目标进行标注,标注过程中应该关注图中所有可标注的物体与属性,重点关注图中边缘处的残缺物体、重叠区域或相邻放置的物体,避免出现错误标注。

10.2 视频目标跟踪数据标注

目标跟踪作为计算机视觉中的一个重要的研究课题,在民用和军事等很多领域具有广泛的应用前景,主要包括自动驾驶、精准制导、视频监控等,在这些领域寻求一定的精度、速度及健壮性指标具有重要的工程意义。

目标跟踪算法一般用于在给定一个视频序列的第一帧目标位置的基础上,对后续帧中的原始目标进行跟踪。

10.2.1 视频与图像数据标注的差异

视频标注与图像标注有很多相似之处。通常,图像标注技术也可以应用于视频中,但是,这两种技术也存在显著的差异。

1)数据

视频的数据结构比图像的数据结构复杂。但是,就每个数据单位的信息而言,视频的洞察力更强。利用视频,不仅可以识别对象的位置,还可以识别该对象是否正在移动,以及向哪个方向移动。例如,图像无法表明一个人正在坐下还是站起来,但一段视频就可以。

视频还可以利用先前帧中的信息来识别可能被部分遮挡的对象,而图像不具备这个功能。由于这些因素,每个数据单位的视频可以提供比图像更多的信息。

2)标注过程

与图像标注相比,视频标注更难。视频必须同步和跟踪在各帧之间不断变换状态的对象。当今的计算机可以在无须人工干预的情况下跨帧跟踪对象,因此可以使用较少的人员来标注整个视频片段。

3)准确性

在使用自动化工具标注视频时,帧与帧之间有更好的连续性。计算机可以自动跨帧跟踪一个对象,并在整个视频中通过背景来记住该对象。与图像标注相比,这种方式具有更高的一致性和准确性,从而提高 AI 模型预测的准确性。

10.2.2 案例实现

1. 实验目标

(1)掌握视频标注工具的基本使用方法。
(2)能够根据实际的应用场景设置数据标注的相关参数。
(3)理解视频数据标注的结果。

2. 实验环境

实验环境如表 10.2 所示。

表 10.2 实验环境

硬 件	软 件	资 源
PC 机/笔记本电脑	Windows 10 VoTT 数据标注工具	标注练习用视频

3. 实验步骤

实验目录结构如图 10.10 所示。

cv-10-v-002

图 10.10 实验目录结构

双击 vott-2.2.0-win32.exe 安装标注工具。
按照如下步骤完成数据标注。

步骤一:新建项目

打开 VoTT 应用,点击 New Project 图标新建项目,如图 10.11 所示。
如图 10.12 所示,在新建项目目录中,主要填写的内容如下。

- Display Name:项目名称,本次实验填写为"车辆跟踪"。
- Security Token:用来加密一些敏感信息,一般选择默认信息。
- Source Connection:原始数据路径(后面会单独介绍 Connection)。

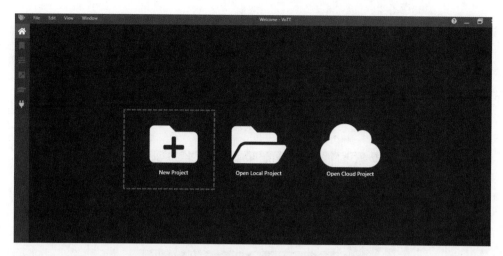

图 10.11　新建项目

图 10.12　填写新建项目的信息

- Target Connection：目标数据存放路径（后面会单独介绍 Connection），用于保存标签及项目信息。
- Description：项目描述，可以不填写。
- Frame Extraction Rate(frames per a video second)：视频帧率，表示采样频率，即 1 秒采样次数，本次实验设置为 15。
- Tags（图 10.12 中没有包括）：待标注的标签列表（后面单独介绍）。

需要重点介绍的内容如下。

1）Connection 参数

Connection 是数据路径，VoTT 中提供了 3 种，分别为 Azure Blob Storge、Bing Image Search 和 Local File System。可以通过点击 Source Connection 选项和 Target Connection 选项右侧的 Add Connection 按钮添加数据路径。

如图 10.13 所示，本次实验选择 Local File System 命令，需要设置的参数是 Display Name、Description 和 Folder Path（本地文件夹路径），如图 10.14 所示。

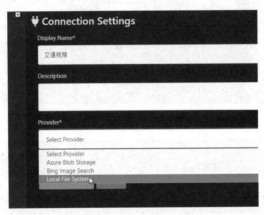

图 10.13　设置数据路径

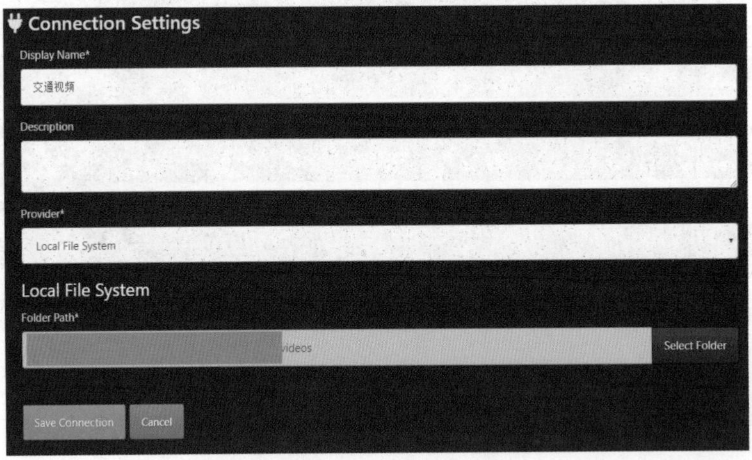

图 10.14　设置 Connection 参数

分别设置 Source Connection 选项和 Target Connection 选项，设置完成后，在新建项目的 Source Connection 下拉菜单和 Target Connection 下拉菜单中就能找到对应的选项，如图 10.15 所示。

2）Tags 标签

目标所属类别填写完后，按 Enter 键添加多个类别标签，如图 10.16 所示。

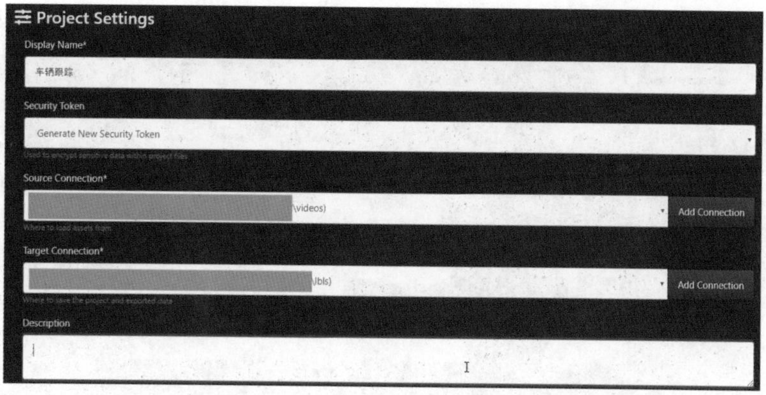

图 10.15　分别设置 Source Connection 选项和 Target Connection 选项

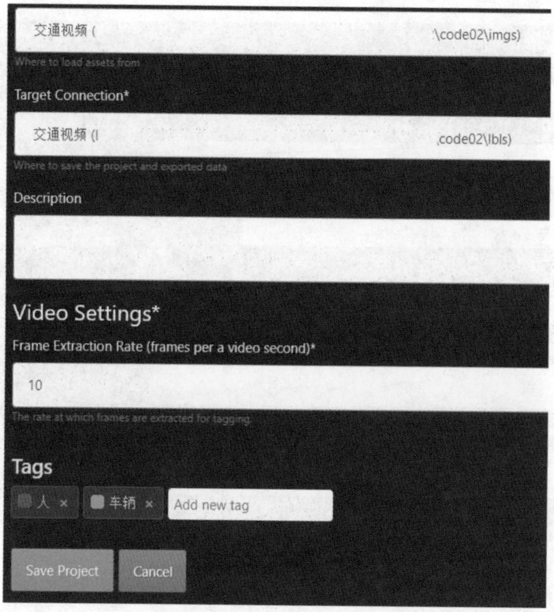

图 10.16　添加类别标签

全部填写完成后点击 Save Project 按钮保存新建的项目。

3）项目设置

如图 10.17 所示，创建项目后，可以通过点击左侧导航栏中的 Project Setting 图标（红色框中）来修改项目设置。如图 10.18 所示，在项目设置界面中还可以查看项目指标，如访问的资产、标记的资产和每个资产的平均标签。

如图 10.17 所示，点击左侧导航栏左下角的 Application Settings 图标（黄色框中）可以找到安全令牌。

图 10.17 项目设置

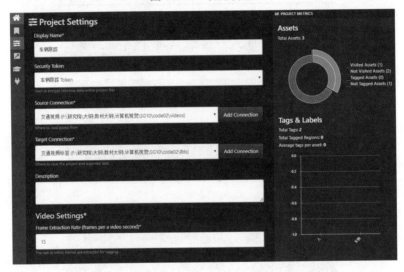

图 10.18 项目设置窗口

某些项目设置可能包含敏感信息,如 API 密钥或其他共享机密。每个项目都会生成一个安全令牌,可用于加密/解密敏感信息的设置。

注意:项目文件可以在多人之间共享。为了共享敏感信息的项目设置,各方必须拥有/使用相同的安全令牌。

令牌名称和密钥必须匹配才能成功解密敏感信息,本次实验不设置此项。

步骤二:标注

项目设置完成并且保存后进入 Tags Editor 界面,如图 10.19 所示。Tags Editor 界面显示的是 Source Connection 本地文件路径下待标注的视频/图像。

图 10.19　Tags Editor 界面

如图 10.20 所示，先点击选择视频/图像（红色框中）；然后选择不同形状的绘制框（绿色框中）；最后从右侧选择标签（Tags），如图 10.21 所示。

图 10.20　选择标注目标

在标同一张图像中的多个框时可以使用快捷键选择 Tag，每个框默认标了一个 Tag 后就会选择后一个框。

当选择到最后一个框时，不会跳转到第一个框从头开始，而是会在最后一个框上重复标记。

在 VoTT 中，视频帧分为三类，如图 10.22 所示。

第一类：包含框的视频帧（绿色的竖线）。

第二类：单独浏览过但没有标注结果的视频帧（黄色的竖线）。

第三类：没有单独浏览过的视频帧（没有竖线位置的视频帧）。

图 10.21　设置标签

图 10.22　视频帧的类别

拖动鼠标在进度条中进行选择，选中没有单独浏览过的视频帧后会将当前帧转换为单独浏览过但没有标注结果的视频帧。

如图 10.23 所示，上一帧/下一帧（Previous Frame/Next Frame）：选择上一帧或下一帧，快捷键为 A/D。

图 10.23　视频帧的选择

按照输入设置中的视频帧率提取帧，这里选择的上下帧就是临近帧，与帧的类别无关。

Previous Tagged Frame/Next Tagged Frame：快捷键为 Q/E，这里选择的是第一类帧，即包含框的视频帧。

步骤三：导出

如图 10.24 所示，点击左侧导航栏中的 Export 图标（红色框中）导出标注结果。

导出功能包括 3 个选项，分别为导出数据的格式、导出数据和是否包含图像。

图 10.24 导出标注结果

选择导出数据的格式，如图 10.25 所示。

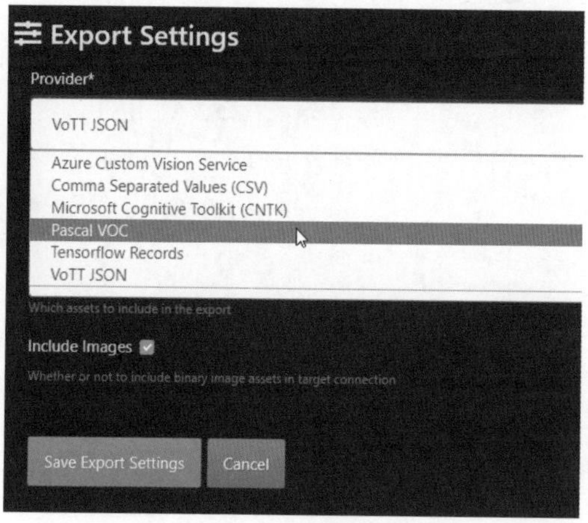

图 10.25 选择导出数据的格式

导出数据：All Assets（所有数据）；Only Visited Assets（仅 Visited 相关数据）；Only Tagged Assets（仅 Tagged 相关数据）。

Include Images：导出数据中是否需要包含图像。

每一次标记都会导出单独的文档。

4. 实验小结

本次实验使用 VoTT 对视频中的行人和车辆进行标注,在项目设置中采样频率越大,数据标注越精细,工作量越大。

在绘制框时可以使用内置 SSD 模型自动获取边界框,但质量可能不是特别高。

本章总结

- 数据标注是数据加工人员借助标注工具,对人工智能学习数据进行加工的一种行为。
- 数据标注的类型通常包括图像标注、语音标注、文本标注、视频标注等。
- 标注的基本形式有标注画框、3D 画框、文本转录、图像打点、目标物体轮廓等。

作业与练习

1. [多选题]以下属于计算机视觉领域数据集的是(   )。
   A. ImageNet   B. Labeled Faces in the Wild
   C. MovieLens   D. MNIST
2. [多选题]使用长方体进行数据标注的数据集,可以训练(   )模型类型。
   A. 物体检测   B. 3D 长方体估计
   C. 6DoF 姿态估计   D. 车道标记
3. [单选题]以下各项不属于确定数据质量的特征的是(   )。
   A. 有效性   B. 准确性   C. 整齐性   D. 一致性
4. 如何为人脸识别模型训练样本进行数据标注?
5. 如何对数据标注的质量进行评估?

cv-10-c-001

第 11 章

水果识别

本章目标

- 理解 Keras 的模块结构。
- 理解卷积神经网络的基本结构与工作机制。
- 理解 LeNet-5 模型的结构与训练机制。
- 掌握使用 Keras 框架搭建、训练 LeNet-5 模型的基本语法与步骤。
- 掌握 LeNet-5 模型的评估标准与方法。

Keras 是一个高层神经网络 API，使用 Python 编写而成，并基于 TensorFlow、Theano 及 Microsoft-CNTK 后端。

本章包含如下两个实验案例。

- LeNet-5 模型的训练与评估。

要求使用 Keras 构建一个深度神经网络，训练提供的水果数据集，实现 5 种水果（梨、橘子、蓝莓、香蕉、杏）的识别。

- LeNet-5 模型的应用。

要求使用已经训练好的 LeNet-5 模型，通过摄像头实时识别画面中的水果。

11.1 LeNet-5 模型的训练与评估

卷积神经网络（Convolutional Neural Network，CNN）是一种前馈人工神经网络，其神经元连接模拟了动物的视皮层。如图 11.1 所示，卷积神经网络的主要组成部分是卷积层（Conv1、Conv2 和 Conv3）、池化层（Pooling1、Pooling2 和 Pooling3）和全连接层（fully）。

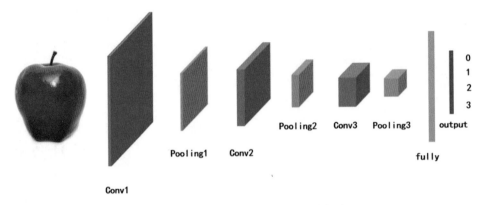

图 11.1　卷积神经网络的主要组成部分

11.1.1　卷积层

卷积核沿着输入特征图的宽和高进行卷积，计算卷积核项和输入的点积，生成卷积核的二维特征映射。卷积核沿着整张图像进行"扫描"，如图 11.2 所示，因此卷积神经网络具有平移不变性，也就是说，使用卷积神经网络可以处理图像不同部分的空间特征。

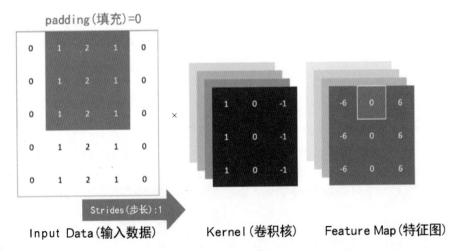

图 11.2　卷积层

输出特征映射图中的每一项是输入特征图的一小部分的神经元输出，同一输出特征映射图的神经元共享参数。

卷积核在图像上的移动方式取决于步长和填充，如图 11.3 所示。步长用于控制每次卷积后移动的像素值，填充通过向图像的外边界添加像素来控制特征图的尺寸。

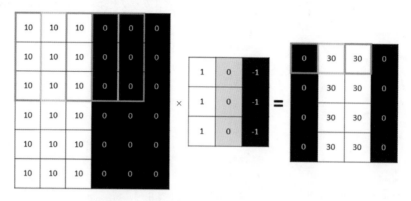

图 11.3　步长和填充

11.1.2　池化层

池化是一种非线性降采样的形式，让开发者可以在保留最重要的特征的同时削减卷积输出。最常见的池化方法是最大值池化，先将输入图像（这里是卷积层的激活映射）进行分区（无重叠的矩形），然后每区取最大值。

如图 11.4 所示，池化的关键优势之一是可以降低参数数量和网络的计算量，从而缓解过拟合。池化去除了特定特征的精确位置信息，但保留了该特征的相对位置信息，因此也具有平移不变性。

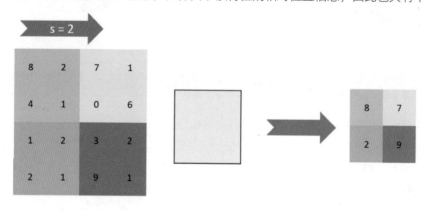

图 11.4　最大值池化操作

11.1.3 ReLU 层

修正线性单元（Rectifier Linear Unit，ReLU）激活函数的公式如下（只保留 0 以上的值）：

$$f(x) = \max(0, x)$$

ReLU 函数的图形如图 11.5 所示。

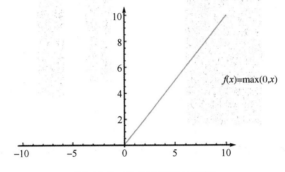

图 11.5 ReLU 函数的图形

在卷积神经网络的计算过程中，ReLU 函数对计算结果的修正有很大的作用，如图 11.6 所示。

卷积核1对应的特征图

图 11.6 ReLU 函数的修正作用

11.1.4 LeNet-5 模型

LeNet-5 是一个出现较早且非常成功的神经网络模型。基于 LeNet-5 模型的手写数字识别系统在 20 世纪 90 年代被美国的很多银行用来识别支票上面的手写数字。

LeNet-5 模型的结构如图 11.7 所示。

如果不算输入层，那么 LeNet-5 模型是一个 7 层网络（没有严格的划分标准）。LeNet-5 的 "5" 可理解为网络中的可训练参数为 5 层。

LeNet-5 模型大约有 60 000 个参数。

cv-11-v-001

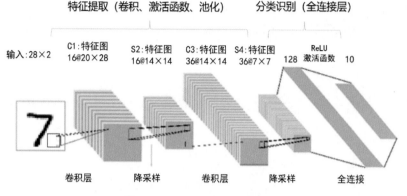

图 11.7　LeNet-5 模型的结构

11.1.5　Keras

Keras 是一个使用 Python 编写的开源人工神经网络库，不仅可以作为 TensorFlow、Microsoft-CNTK 和 Theano 的高阶应用程序接口，还可以进行深度学习模型的设计、调试、评估、应用和可视化。

Keras 框架语法简洁，支持快速实验。

Keras 支持现代人工智能领域的主流算法，包括前馈结构和递归结构的神经网络，也可以通过封装参与构建统计学习模型。在硬件和开发环境方面，Keras 支持多操作系统下的多 GPU 并行计算，可以根据后台设置转化为 TensorFlow、Microsoft-CNTK 等系统下的组件。

Keras 的核心数据结构是"模型"，模型是一种组织网络层的方式。Keras 中主要的模型是 Sequential。Sequential 是一系列网络层按顺序构成的栈。

Sequential 模型的语法结构如下。

```
from keras.models import Sequential
model = Sequential()
```

tensorflow.keras 是 Keras API 在 TensorFlow 中的实现。这是一个高级 API，用于构建和训练模型，同时兼容 TensorFlow 的绝大部分功能，如 eager execution、tensorflow.data 模块及 Estimators。tensorflow.keras 使 TensorFlow 更容易使用，并且可以保持 TensorFlow 的灵活性和性能。

在代码中导入 tensorflow.keras 的语法如下。

```
import tensorflow as tf
from tensorflow import keras
```

tensorflow.keras 可以运行任何与 Keras 兼容的代码，但需要注意以下两点。

- 最新 TensorFlow 版本中的 tensorflow.keras 版本可能与独立的 Keras 最新版本有所不同。
- 在保存模型的权重时，tensorflow.keras 默认为 checkpoint 格式，可以使用 save_format='h5' 保存为 HDF5 格式。

11.1.6 案例实现

1. 实验目标

（1）理解卷积神经网络的基本结构与工作机制。
（2）能够使用 Keras 对训练样本和测试样本进行数据增强操作。
（3）能够使用 Keras 搭建一个卷积神经网络模型。
（4）能够使用 Keras 对神经网络模型进行预编译和训练。

2. 实验环境

实验环境如表 11.1 所示。

表 11.1 实验环境

硬件	软件	资源
PC 机/笔记本电脑或 AIX-EBoard 人工智能视觉实验平台	Ubuntu 18.4/Windows 10 Python 3.7.3 TensorFlow 2.4.0 OpenCV-Python 4.5.1.48	水果训练集和测试集

3. 实验步骤

在实验目录下新建 3 个文件夹，即 logs、models、py，实验目录结构如图 11.8 所示。

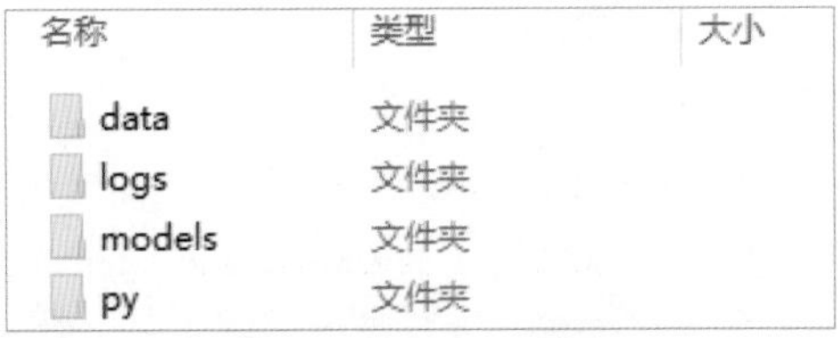

图 11.8 实验目录结构

在 py 文件夹中新建 data_util.py 文件（对应步骤一）和 keras_LeNet-5.py 文件（对应步骤二、步骤三）。

按照如下步骤编写代码。

步骤一：数据预处理

在 data.py 文件中编写如下代码。

1）导入

```python
import os,sys,math,random
from datetime import datetime as dt
import matplotlib.pyplot as plt
import numpy as np

import tensorflow as tf
from tensorflow import keras
```

2）定义超参数和基本变量

```python
# 超参数
# 指定随机种子
SEED=1337
np.random.seed(SEED)
# 指定数据标签
VALID_FRUITS = ["Banana","Orange","Apricot","Blueberry","Pear"]

# 图像大小
IMG_WIDTH=35
IMG_HEIGHT=35
TARGET_SIZE=[IMG_WIDTH,IMG_HEIGHT]
# 颜色通道
CHANNELS=3

# 指定路径
TRAIN_PATH='../data/train'
TEST_PATH='../data/test'
PREDICTION_PATH='../prediction'

# 训练批次大小和训练轮数
batch_size=32
epoch=100
```

3）数据预处理

```python
# 数据增强
# 旋转角度
```

```python
train_gen=keras.preprocessing.image.ImageDataGenerator(rotation_range=0.1,
                                    # 水平移动比例
                                    width_shift_range=0.1,
                                    # 垂直移动比例
                                    height_shift_range=0.1,
                                    # 由两个浮点数组成的元组或列表,
                                    # 像素的亮度会在这个范围内随机确定
                                    brightness_range=[0.5,1.5],
                                    # 随机通道偏移的幅度
                                    channel_shift_range=0.05,
                                    rescale=1./255  # 数据标准化
                                    )

# 测试集数据增强
test_gen=keras.preprocessing.image.ImageDataGenerator(rotation_range=0.1,
width_shift_range=0.1,height_shift_range=0.1,brightness_range=[0.5,1.5],
channel_shift_range=0.05,rescale=1./255)

# 数据生成器
train_img_iter=train_gen.flow_from_directory(TRAIN_PATH,
                                    target_size=TARGET_SIZE,
                                    class_mode='categorical',
                                    classes=VALID_FRUITS,
                                    seed=SEED)
test_img_iter=test_gen.flow_from_directory(TEST_PATH,
                                    target_size=TARGET_SIZE,
                                    class_mode='categorical',
                                    classes=VALID_FRUITS,
                                    seed=SEED
                                    )

# 返回训练集的类别名称和索引
trained_classes_labels= list(train_img_iter.class_indices.keys())
print(train_img_iter.class_indices)

# 统计每类样本的数量
unique,counts=np.unique(train_img_iter.classes,return_counts=True)
print(dict(zip(train_img_iter.class_indices,counts)))
```

```python
# 可视化
def get_subplot_grid(mylist, columns, figwidth, figheight):
    plot_rows = math.ceil(len(mylist) / 2.)
    fig, ax = plt.subplots(plot_rows, 2, sharey=True, sharex=False)
    fig.set_figwidth(figwidth)
    fig.set_figheight(figheight)
    fig.subplots_adjust(hspace=0.4)
    axflat = ax.flat
    for ax in axflat[ax.size - 1:len(mylist) - 1:-1]:
        ax.set_visible(False)

    return fig, axflat
```

步骤二：构建模型

```python
def build_model():
    model=keras.Sequential()
    model.add(keras.layers.Conv2D(filters=64,
                                  kernel_size=(3,3),
                                  padding='same',
                                  strides=(1,1),
input_shape=(IMG_WIDTH,IMG_HEIGHT,CHANNELS),
kernel_regularizer=keras.regularizers.l2(0.0005),
                                  name='conv2d_1'
                                  ))

    model.add(keras.layers.BatchNormalization())
    model.add(keras.layers.Activation('relu',name='active_cnn_1'))
    model.add(keras.layers.SpatialDropout2D(0.2))
    model.add(keras.layers.
Conv2D(filters=128,kernel_size=(3,3),strides=(1,1),
        padding='same',name= 'conv2d_2'))
    model.add(keras.layers.BatchNormalization())
    model.add(keras.layers.LeakyReLU(0.5,name='active_cnn_2'))
    model.add(keras.layers.MaxPooling2D(pool_size=(2,2)))

    model.add(keras.layers.Flatten())

    model.add(keras.layers.Dense(units=250,name='dense_1'))
    model.add(keras.layers.Activation('relu',name='active_dense_1'))
```

```python
    model.add(keras.layers.Dropout(0.5))
    model.add(keras.layers.Dense(units=len(VALID_FRUITS),name='dense_2'))
    model.add(keras.layers.Activation('softmax',name='active_final'))

    return model
```

keras.models.Sequential 类是神经网络模型的封装容器。它提供了常见的函数，如 fit()、evaluate()和 compile()。

Keras 层级就像神经网络层级，有完全连接的层、最大值池化层和激活层。

可以使用模型对象的 add()函数添加层级。

keras.layers 具有一些相同的构造函数参数。

- activation：设置层的激活函数。
- kernel_initializer 和 bias_initializer：创建层权重的初始化方案。
- kernel_regularizer 和 bias_regularizer：应用层权重的正则化方案，如 L1 正则化或 L2 正则化。

步骤三：模型训练

在 keras_LeNet-5.py 文件中编写如下代码。

```python
def train():
    # 开始训练，记录开始时间
    begin_time = time()

    # 加载模型
    model = build_model()
    model.compile(loss='categorical_crossentropy',metrics=['accuracy'],optimizer=keras.optimizers.Adam(lr=1e-4,decay=1e-6))
    # 指明训练的轮数（epoch），开始训练
    history = model.fit(train_ds, validation_data=val_ds, batch_size=batch_size,epochs=epoch)
    # 保存模型
    model.save("../models/fruit_checkpoint.h5")
    json_config = model.to_json()
    with open('../models/model_config.json', 'w') as json_file:
        json_file.write(json_config)
    # 记录结束时间
    end_time = time()
    run_time = end_time - begin_time
    print('该循环程序运行时间：', run_time, "s")
```

```python
if __name__ == '__main__':
    train()
```

步骤四：运行实验代码

使用如下命令运行实验代码。

```
python keras_LeNet-5.py
```

训练 100 轮，训练过程如图 11.9 所示。

```
Epoch 1/100
15/15 [==============================] - 19s 1s/step - loss: 3.4130 - accuracy: 0.5292 - val_loss: 14.7335 - val_accuracy: 0.3333
Epoch 2/100
15/15 [==============================] - 10s 644ms/step - loss: 2.4629 - accuracy: 0.6667 - val_loss: 3.3404 - val_accuracy: 0.5333
Epoch 3/100
15/15 [==============================] - 10s 630ms/step - loss: 0.9888 - accuracy: 0.7958 - val_loss: 0.9166 - val_accuracy: 0.7667
Epoch 4/100
15/15 [==============================] - 11s 723ms/step - loss: 0.4188 - accuracy: 0.8625 - val_loss: 0.9141 - val_accuracy: 0.7333
Epoch 5/100
15/15 [==============================] - 11s 702ms/step - loss: 0.5563 - accuracy: 0.8083 - val_loss: 1.0169 - val_accuracy: 0.6500
Epoch 6/100
15/15 [==============================] - 14s 879ms/step - loss: 0.2833 - accuracy: 0.9083 - val_loss: 1.0754 - val_accuracy: 0.6833
Epoch 7/100
15/15 [==============================] - 13s 810ms/step - loss: 0.3488 - accuracy: 0.8750 - val_loss: 0.6641 - val_accuracy: 0.8000
Epoch 8/100
15/15 [==============================] - 12s 736ms/step - loss: 0.3291 - accuracy: 0.8625 - val_loss: 0.6303 - val_accuracy: 0.8000
Epoch 9/100
15/15 [==============================] - 13s 801ms/step - loss: 0.2365 - accuracy: 0.9208 - val_loss: 0.5874 - val_accuracy: 0.8333
Epoch 10/100
15/15 [==============================] - 11s 735ms/step - loss: 0.2832 - accuracy: 0.9042 - val_loss: 0.6123 - val_accuracy: 0.8000
Epoch 11/100
15/15 [==============================] - 11s 714ms/step - loss: 0.2113 - accuracy: 0.9125 - val_loss: 0.6846 - val_accuracy: 0.8333
Epoch 12/100
15/15 [==============================] - 11s 728ms/step - loss: 0.2218 - accuracy: 0.9333 - val_loss: 0.6742 - val_accuracy: 0.8167
```

图 11.9　LeNet-5 模型的训练过程

训练时长为 17 分钟左右，训练结束后在 models 目录下生成 H5 格式的文件，如图 11.10 所示。

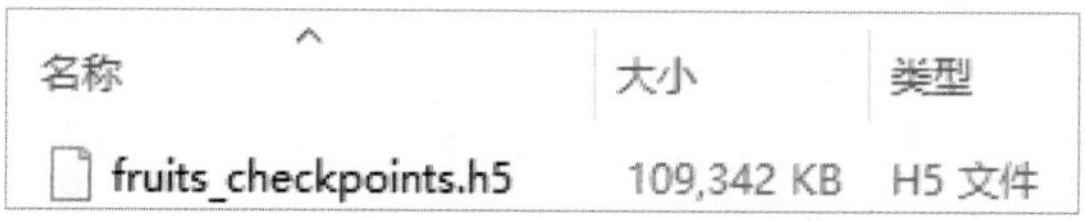

名称	大小	类型
fruits_checkpoints.h5	109,342 KB	H5 文件

图 11.10　LeNet-5 模型的文件

4. 实验小结

模型的训练参数有 9 325 537 个，当模型训练到第 7 个 epoch 时，准确率达到 99.38%。在模型构建和训练过程中主要使用以下手段来加速收敛。

1）Spatial Dropout

在深度学习中训练一个模型的主要挑战之一是协同适应。神经元是相互依赖的，但是应该避免过度依赖个别神经元的输出，以防止过拟合。

在卷积神经网络中使用 Dropout 的另一种方法是从卷积层删除整个特征图，在合并过程中不使用它们。

2）Leaky-ReLU

ReLU 将所有负数部分的值设为 0，从而造成了神经元的"死亡"。而 Leaky-ReLU 给予负值一个非零的斜率，从而避免神经元"死亡"的情况。

3）正则化

在卷积层施加正则项，根据施加位置的不同，有如下 3 种正则化方法。

- kernel_regularizer：施加在权重上的正则项。
- bias_regularizer：施加在偏置向量上的正则项。
- activity_regularizer：施加在输出上的正则项。

11.2 LeNet-5 模型的应用

本次实验的目标为加载已经训练好的 H5 模型，使用摄像头进行实时水果识别，并将识别结果显示到摄像头画面中。

11.2.1 使用 OpenCV 操作摄像头

OpenCV 使用 VideoCapture 对象读取摄像头视频流。

1. 摄像头编号

在创建 VideoCapture 对象时，需要传入摄像头编号，一般笔记本式计算机的摄像头序号通常有如下几种值。

- 0：默认为笔记本式计算机上的摄像头（如果有）/USB 摄像头，以此类推，如果存在多个 USB 摄像头，则编号依次为 1，2，…。
- −1：代表最新插入的 USB 设备。

AIX-EBoard 人工智能视觉实验平台的摄像头编号默认从 10 开始。

2. VideoCapture 属性的查看与修改

VideoCapture 共有 18 个属性，在本次实验中只设定和获取图像分辨率。

```
## 设置画面的尺寸
# 将画面宽度设定为 1920 像素
```

```
cap.set(cv2.CAP_PROP_FRAME_WIDTH, 1920)
# 将画面高度设定为 1080 像素
cap.set(cv2.CAP_PROP_FRAME_HEIGHT, 1080)
```

分辨率的大小会影响帧率，分辨率越大，帧率越低，所以需要在两者之间进行权衡。

11.2.2 OpenCV 的绘图功能

使用 OpenCV 绘制不同几何图形的常用函数如表 11.2 所示。

表 11.2 使用 OpenCV 绘制不同几何图形的常用函数

函数	作用
cv2.line()	绘制直线
cv2.circle()	绘制圆形
cv2.rectangle()	绘制矩形
cv2.ellipse()	绘制椭圆形
cv2.putText()	绘制文本

11.2.3 OpenCV 绘图函数的常见参数

OpenCV 绘图函数的常见参数如表 11.3 所示。

表 11.3 OpenCV 绘图函数的常见参数

参数	描述
img	想要绘制形状的图像
color	形状的颜色，对于 BGR，需要传递一个元组，如(255,0,0)
thickness	形状的厚度
lineType	线的类型

11.2.4 Keras 模型的保存和加载

保存和加载 Keras 模型的常见方法有如下 3 种。

1. model.save()方法

使用 model.save()方法可以保存如下内容。

- 整个模型框架，同时允许重建模型框架。
- 模型的所有权重参数。
- 模型的所有训练配置。
- 优化器的状态，能够重现训练时的状态。

以下代码演示使用 model.save() 方法的主要步骤。

1）保存 H5 模型并定义模型后缀为 .h5

```
model.save('model.h5')
```

2）加载模型

```
from keras.models import load_model
model = load_model('model.h5')
```

3）查看 H5 模型的结构

```
model.summary()
```

4）获取模型的权重参数

```
model.get_weights()
```

2. model.json() 方法

使用 model.json() 方法只能保存模型的结构。

1）将模型结构保存为 .json 格式

```
model_architecture = model.to_json()
```

2）加载 .json 格式的模型结构

```
from tensorflow.keras.models import model_from_json
model_architecture = model_from_json(model_architecture)
```

3）查看模型结构

```
model_architecture.summary()
```

3. model.save_weights() 方法

使用 model.save_weights() 方法只能保存模型的权重参数。

1）将模型结构保存为 .json 格式

```
model_weights = model.save_weights()
```

2）加载.json 格式的模型结构

```
model_weights = model.load_weights()(model_weights)
```

3）查看模型结构

```
model_weights.summary()
```

11.2.5 案例实现

1. 实验目标

（1）掌握使用 Keras 加载 H5 模型的方法。
（2）能够使用 OpenCV 打开本地摄像头并读取拍摄的画面。
（3）能够根据模型对数据进行预处理。
（4）能够使用 OpenCV 实时显示预测结果。

2. 实验环境

实验环境如表 11.4 所示。

表 11.4 实验环境

硬　件	软　件	资　源
PC 机/笔记本电脑或 AIX-EBoard 人工智能视觉实验平台 摄像头	Ubuntu 18.4/Windows 10 Python 3.7.3 TensorFlow 2.4.0 OpenCV-Python 4.5.1.48	预训练 H5 模型：models/fruits_checkpoints.h5

3. 实验步骤

新建 01_cvcam.py 文件，实验目录结构如图 11.11 所示。

cv-11-v-002

图 11.11 实验目录结构

在 01_cvcam.py 文件中编写以下代码。

步骤一：打开摄像头并设置缓存的大小

```python
import cv2
from tensorflow.keras.models import load_model
from tensorflow.keras_preprocessing import image
import numpy as np

d= ["Banana","Orange","Apricot","Blueberry","Pear"]
model=load_model('models/fruits_checkpoints.h5')

cap=cv2.VideoCapture(0)
# 设置缓存的大小
cap.set(cv2.CAP_PROP_BUFFERSIZE,1)
print('IP摄像头是否开启： {}'.format(cap.isOpened()))
```

步骤二：实时识别水果

```python
while cap.isOpened():
    rval, img = cap.read()
    # 0 可调大小，需要注意的是，窗口名必须与 imshow()函数中使用的窗口名一致
    cv2.namedWindow("Video", 0)
    # 设置长和宽
    cv2.resizeWindow("Video",800,600)

    im = cv2.cvtColor(img, cv2.COLOR_BGR2RGB)
    im=cv2.resize(im,(35,35))
    # 对数据进行归一化处理
    img_array =image.img_to_array(im) / 255.
    # 添加样本数量维度，被预测对象的维度为 (1, CHANNELS, IMG_WIDTH, IMG_HEIGHT)
    img_np_array = np.expand_dims(img_array, axis = 0)
    # 获取识别结果（识别概率）
    pred=model.predict(img_np_array)
    # 获取最大概率
    pred_max=np.max(pred,axis=1)
    # 获取最大概率索引
    lbl_index=np.argmax(pred,axis=1)
    # 得到最大概率类别
    lbl=d[lbl_index[0]]
    # 显示识别结果
    pred_str = f"{lbl} ({pred_max})"
```

```
        font = cv2.FONT_HERSHEY_SIMPLEX
        cv2.putText(img,pred_str,(50,100), font, 1,(255,255,255),2,cv2.LINE_AA)
        # 在窗口中展示图像 img
        cv2.imshow('Video', img)
        # 等待键盘事件
        key = cv2.waitKey(1)
        if key == ord('q'):
            # 退出程序
            break
```

步骤三：运行实验代码

使用如下命令运行实验代码。

python 01_cvcam.py

运行效果如图 11.12 所示。

图 11.12　运行效果

4. 实验小结

（1）在实际的使用过程中，发现模型的识别效果并不理想，原因在于模型训练数据集分辨率极低，只有 35 像素×35 像素。本次实验的目的是掌握基于 Keras 构建、训练并使用 LeNet-5 模型的主要步骤与方法。后续实验会使用更加复杂的模型训练更高维度的数据集，以满足实际场景中的识别需求。

（2）若摄像头读取失败，则可以通过排查以下问题来解决。

• 驱动问题。

有的摄像头可能存在驱动问题，需要安装相关驱动程序。

• USB 接口兼容性问题。

例如，USB 2.0 接口接了一个 USB 3.0 的摄像头，此时会出现兼容性问题。

- 设备挂载问题。

摄像头没有被挂载，如果是虚拟机，则需要手动勾选设备。

- 硬件问题。

检查 USB 线与计算机的 USB 接口是否存在问题。

- 视频压缩格式的问题。

OpenCV 不支持部分视频压缩格式。

本章总结

- 卷积神经网络的主要组成部分是卷积层、池化层、ReLU 层、全连接层。
- LeNet-5 是一个出现较早且非常成功的神经网络模型。
- 基于 LeNet-5 模型的手写数字识别系统在 20 世纪 90 年代被美国的很多银行用来识别支票上面的手写数字。

作业与练习

1．[多选题]在深度学习中，使用批处理梯度下降优化成本函数 $J(W[1],b[1],\cdots,W[L],b[L])$，可以较快地找到参数的最优值的方法是（　　）。

　　A．尝试使用 Adam 算法

　　B．尝试对权重进行更好的随机初始化

　　C．尝试调整学习率 α

　　D．尝试小批量梯度下降

2．[多选题]关于 Keras 模型，以下说法正确的是（　　）。

　　A．在建立模型时不需要指定 Input 的格式

　　B．可以使用 eval() 函数进行模型评估

　　C．Sequential Model（顺序式模型）只能按顺序执行

　　D．Functional 模型支持多个输入、多个输出

3．[多选题]使用 TensorFlow 构建并训练 LeNet-5 模型，以下说法正确的是（　　）。

　　A．输入层只需要指定[行,列,通道]三个维度就可以

　　B．MNIST 数据集不用加载到工作空间就可以使用

　　C．MNIST 训练集特征以向量形式存储

D．在训练过程中需要对训练数据的维度进行调整

4．使用 Keras 构建 LeNet-5 模型来训练 MNIST 数据集，实现手写数字识别。LeNet-5 模型的结构如图 11.13 所示。

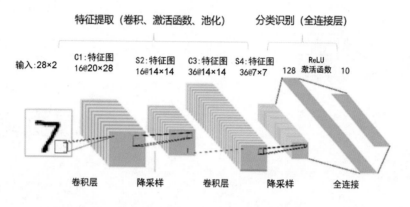

图 11.13　LeNet-5 模型的结构

5．添加手写数字交互界面，使用上一道题目中训练的模型，实现手写数字识别。

cv-11-c-001

第 12 章

病虫害识别

本章目标

- 进一步理解卷积神经网络实现图像特征提取的过程。
- 理解感受野的概念。
- 能够根据具体需求进行数据预处理。
- 能够对训练过程进行可视化。
- 能够对训练结果进行评估。

深度学习算法因为具有自动特征提取能力，在农业研究领域取得了重大进展。在几个农业问题中，植物病虫害的成功分类对于提高/增加农产品的质量/产量和减少化学喷雾剂（如杀真菌剂/除草剂）的不良应用至关重要。

本章包含如下一个实验案例。

植物叶子病虫害识别：使用卷积神经网络模型在名为 PlantVillage 的公开可用数据集上进行训练，识别健康叶子与发生病虫害的叶子。

12.1 植物叶子病虫害识别

作物病虫害是粮食安全的主要威胁，但因为缺乏必要的基础设施，所以在很多地区快速识别它们仍然非常困难。全球智能手机普及率正在不断提高，加上深度学习在计算机视觉方面的最新进展，为智能手机辅助农作物疾病诊断铺平了道路。使用在受控条件下收集的 54 306 张患病和健康植物叶片图像的公共数据集,训练深度卷积神经网络来识别 14 种作物和 26 种疾病(或不存在疾病),效果如图 12.1 所示。

```
图像: class: Tomato___Tomato_Yellow_Leaf_Curl_Virus, file: Tomato___Tomato_Yellow_Leaf_Curl_Virus/4e31c6ed-e785-4c65-8694-89ef2
b4a1b0d___UF.GRC_YLCV_Lab 02507.JPG
Tomato___Tomato_Yellow_Leaf_Curl_Virus/4e31c6ed-e785-4c65-8694-89ef2b4a1b0d___UF.GRC_YLCV_Lab 02507.JPG
load_img: PlantVillage/val/Tomato___Tomato_Yellow_Leaf_Curl_Virus/4e31c6ed-e785-4c65-8694-89ef2b4a1b0d___UF.GRC_YLCV_Lab 02507.
JPG
预测: class: Tomato___Tomato_Yellow_Leaf_Curl_Virus, confidence: 0.999813
```

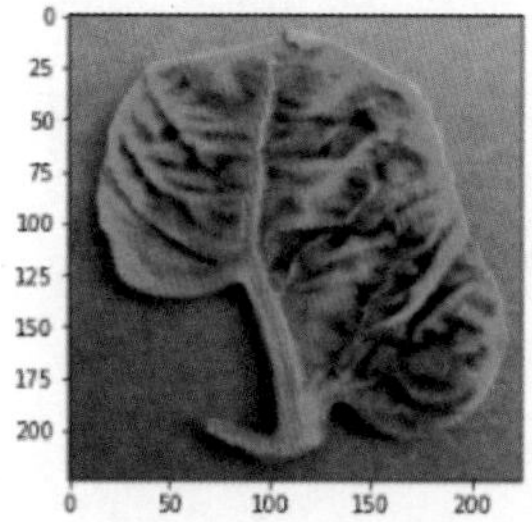

图 12.1　训练深度卷积神经网络识别 14 种作物和 26 种疾病的效果

12.1.1　PlantVillage 数据集

PlantVillage 数据集包含 54 306 张植物叶子图像和 38 个类别标签(类别标签的格式为"作物—疾病"对)。在本次实验中,需要先将图像大小调整为 256 像素×256 像素,然后进行模型构建、优化和预测。

PlantVillage 数据集的 54 306 张图像实际上对应 41 112 片叶子,即存在同一片叶子的多个不同拍摄角度的图像。

在实验中会得到 3 种不同格式的 PlantVillage 数据集。首先数据本身为彩色图;然后将 PlantVillage 数据集转换为灰度图;最后使用蒙版技术去除图像的背景部分,以完成图像分割训练。

12.1.2　性能评估

在不同拆分范围的"训练集-测试集"上进行实验,即 80-20(整个数据集的 80%用于训练,20%用于测试,以下类同)、60-40、50-50、40-60、20-80。需要注意的是,在拆分时要确保同一片叶子的所有图像都在训练集或测试集中。

实验的评估标准包括计算每个实验结果的平均精度、平均召回率、平均 F1 分数,以及每个 epoch 的总体准确率。最终使用平均 F1 分数来选择最优模型。

12.1.3 感受野

感受野在计算机视觉中用来表示网络内部的不同位置的神经元对应原图像的范围大小。卷积神经网络中的卷积层和池化层的层与层之间均为局部连接，所以神经元无法对原图像的所有信息进行感知。神经元感受野的值越大表示其感受原图像的范围越大，自身蕴含更为全面、语义层次更高的特征；神经元感受野的值越小表示其所包含的特征越趋向于局部和细节。因此，感受野的值可以用来判断每层的抽象层次。

cv-12-v-001

如图 12.2 所示，7 像素×7 像素大小的原图像，经过 kernel_size=3、stride=2 的 Conv1，以及 kernel_size=2、stride=1 的 Conv2 后，输出特征图的大小为 2 像素×2 像素。原图像每个单元的感受野为 1，Conv1 每个单元的感受野为 3，由于 Conv2 每个单元都是由 2 像素×2 像素范围的 Conv1 构成的，因此回溯到原图像，Conv2 每个单元的感受范围是 5 像素×5 像素。

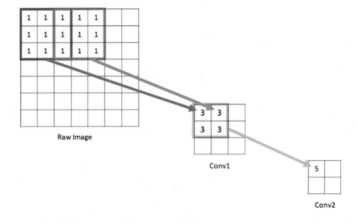

图 12.2 感受野

由于图像是二维的，具有空间信息，因此感受野实际上是一个二维区域。业界通常将感受野定义为一个正方形区域，因此使用边长描述其大小。

12.2 案例实现

1. 实验目标

（1）理解卷积神经网络特征学习与表示的原理。

（2）能够使用 Keras 对训练样本和测试样本进行数据增强操作。

(3)能够使用 Keras 对训练过程进行可视化。

(4)能够使用 Keras 对神经网络模型进行保存与加载。

2. 实验环境

实验环境如表 12.1 所示。

表 12.1　实验环境

硬　　件	软　　件	资　　源
PC 机/笔记本电脑或 AIX-EBoard 人工智能视觉实验平台	Ubuntu 18.4/Windows 10 Python 3.7.3 TensorFlow 2.4.0 OpenCV-Python 4.5.1.48	训练集和测试集

3. 实验步骤

新建三个文件夹，即 PlantVillage、saved_models、test-img，实验目录结构如图 12.3 所示。

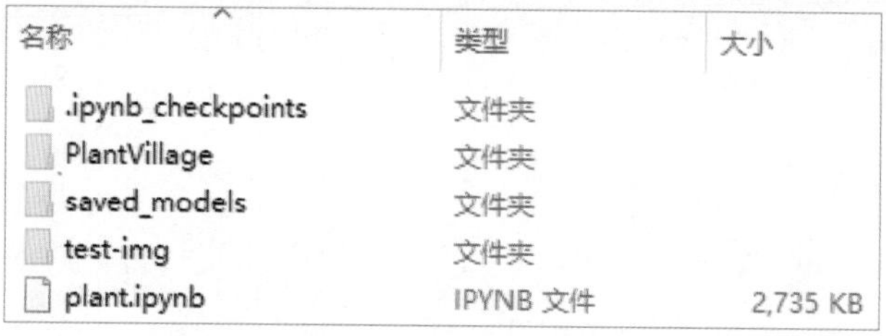

图 12.3　实验目录结构

在实验目录下新建 data_util.py 文件（对应步骤一）和 plant.py 文件（对应步骤二、步骤三）。按照如下步骤编写代码。

步骤一：数据预处理

在 data_util.py 文件中编写如下代码。

```
# 导入
import warnings
warnings.filterwarnings("ignore")

import os
import glob
import matplotlib.pyplot as plt
from time import time
```

```python
import tensorflow as tf
# Keras API
from tensorflow import keras
from tensorflow.keras.models import Sequential
from tensorflow.keras.layers import Dense,Dropout,Flatten
from tensorflow.keras.layers import Conv2D,MaxPooling2D,Activation,AveragePooling2D,BatchNormalization
from tensorflow.keras.preprocessing.image import ImageDataGenerator
import json
from tensorflow.keras.models import Model
import matplotlib.image as mpimg
from tensorflow.keras.optimizers import Adam

# 查看版本信息

print("Version: ", tf.__version__)
print("Eager mode: ", tf.executing_eagerly())
print("GPU is", "available" if tf.test.is_gpu_available() else "NOT AVAILABLE")

###0. 定义参数

# 数据集路径
data_dir='PlantVillage'
train_dir = os.path.join(data_dir, 'train')
test_dir = os.path.join(data_dir, 'val')

# 定义数据维度和训练批次的大小

IMAGE_SHAPE = (224, 224)
input_shape = (224, 224,3)
BATCH_SIZE = 32

# 获取类别标签
def get_files(directory):
    if not os.path.exists(directory):
        return 0
    count=0
```

```python
    for current_path,dirs,files in os.walk(directory):
        for dr in dirs:
            count+= len(glob.glob(os.path.join(current_path,dr+"/*")))
    return count
num_classes=len(glob.glob(train_dir+"/*"))-1
with open('PlantVillage/categories.json', 'r') as f:
    cat_to_name = json.load(f)
    classes = list(cat_to_name.values())

print (classes)
print(len(classes))
# ### 1. 数据预处理
#
# 设置数据生成器,读取源文件夹中的图像,将它们转换为 `float32` 张量,并将它们(带有它
# 们的标签)提供给网络
#
# 将像素值归一化在 `[0, 1]` 范围内
# 根据选择模型对图像进行调整
test_datagen = tf.keras.preprocessing.image.ImageDataGenerator(rescale=1./255)
test_generator = test_datagen.flow_from_directory(
    test_dir,
    shuffle=False,
    seed=42,
    color_mode="rgb",
    class_mode="categorical",
    target_size=IMAGE_SHAPE,
    batch_size=BATCH_SIZE)

# 数据增强

train_datagen = tf.keras.preprocessing.image.ImageDataGenerator(
  rescale = 1./255,
  rotation_range=40,
  horizontal_flip=True,
  width_shift_range=0.2,
  height_shift_range=0.2,
  shear_range=0.2,
  zoom_range=0.2,
  fill_mode='nearest' )
```

```python
train_generator = train_datagen.flow_from_directory(
    train_dir,
    subset="training",
    shuffle=True,
    seed=42,
    color_mode="rgb",
    class_mode="categorical",
    target_size=IMAGE_SHAPE,
    batch_size=BATCH_SIZE)
```

步骤二：构建模型

```python
import warnings
warnings.filterwarnings("ignore")

import os
import glob
import matplotlib.pyplot as plt
from time import time
import matplotlib.pylab as plt

import tensorflow as tf
# Keras API
from tensorflow import keras
from tensorflow.keras.models import Sequential
from tensorflow.keras.layers import Dense,Dropout,Flatten
from tensorflow.keras.layers import Conv2D,MaxPooling2D,Activation,AveragePooling2D,BatchNormalization
from tensorflow.keras.preprocessing.image import ImageDataGenerator
import json
from tensorflow.keras.models import Model
import matplotlib.image as mpimg
from tensorflow.keras.optimizers import Adam
from tensorflow.keras.preprocessing import image
import numpy as np


from data_util import *
```

```python
# ### 2. 模型的构建与可视化
#
# 构建卷积神经网络,并输出图像在每一层的特征映射图


# 构建模型
def buildmodel():
    model = Sequential()
    model.add(Conv2D(32, (5, 5),input_shape=input_shape,activation='relu'))
    model.add(MaxPooling2D(pool_size=(3, 3)))
    model.add(Conv2D(32, (3, 3),activation='relu'))
    model.add(MaxPooling2D(pool_size=(2, 2)))
    model.add(Conv2D(64, (3, 3),activation='relu'))
    model.add(MaxPooling2D(pool_size=(2, 2)))
    model.add(Flatten())
    model.add(Dense(512,activation='relu'))
    model.add(Dropout(0.25))
    model.add(Dense(128,activation='relu'))
    model.add(Dense(train_generator.num_classes,activation='softmax'))
    return model


# ### 可视化每层的输出


# 选择一张图像,在模型的每层进行可视化

def showimgmap(img1):
    modeloutput=[]
    img = image.img_to_array(img1)
    img = img/255
    img = np.expand_dims(img, axis=0)
```

```python
# 对每层的输出进行可视化
conv2d_1_output = Model(inputs=model.input, outputs=model.get_layer('conv2d').output)
max_pooling2d_1_output = Model(inputs=model.input,outputs=model.get_layer('max_pooling2d').output)
conv2d_2_output = Model(inputs=model.input,outputs=model.get_layer('conv2d_1').output)
max_pooling2d_2_output = Model(inputs=model.input,outputs=model.get_layer('max_pooling2d_1').output)
conv2d_3_output = Model(inputs=model.input,outputs=model.get_layer('conv2d_2').output)
max_pooling2d_3_output = Model(inputs=model.input,outputs=model.get_layer('max_pooling2d_2').output)
flatten_1_output = Model(inputs=model.input,outputs=model.get_layer('flatten').output)
conv2d_1_features = conv2d_1_output.predict(img)
max_pooling2d_1_features = max_pooling2d_1_output.predict(img)
conv2d_2_features = conv2d_2_output.predict(img)
max_pooling2d_2_features = max_pooling2d_2_output.predict(img)
conv2d_3_features = conv2d_3_output.predict(img)
max_pooling2d_3_features = max_pooling2d_3_output.predict(img)
flatten_1_features = flatten_1_output.predict(img)


fig=plt.figure(figsize=(14,7))
columns = 8
rows = 4
for i in range(columns*rows):
    # img = mpimg.imread()
    fig.add_subplot(rows, columns, i+1)
    plt.axis('off')
    plt.title('filter'+str(i))
    plt.imshow(conv2d_1_features[0, :, :, i], cmap='viridis')
plt.show()

fig=plt.figure(figsize=(14,7))
columns = 8
rows = 4
for i in range(columns*rows):
```

```python
        # img = mpimg.imread()
        fig.add_subplot(rows, columns, i+1)
        plt.axis('off')
        plt.title('filter'+str(i))
        plt.imshow(max_pooling2d_1_features[0, :, :, i], cmap='viridis')
plt.show()


# ### 对卷积层conv2d_2和max_pooling2d_2的输出进行可视化

fig=plt.figure(figsize=(14,7))
columns = 8
rows = 4
for i in range(columns*rows):
    # img = mpimg.imread()
    fig.add_subplot(rows, columns, i+1)
    plt.axis('off')
    plt.title('filter'+str(i))
    plt.imshow(conv2d_2_features[0, :, :, i], cmap='viridis')
plt.show()

fig=plt.figure(figsize=(14,7))
columns = 8
rows = 4
for i in range(columns*rows):
    # img = mpimg.imread()
    fig.add_subplot(rows, columns, i+1)
    plt.axis('off')
    plt.title('filter'+str(i))
    plt.imshow(max_pooling2d_2_features[0, :, :, i], cmap='viridis')
plt.show()


# ### 对卷积层conv2d_3和max_pooling2d_3的输出进行可视化

fig=plt.figure(figsize=(16,16))
columns =8
rows = 8
for i in range(columns*rows):
```

```python
        # img = mpimg.imread()
        fig.add_subplot(rows, columns, i+1)
        plt.axis('off')
        plt.title('filter'+str(i))
        plt.imshow(conv2d_3_features[0, :, :, i], cmap='viridis')
plt.show()

fig=plt.figure(figsize=(14,14))
columns = 8
rows = 8
for i in range(columns*rows):
        # img = mpimg.imread()
        fig.add_subplot(rows, columns, i+1)
        plt.axis('off')
        plt.title('filter'+str(i))
        plt.imshow(max_pooling2d_3_features[0, :, :, i],cmap='viridis')
plt.show()
```

步骤三：模型训练与性能评估

```python
# ## 3. 模型训练
#
def model_train(model):
    # ### 指定损失函数和优化器
    # 预编译模型，指定损失函数、优化器和学习率


    lr=0.001
    epochs=15

    opt = Adam(learning_rate=lr, decay=lr/epochs)

    model.compile(optimizer=opt,loss='categorical_crossentropy',metrics=['accuracy'])

    history = model.fit(
        train_generator,
```

```python
                batch_size=BATCH_SIZE,
                epochs=epochs,
                validation_data=test_generator,
                verbose=1)

    score,accuracy =model.evaluate(test_generator,verbose=1)
    print("Test score is {}".format(score))
    print("Test accuracy is {}".format(accuracy))
    t=time()
    export_path = "saved_models/{}".format(int(t))
    keras.models.save_model(model, export_path)
    return history,export_path
```

步骤四：预测

```python
# ########## 4. 预测

# ### 读取预测图像

import cv2

import itertools
import random
from collections import Counter
from glob import iglob


def load_image(filename):
    img_file=os.path.join(test_dir, filename)
    print('load_img:',img_file)
    img = cv2.imread(img_file)

    img = cv2.resize(img, (IMAGE_SHAPE[0], IMAGE_SHAPE[1]) )
    img = img /255

    return img
```

```python
def predict(image):
    probabilities = model.predict(np.asarray([img]))[0]
    class_idx = np.argmax(probabilities)

    return {classes[class_idx]: probabilities[class_idx]}


def predict_reload(image):
    probabilities = reloaded.predict(np.asarray([img]))[0]
    class_idx = np.argmax(probabilities)

    return {classes[class_idx]: probabilities[class_idx]}
```

步骤五：执行

```python
if __name__=='__main__':
    # 1.模型构建
    model=buildmodel()
    model.summary()

    # 特征映射可视化
    img1 = image.load_img('test-img/1.JPG')
    plt.imshow(img1);
    img1 = image.load_img('test-img/1.JPG', target_size=(224, 224))
    showimgmap(img1)


    # 2. 模型训练

    # 调用函数进行训练
    history,export_path=model_train(model)

    # 打印训练曲线

    acc = history.history['accuracy']
```

```python
val_acc = history.history['val_accuracy']

loss = history.history['loss']
val_loss = history.history['val_loss']

epochs_range = range(15)

plt.figure(figsize=(8, 8))
plt.subplot(1, 2, 1)
plt.plot(epochs_range, acc, label='Training Accuracy')
plt.plot(epochs_range, val_acc, label='Validation Accuracy')
plt.legend(loc='lower right')
plt.title('Training and Validation Accuracy')
plt.ylabel("Accuracy (training and validation)")
plt.xlabel("Training Steps")

plt.subplot(1, 2, 2)
plt.plot(epochs_range, loss, label='Training Loss')
plt.plot(epochs_range, val_loss, label='Validation Loss')
plt.legend(loc='upper right')
plt.title('Training and Validation Loss')
plt.ylabel("Loss (training and validation)")
plt.xlabel("Training Steps")
plt.show()


# 3. 预测
export_path='saved_models/1628757950'
# 重新加载
reloaded = keras.models.load_model(export_path)

for idx, filename in enumerate(random.sample(test_generator.filenames, 2)):
    print("图像: class: %s, file: %s" % (os.path.split(filename)[0], filename))
    img = load_image(filename)
    prediction = predict_reload(img)
    print("预测: class: %s, confidence: %f" % (list(prediction.keys())[0], list(prediction.values())[0]))
```

```
            plt.imshow(img)
            plt.figure(idx)
            plt.show()
```

步骤六：运行实验代码

使用如下命令运行实验代码。

```
python plant.py
```

运行效果如图 12.4 所示。

```
图像: class: Tomato___Tomato_Yellow_Leaf_Curl_Virus, file: Tomato___Tomato_Yellow_Leaf_Curl_Virus/4e31c6ed-e785-4c65-8694-89ef2
b4a1b0d___UF.GRC_YLCV_Lab 02507.JPG
Tomato___Tomato_Yellow_Leaf_Curl_Virus/4e31c6ed-e785-4c65-8694-89ef2b4a1b0d___UF.GRC_YLCV_Lab 02507.JPG
load_img: PlantVillage/val/Tomato___Tomato_Yellow_Leaf_Curl_Virus/4e31c6ed-e785-4c65-8694-89ef2b4a1b0d___UF.GRC_YLCV_Lab 02507.
JPG
预测: class: Tomato___Tomato_Yellow_Leaf_Curl_Virus, confidence: 0.999813
```

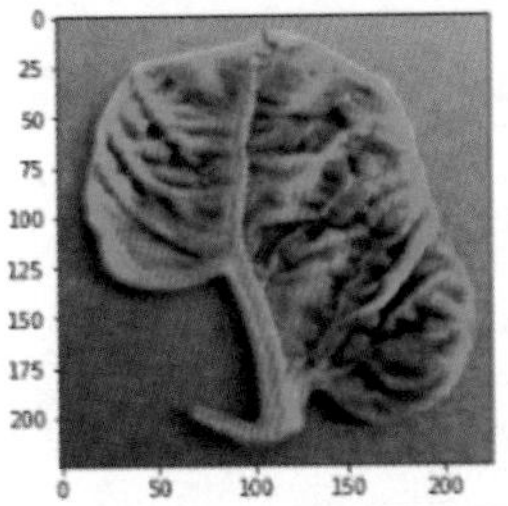

图 12.4 运行效果

4. 实验小结

F1 分数是一个重要的性能指标，特别是对于如 PlantVillage 数据集之类的类中存在不均匀分布的情况［例如，马铃薯健康类包含最少数量的图像（152 张），而柑橘绿化的图像数量最多（5507 张）］。因此，获得最高 F1 分数的模型/优化器被认为是最适合植物病虫害分类的架构。

本章总结

- 可以应用卷积神经网络、数据增强来实现图像分类。
- 在卷积神经网络中，通常较浅的卷积层（靠近输入层）的特征图的感受野较小，较深的卷积层（靠近输出层）的感受野较大。
- 卷积神经网络既可以使用最大值池化进行降采样，也可以只使用卷积运算达到降采样的目的。

作业与练习

1. [单选题]误差 =100%−准确率，假如训练一个模型，训练集的误差为 4%，验证集的误差为 4.5%。为了提高性能，可以训练一个更大的网络，以降低 4%的训练误差。

   对于以上说法，正确的是（　　）。

   A．同意，因为 4%的训练误差表明偏差很高

   B．同意，因为模型的偏差高于方差

   C．不同意，因为方差高于偏差

   D．不同意，因为没有足够的信息用于判断

2. [多选题]下列关于本次实验的卷积神经网络模型的描述错误的是（　　）。

   A．使用全局平均池化层对每个通道中的所有元素求平均值并直接用于分类

   B．通过不同窗口形状的卷积层和最大值池化层来并行抽取信息

   C．无法灵活地改变模型结构

   D．通过重复使用简单的基础块来构建深度模型

3. [单选题]将通道数为 3，宽和高均为 224 的特征图输入一个卷积层，已知卷积层的输出通道数为 96，卷积核大小为 11，步长为 4，无填充，得到的特征图的宽和高为（　　）。

   A．96　　　　　　B．54　　　　　　C．53　　　　　　D．224

4. [单选题]下列不是深度学习框架 TensorFlow 中的交叉熵的是（　　）。

   A．tf.nn.weighted_cross_entropy_with_logits

   B．tf.nn.sigmoid_cross_entropy_with_logits

   C．tf.nn.softmax_cross_entropy_with_logits

   D．tf.nn.sparse_sigmoid_cross_entropy_with_logits

5. [多选题]下列关于感受野的说法正确的是（　　）。

   A．增大卷积核可以增大感受野

   B．池化操作可以增大感受野

   C．减小卷积核可以增大感受野

   D．感受野的大小与卷积核步长的大小有关

cv-12-c-001

第 13 章

相似图像搜索

本章目标

- 掌握使用 Keras 加载预训练模型的主要步骤。
- 理解图像相似度的基本概念。
- 能够使用余弦相似度对图像进行度量。
- 能够使用基本的搜索算法获取相似图像。

图像搜索（Image Search），即以图搜图，是基于图像识别技术，利用特征向量化与搜索算法，从指定图库中搜索相同或相似图像的一种技术。

本章包含如下两个实验案例。

- 以图搜图。

使用 Keras 加载 VGG16 模型对图像进行识别，使用余弦相似度对图像特征进行相似性度量，实现图像搜索。

- 人脸识别。

从摄像头中检测多张人脸，实现同时识别多张人脸，将识别结果显示到摄像头画面中。

13.1 以图搜图

基于深度学习的图像搜索基本流程如图 13.1 所示，首先使用神经网络提取所有图像的特征向量，然后计算待搜索图像和图像数据库的特征相似度，最后使用搜索算法找到相似图像。

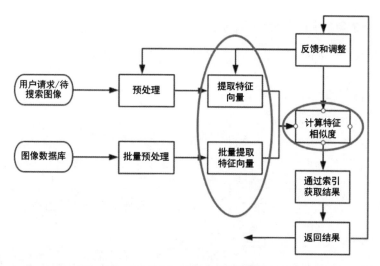

图 13.1　基于深度学习的图像搜索基本流程

13.1.1　VGG 模型

VGG（Visual Geometry Group）是牛津大学科学工程系研发的深度卷积神经网络。VGG 包含 VGG16～VGG19 一系列以 VGG 开头的卷积神经网络模型，可应用于人脸识别、图像分类等任务中。

cv-13-v-001

VGG 是 2014 年 ImageNet 图像分类挑战赛的亚军，使用更深层的神经网络模型来达到更好的效果。VGG16 模型的网络结构如图 13.2 所示。

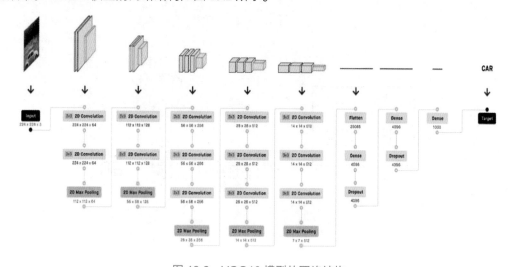

图 13.2　VGG16 模型的网络结构

VGG 块连续使用多个相同的卷积层（填充为 1、卷积核大小为 3×3），后接一个最大值池化层（步长为 2、窗口形状为 2×2）。在同一个 VGG 块中，卷积层的输入的高和宽不变，池化层则对其减半。

在构建 VGG 模型时，通常使用 vgg_block() 函数来实现基础的 VGG 块，函数中需要指定卷积层的数量和输入/输出通道数。

整个 VGG 模型，输出特征图的高和宽不断减半，通道数则不断增加。

在深度卷积神经网络中，根据堆积的小卷积核优于大卷积核的特征，可以通过增加网络深度来学习更复杂的模式，但训练参数更少。

VGG 使用 3 个 3×3 的卷积核来代替一个 7×7 的卷积核，使用两个 3×3 的卷积核来代替一个 5×5 的卷积核。

13.1.2　H5 模型文件

可以把训练好的模型保存为 H5 文件。

H5 的全称是 HDF5，指的是 Hierarchical Data Format（层次数据格式）的第 5 代版本。Hierarchical Data Format 是一种大规模科学数据存储格式。

H5 将文件结构简化成两个主要的对象类型。

（1）数据集（Dataset）：同一类型数据的多维数组。

（2）组（Group）：一种容器结构，可以包含数据集和其他组，如果需要使用不同种类的数据集，就可以使用组进行管理。

数据集和组的关系如图 13.3 所示。

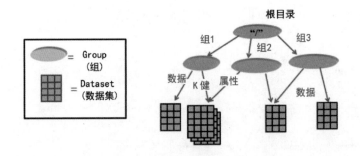

图 13.3　数据集和组的关系

13.1.3 案例实现

1. 实验目标

（1）掌握基于 Keras 加载并使用 VGG16 模型的方法。

（2）能够使用 VGG16 模型提取图像特征。

（3）能够根据相似性度量的结果搜索相似图像，并对结果进行可视化。

2. 实验环境

实验环境如表 13.1 所示。

表 13.1 实验环境

硬　件	软　件	资　源
PC 机/笔记本电脑或 AIX-EBoard 人工智能视觉实验平台	Ubuntu 18.4/Windows 10 Python 3.7.3 TensorFlow 2.4.0 OpenCV-Python 4.5.1.48	数据集 data/fridgeObjects 图形界面源码文件 01_cvcam.py

3. 实验步骤

实验目录结构如图 13.4 所示。

在实验目录 py/下新建 3 个 Python 源码文件，分别为 keras_vgg.py、ext_feat.py、search.py，如图 13.5 所示。

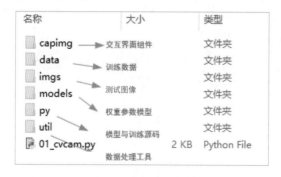

图 13.4　实验目录结构

图 13.5　源码文件

其中，keras_vgg.py 文件对应步骤一，ext_feat.py 文件对应步骤二，search.py 文件对应步骤三。

步骤一：构建 VGG 特征提取模块

1）导入

```
import os, sys
lib_path = os.path.abspath(os.path.join('..'))
sys.path.append(lib_path)
import numpy as np
# 矩阵计算
from numpy import linalg as LA
# 导入 Keras 中预训练模型 VGG16 的相关模块
from tesnsorflow.keras.applications.vgg16 import VGG16
from tesnsorflow.keras.preprocessing import image
from tesnsorflow.keras.applications.vgg16 import preprocess_input
from tesnsorflow.keras.applications.vgg16 import decode_predictions
```

2）定义 VGGNet 模块，添加构造函数

```
def __init__(self,is_ext_feat=False):
    # 权重: 'imagenet'
    # 池化: 'max' or 'avg'
    # 输入维度: (width, height, 3), 宽和高需要大于或等于 48
    self.input_shape = (224, 224, 3)
    self.weight = 'imagenet'
    self.pooling = 'max'
    self.model = VGG16(weights = self.weight, input_shape = (self.input_shape[0], self.input_shape[1], self.input_shape[2]), pooling = self.pooling, include_top = is_ext_feat)
    self.model.predict(np.zeros((1, 224, 224 , 3)))
```

VGG16 模型默认加载 ImageNet 上预先训练的权重。

include_top 参数表示是否在网络顶部包括 3 个完全连接的层。在解决分类问题时需要包含全连接层，如果解决特征提取的问题则无须包含全连接层。

3）定义特征提取的函数

```
'''
使用 VGG16 模型获取图像特征，输出特征向量
'''
def extract_feat(self, img_path):
    img = image.load_img(img_path, target_size=(self.input_shape[0], self.input_shape[1]))
    img = image.img_to_array(img)
```

```
        img = np.expand_dims(img, axis=0)
        img = preprocess_input(img)
        feat = self.model.predict(img)
        norm_feat = feat[0]/LA.norm(feat[0])
        return norm_feat
```

每个 Keras 应用程序都需要对输入数据进行预处理。VGG16 模型在将输入数据输入模型之前使用 tf.keras.applications.vgg16.preprocess_input 进行预处理。

4）定义图像识别的函数

```
    '''
    使用 VGG16 模型进行图像识别，输出预测类别和概率
    '''
    def pred_class(self,img_path=None,img=None):
        if(img_path):
            img = image.load_img(img_path, target_size=(self.input_shape[0],
self.input_shape[1]))
            img = image.img_to_array(img)
        img=img.reshape((1,img.shape[0],img.shape[1],img.shape[2]))
        img = preprocess_input(img)
        pred = self.model.predict(img)
        pred=decode_predictions(pred)
        return pred[0][0]
```

model.predict(img) 用于返回 img 在所有类别上的预测概率，decode_predictions 用于返回预测类别。

步骤二：特征提取

读取数据集图像，提取特征后将其存储为 H5 文件。

```
import os, sys
lib_path = os.path.abspath(os.path.join('..'))
sys.path.append(lib_path)
import h5py
import numpy as np
import argparse

from tesnsorflow.keras_vgg import VGGNet

ap = argparse.ArgumentParser()
ap.add_argument("-database", required = True,help = "图像数据集路径")
```

```python
ap.add_argument("-index", required = True,help = "文件索引名称")
args = vars(ap.parse_args())
'''
返回目录中所有.jpg图像的文件名列表
'''
def get_imlist(path):
    return [os.path.join(path,f) for f in os.listdir(path) if f.endswith('.jpg')]
'''
提取图像特征和索引
'''
if __name__ == "__main__":

    db = args["database"]
    img_list = get_imlist(db)

    print("--------------------------------------------------")
    print("         开始提取特征")
    print("--------------------------------------------------")
    feats = []
    names = []
    model = VGGNet()
    for i, img_path in enumerate(img_list):
        norm_feat = model.extract_feat(img_path)
        img_name = os.path.split(img_path)[1]
        feats.append(norm_feat)
        names.append(img_name)
        print("提取 %d 张图像中的第%d 张图像, " %(len(img_list),(i+1)))
    feats = np.array(feats)
    output = args["index"]
    print("--------------------------------------------------")
    print("      保存提取的特征 ...")
    print("--------------------------------------------------")
    h5f = h5py.File(output, 'w')
    # 提取特征后将其保存到dataset_1中
    h5f.create_dataset('dataset_1', data = feats)
    # 将图像名称保存到dataset_2中
    h5f.create_dataset('dataset_2', data = np.string_(names))
    h5f.close()
```

使用如下命令进行特征提取。

```
python py/ext_feat.py -database data/fridgeObjects/can -index index/can_featureCNN.h5
```

特征提取完成后，在 index 目录下生成 H5 文件，如图 13.6 所示。

图 13.6　生成 H5 文件

步骤三：图像识别与搜索

1）图像识别

执行提供的 01_cvcam.py 文件。

```
python  01_cvcam.py
```

通过摄像头实时对画面中的物品进行识别，如图 13.7 所示。

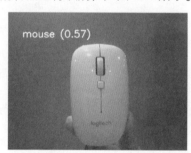

图 13.7　通过摄像头实时对画面中的物品进行识别

2）图像搜索

在 search.py 文件中编写以下代码。

```
import os, sys
lib_path = os.path.abspath(os.path.join('..'))
sys.path.append(lib_path)
from tesnsorflow.keras_vgg import VGGNet
import numpy as np
import h5py
import matplotlib.pyplot as plt
import matplotlib.image as mpimg
import argparse
```

```python
ap = argparse.ArgumentParser()
ap.add_argument("-query", required = True,help = "包含要查询图像的查询路径")
ap.add_argument("-index", required = True,help = "路径索引")
ap.add_argument("-result", required = True,help = "输出图像的路径")
args = vars(ap.parse_args())

# 读取索引图像的特征向量和相应的图像名称
h5f = h5py.File(args["index"],'r')
# feats = h5f['dataset_1'][:]
feats = h5f['dataset_1'][:]
print(feats)
imgNames = h5f['dataset_2'][:]
print(imgNames)
h5f.close()
print("--------------------------------------------------")
print("                开始搜索")
print("--------------------------------------------------")
# 读取并显示搜索的图像
queryDir = args["query"]
queryImg = mpimg.imread(queryDir)
plt.title("Query Image")
plt.imshow(queryImg)
plt.show()

# 初始化VGGNet模型
model = VGGNet()

# 提取查询图像的特征，计算相似度得分并进行排序
queryVec = model.extract_feat(queryDir)
scores = np.dot(queryVec, feats.T)
rank_ID = np.argsort(scores)[::-1]
rank_score = scores[rank_ID]
# 要显示的搜索到的最前面的图像数
maxres = 3
imlist = [imgNames[index] for i,index in enumerate(rank_ID[0:maxres])]
print("前 %d 张图像 : " %maxres, imlist)
# 逐一显示搜索结果
for i,im in enumerate(imlist):
    image = mpimg.imread(args["result"]+"/"+str(im, 'utf-8'))
```

```
        plt.title("search output %d" %(i+1))
        plt.imshow(image)
plt.show()
```

在终端输入以下命令,在 data/fridgeObjects/can 中搜索和 imgs/3.jpg 最相似的图像。

```
python py/search.py -query imgs/3.jpg -index index/can_featureCNN.h5 -result data/fridgeObjects/can
```

运行效果如图 13.8 所示。

图 13.8　相似图像搜索

4. 实验小结

VGG16 模型有 138 357 544 个参数,按每个 4 字节计算,共计 553 430 176 字节,即 527.7MB,因此针对移动视觉的应用,需要使用更轻量级的模型(如 MobileNets)。

本次实验将所有数据集图像提取特征后保存为 H5 文件,当出现新的图像时需要重新导出全部特征,使用 Brute-Force 匹配搜索相似图像,在后面的实验中将会对此进行升级和优化。

13.2 人脸识别

本次实验从摄像头中检测多张人脸,实现同时识别多张人脸,将识别结果显示到摄像头画面中。

人脸识别是计算机视觉领域中十分典型和成功的识别应用。

人脸识别可用于人机交互、身份验证、患者监护等多种场景(但应该警惕被滥用)。

人脸识别的主要步骤如下。

(1)人脸检测。

(2)分析面部特征。

(3)与已知人脸进行比较。

(4)得到识别结果。

13.2.1 人脸检测

人脸检测是指找出画面中所有的人脸。

本次实验使用 HOG 算法进行人脸检测。

首先,将图像转换为灰度图,如图 13.9 所示。

图 13.9 将图像转换为灰度图

然后,计算图像中每个像素点水平方向和竖直方向的梯度,如图 13.10 所示。

图 13.10 计算梯度

通过梯度计算得到图像颜色变化的方向，如图 13.11 所示，箭头代表图像变暗的方向。

最后，将图像分解为 16 像素×16 像素的小方块，每个小方块只保留值最大的梯度，最终将原始图像转换为非常简单的表示方式，以简单的方式捕捉人脸的基本结构，如图 13.12 所示。

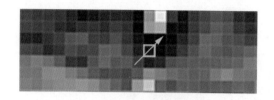

图 13.11　图像颜色变化的方向

图 13.12　人脸的基本结构

13.2.2　分析面部特征

cv-13-v-002

使用 HOG 算法能检测出人脸，但无法对人脸做出识别。当现实中的同一张人脸面向不同角度时，HOG 算法会识别为不同的人脸，如图 13.13 所示。

图 13.13　不同角度的同一张人脸

因此，可以先使用 68 个特征点对人脸进行定位，然后使用仿射变换将人脸转换为正向人脸，如图 13.14 所示。

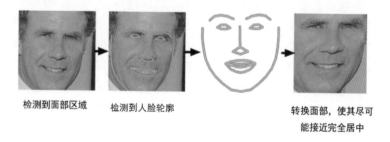

图 13.14　正向人脸变换

13.2.3 人脸识别特征提取

使用深度卷积神经网络 ResNet 为每张人脸生成 128 个特征值。

ResNet 模型在训练过程中，每次传入 3 张图像，如图 13.15 所示。

一张不同人的脸　　　两张同一个人的脸

图 13.15　训练图像

人脸图像通过神经网络得到 128 维的特征向量，该向量可以很好地表征人脸数据，使不同人脸的两个特征向量的距离尽可能远，同一张人脸的两个特征向量的距离尽可能近，这样就可以通过特征向量来进行人脸识别。

ResNet 的中文全称是残差神经网络，通过 shortcut（跳层连接）的设计，打破了深度神经网络深度的限制，网络深度可以多达到 1001 层。它构建的 152 层的神经网络，在 ILSVRC 2015 挑战赛中，在 ImageNet 数据集的分类、检测、定位，以及在 COCO 数据集的检测和图像分割方面均斩获了第一名，其中分类取得 3.57% 的 top-5 错误率。

ResNet 模型的根本动机就是所谓的退化问题，即当层次加深时，模型应该表现为学习能力增强，但实际上错误率却更高。

ResNet 模型的公式为

$$X_i = H(X_{i-1}) + X_{i-1}$$

其中，i 表示层，X_i 表示 i 层的输出，H 表示一个非线性变换。所以，对于 ResNet 而言，i 层的输出是 $i-1$ 层的输出加上对 $i-1$ 层输出的非线性变换。

ResNet 模型的残差单元如图 13.16 所示，通过增加 shortcut（跳层连接），增加一个 identity mapping（恒等映射），将原始需要学的函数 $H(x)$ 转换成 $F(x)+x$，而这两种表达方式的效果相同，但是优化的难度并不相同。这个想法源于图像处理中的残差向量编码，通过一个 reformulation（重组），将一个问题分解成多个尺度的残差问题，具有优化训练的效果。此外，当模型的层数加深时，这个简单的结构能够很好地解决退化问题。

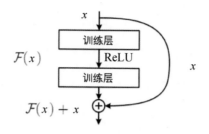

图 13.16 残差单元

13.2.4 人脸相似性比较

在已知人物数据库中找到与测试图像特征值最接近的对象。

13.2.5 案例实现

1. 实验目标

（1）理解人脸识别的核心任务与主要流程。
（2）会使用 Dlib 库进行人脸检测。
（3）能够使用深度学习模型对人脸进行特征提取。
（4）能够使用欧氏距离对人脸特征进行相似性比较。

2. 实验环境

实验环境如表 13.2 所示。

表 13.2 实验环境

硬 件	软 件	资 源
PC 机/笔记本电脑或 AIX-EBoard 人工智能视觉实验平台 摄像头	Ubuntu 18.4/Windows 10 Python 3.7.3 OpenCV-Python 4.5.1.48	shape_predictor_68_face_landmarks.dat dlib_face_recognition_resnet_model_v1.dat 中文字体文件 simsun.ttc data/data_util.py face_reg.py face_reco.py

3. 实验步骤

实验目录结构如图 13.17 所示。

图 13.17 实验目录结构

face_reg.py：人脸注册。
data/data_util.py：提取人脸特征向量。
face_reco.py：人脸识别。

步骤一：人脸注册

（1）在 face_reg.py 中编写以下代码。

```python
# -*- coding:utf-8 -*-
# 注册人脸

import numpy as np
from utils.camera import get_photo
from PIL import Image,ImageTk
import cv2

from data import data_util
import time


def reg(reg_faces):
    if len(reg_faces)!=0:
        for idx,face in enumerate(reg_faces):
            print('请输入第{}位用户的姓名'.format(idx+1))
            name=input()
            data_util.ext_csv(name,face)
        print('注册成功')

    else:
        print('没有检测到人脸')
```

```python
# 处理获取的视频流，进行人脸识别
def process( stream):
    reg_face=[]
    frame_start_time=0
    while stream.isOpened():
        flag, img_rd = stream.read()
        faces,face_feature_list =data_util.get_face_128D(img_rd)
        kk = cv2.waitKey(1)
        # 按q键退出
        if kk == ord('q'):
            break
        else:
            reg_face=face_feature_list

            cv2.imshow("camera", img_rd)

            # 更新帧
            now = time.time()
            frame_time = now - frame_start_time
            fps = 1.0 / frame_time
            frame_start_time = now

    return reg_face
```

（2）在 data/data_util.py 中添加以下代码。

```python
# -*- coding:utf-8 -*-
# 从人脸图像文件中提取人脸特征并存入 users.csv 中

import os
import dlib
import csv
import numpy as np
import logging
import cv2
import pandas as pd

# 要读取的人脸图像文件的路径
path_images_from_camera = "data/data_faces_from_camera/"
```

```python
# 使用Dlib定义正向人脸检测器
detector = dlib.get_frontal_face_detector()

# 使用Dlib定义人脸区域特征点检测器
predictor = dlib.shape_predictor('dlib/shape_predictor_68_face_landmarks.dat')

# 使用Dlib定义人脸识别模型, 提取128维的特征向量
face_reco_model = dlib.face_recognition_model_v1("dlib/dlib_face_recognition_resnet_model_v1.dat")


# 返回单张图像的128维的特征向量
def get_face_128D(img):

    faces=detector(img,1)
    face_feature_list=[]
    # 1. 检测到人脸
    if len(faces) != 0:
        # 2. 获取当前捕获到的图像的所有人脸的特征
        for face in faces:
            cv2.rectangle(img,(face.left(),face.top()),(face.right(),face.bottom()),(0,0,255),2)# 在图像上绘制矩形区域

            shape = predictor(img, face)
            face_feature=face_reco_model.compute_face_descriptor(img,shape)
            face_feature_list.append(list(face_feature))

    return faces,face_feature_list


# 将人脸添加到CSV文件中
def ext_csv(uname,fd):
    with open("csv/users.csv", "a") as csvfile:
        writer=csv.writer(csvfile)
        fd.insert(0,uname)
        writer.writerow(fd)
```

使用如下命令运行实验代码。

python face_reg.py

运行效果如图 13.18 所示。

图 13.18　人脸注册

根据提示拍摄照片，在 csv/users.csv 中新增注册用户的用户名和人脸特征向量。

步骤二：提取人脸特征向量

在 data/data_util.py 中添加以下代码。

```python
# 返回所有已经注册的用户的人脸信息
def reg_userinfo():
    name_list=[]
    feature_list=[]
    csv_rd = pd.read_csv("csv/users.csv",encoding='gbk', header=None)
    for i in range(csv_rd.shape[0]):
        features = []
        name_list.append(csv_rd[i][0])
        for j in range(1, 129):
            if csv_rd.iloc[i][j] == '':
                features.append('0')
            else:
                features.append(csv_rd.iloc[i][j])
        feature_list.append(features)

    return name_list,feature_list
```

```python
# 计算两张人脸的欧氏距离
def find_dist(source_rep, test_rep):
    source_rep=np.array(source_rep)
    test_rep=np.array(test_rep)
    euclidean_distance = source_rep - test_rep
    euclidean_distance = np.sum(np.multiply(euclidean_distance, euclidean_distance))
    euclidean_distance = np.sqrt(euclidean_distance)
    return euclidean_distance
```

步骤三：人脸识别

在 face_reco.py 文件中编写相关代码。

（1）初始化参数。

```python
# -*- coding:utf-8 -*-
# 人脸检测

import dlib
import numpy as np
import cv2
import pandas as pd
import os
import time
import logging
from PIL import Image, ImageDraw, ImageFont

from data import data_util

# 处理获取的视频流，进行人脸识别
def process( stream):

    face_name_known_list = []              # 存储录入的人脸名字
    current_frame_face_cnt = 0             # 存储当前摄像头中捕获到的人脸数
    current_name_list = []                 # 存储当前摄像头中捕获到的所有人脸的名字
    current_name_position_list = []        # 存储当前摄像头中捕获到的所有人脸的名字坐标

    # 帧率
    fps = 0
```

```python
        frame_start_time = 0
        frame_cnt = 0

        font=cv2.FONT_HERSHEY_SIMPLEX
        font_chinese = ImageFont.truetype("simsun.ttc", 30)
```

(2)读取当前画面中的人脸。

```python
    while stream.isOpened():
        frame_cnt += 1
        flag, img_rd = stream.read()

        # 获取当前图像中所有的人脸与特征
        faces,face_feature_list = data_util.get_face_128D(img_rd)
        kk = cv2.waitKey(1)
        # 按 q 键退出
        if kk == ord('q'):
            break
        else:
            cv2.putText(img_rd, "Face Recognizer", (20, 40), font, 1, (255, 255, 255), 1, cv2.LINE_AA)
            cv2.putText(img_rd, "Frame:  " + str(frame_cnt), (20, 100), font, 0.8, (0, 255, 0), 1,cv2.LINE_AA)
            cv2.putText(img_rd, "FPS:    " + str(fps.__round__(2)), (20, 130), font, 0.8, (0, 255, 0), 1,cv2.LINE_AA)
            cv2.putText(img_rd, "Faces:  " + str(current_frame_face_cnt), (20, 160), font, 0.8, (0, 255, 0), 1,cv2.LINE_AA)
            cv2.putText(img_rd, "Q: Quit", (20, 450), font, 0.8, (255, 255, 255), 1, cv2.LINE_AA)
```

(3)人脸匹配。

```python
    if len(faces)!=0:
                # 获取所有已经注册的用户名和人脸特征
                name_list,feature_list=data_util.reg_userinfo()
                for k in range(len(faces)):
                    # 先默认所有人不认识,是 unknown
                    # current_frame_face_name_list.append("unknown")
                    current_name_list.append("unknown")

                    # 捕获到的每张人脸的名字坐标
```

```python
                    current_name_position_list.append(tuple([faces[k].left(),
int(faces[k].bottom() + 5)]))


                # 对于某张人脸，遍历存储的所有人脸特征
                current_distance_list = []
                for i in range(len(feature_list)):
                    # 如果特征数据不为空
                    if str(feature_list[i][0]) != '0.0':
                        d_tmp  =data_util.find_dist(face_feature_list[k],
feature_list[i])

                        current_distance_list.append(d_tmp)
                    else:
                        # 空数据
                        current_distance_list.append(999999999)

                # 寻找最小欧氏距离进行匹配
                min_dist=min(current_distance_list)

                # 匹配成功
                if min_dist < 0.4:
                    name_index=current_distance_list.index(min_dist)
                    current_name_list[k] =name_list[name_index]
                    cv2.rectangle(img_rd,(faces[k].left(),faces[k].top()),
(faces[k].right(),faces[k].bottom()),(0,255,0),2)  # 在图像上绘制矩形区域

            current_frame_face_cnt = len(faces)
```

（4）显示姓名。

```python
                # 在人脸框下面写上人脸名字
                img = Image.fromarray(cv2.cvtColor(img_rd, cv2.COLOR_BGR2RGB))
                draw = ImageDraw.Draw(img)
                for i in range(current_frame_face_cnt):
                    draw.text(xy=current_name_position_list[i],
text=current_name_list[i], font=font_chinese)
                img_with_name = cv2.cvtColor(np.array(img), cv2.COLOR_RGB2BGR)


        else:
```

```
            img_with_name=img_rd

    cv2.imshow("camera", img_with_name)

    # 更新帧
    now = time.time()
    frame_time = now - frame_start_time
    fps = 1.0 / frame_time
    frame_start_time = now
```

使用如下命令运行实验代码。

```
python face_reco.py
```

运行效果如图 13.19 所示。

图 13.19　人脸识别

4. 实验小结

如果识别效果不佳，则可以尝试在步骤二中添加更多的个人照片（尤其是不同姿势的照片）。本次实验在进行人脸相似度比较时，通过置信度分数丢弃置信度低的预测，从而对未注册人脸做出预测。

本章总结

- 本次实验使用的是 VGG16 模型，通过 5 个可以重复使用的卷积块来构造网络。根据每块中卷积层的个数和输出通道数的不同可以定义不同的 VGG 模型。

- VGG 模型在测试阶段使用 1×1 的卷积层代替全连接层，这是为了匹配不同大小的输入图像。
- ResNet 在模型表征方面不存在直接的优势（只是实现重复参数化）。
- ResNet 允许逐层深入地表征所有的模型。

作业与练习

1. [单选题]使用卷积神经网络的开源实现（包含模型/权值）的常见原因是（　　）。
    A．为一个计算机视觉任务训练的模型通常可以进行数据扩充，此方法同样适用于不同的计算机视觉任务
    B．为一个计算机视觉任务训练的参数对其他计算机视觉任务的预训练通常是有用的
    C．获得计算机视觉竞赛奖项的相同技术被广泛应用于实际部署
    D．使用开源实现可以很简单地实现复杂的卷积结构

2. [单选题]假如已经有一个预训练好的神经网络模型，对于另一个类似的待解决问题，在只有少量训练数据的情况下，可以通过（　　）方法利用预训练好的神经网络模型来解决。
    A．除了最后一层，将所有的层都冻结，重新训练最后一层
    B．对新数据重新训练整个模型
    C．只对最后几层进行参数调整
    D．对每层模型进行评估，选择其中的少数来使用

3. [多选题]下面关于 ResNet 的说法正确的是（　　）。
    A．使用跳跃连接有利于反向传播的梯度下降和对更深的网络进行训练
    B．跳跃连接计算输入的复杂非线性函数，以传递到网络中的更深层
    C．有 L 层的残差网络共有 L^2 种跳跃连接的顺序
    D．跳跃连接能够使网络轻松地学习残差块输入和输出之间的映射

4. 使用 ResNet 模型或 GoogLeNet 模型替换 13.1 节中实验的 VGG 模型，注意调整相关数据维度的大小。

5. 修改 face_reco.py 文件中的代码，将识别成功的人脸使用绿色框标识，未识别成功的人脸使用红色框标识。

cv-13-c-001

第 14 章　多目标检测

本章目标

- 理解目标检测的核心任务。
- 理解 YOLO 模型的基本原理。
- 理解 YOLOv3 模型、YOLOv3-Tiny 模型的网络结构。

目标检测（Object Detection）是计算机视觉的核心任务之一，在预测特定目标的类别信息的同时，还需要检测其位置信息。

本章包含如下一个实验案例。

人脸口罩佩戴检测：使用 YOLOv3-Tiny 模型在人脸口罩佩戴数据集上进行迁移学习，实现对人脸口罩佩戴的识别与检测。

14.1　人脸口罩佩戴检测

基于深度学习实现人脸口罩佩戴情况的检测，实现效果如图 14.1 所示。

在计算机视觉中，与图像相关的四大任务如图 14.2 所示。

- 分类（Classification）：解决"是什么？"的问题。
- 定位（Location）：解决"在哪里？"的问题。
- 检测（Detection）：解决"是什么？"和"在哪里？"的问题。
- 分割（Segmentation）：解决"每个像素属于哪个目标物或场景？"的问题。

图 14.1　人脸口罩佩戴检测

图 14.2　与图像相关的四大任务

注意：定位用于确定图像中给定标签的单个目标的位置，检测用于找到图像中给定标签的所有目标。

14.1.1　目标检测

目标检测的任务是确定图像中指定目标的类别和位置，如图 14.3 所示。目标检测是计算机视觉领域的核心问题之一，受目标对象与外界环境等因素的影响。目标检测也是计算机视觉领域具有挑战性的问题之一。

1）目标检测的基本思路

目标检测的基本思路是同时进行定位和识别（Recognition）。

目标检测属于多任务学习，具有两个输出分支。一个分支用于进行图像分类，结构为全连接+Softmax，同时，这里还需要再加一个"背景"类。另一个分支用于判断目标位置，对包围目标的边界框位置（例如，中心点横坐标/纵坐标和边界框长/宽）进行回归，该分支只有在分类分支被判断为非"背景"时才使用。目标检测的基本思路如图 14.4 所示。

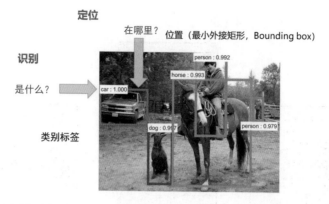

图 14.3　目标检测

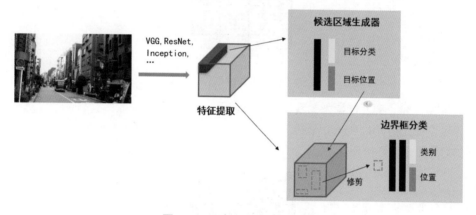

图 14.4　目标检测的基本思路

2）目标检测的主要步骤与方法

目前，目标检测领域的深度学习方法主要分为两类，即两阶段（Two Stages）目标检测和一阶段（One Stage）目标检测。

两阶段目标检测：先由算法生成一系列作为样本的候选框，再通过卷积神经网络进行样本分类，常见的算法有 R-CNN、Fast R-CNN、Faster R-CNN 等。

一阶段目标检测：不需要生成候选框，直接将目标框定位的问题转化为回归问题进行处理，常见的算法有 YOLO、SSD 等。

14.1.2　YOLO 模型

YOLO（You Only Look Once）是一种端到端的目标检测算法，不需要预先提取候选框，通过网络直接输出类别、置信度、坐标位置，检测速度很快，但定位精度相对较低。

YOLO 模型的基本原理如图 14.5 所示。

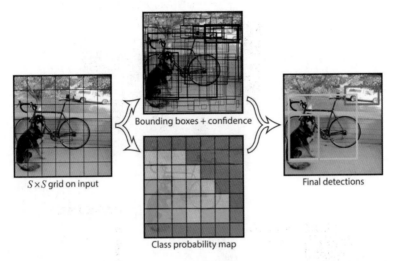

图 14.5　YOLO 模型的基本原理

如图 14.6 所示，YOLO 模型的输出结果可表示为 $[S,S,B,5+C]$。其中，前两个 S 是指把图像划分为 $S×S$ 个单元格，B 表示每个单元格预测的边界框数量，C 表示边界框的类别数，5 表示 4 个坐标信息和 1 个类别得分。

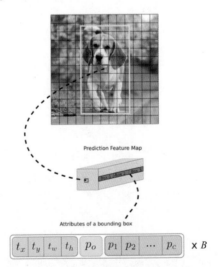

图 14.6　YOLO 模型的主要步骤

YOLO 包含 YOLOv1～YOLOv5 等一系列模型。

14.1.3 YOLOv3 模型

如图 14.7 所示，YOLOv3 模型的先验检测（Prior Detection）系统将分类器或定位器重新用于执行检测任务，并且可以检测任意位置多尺寸的目标。

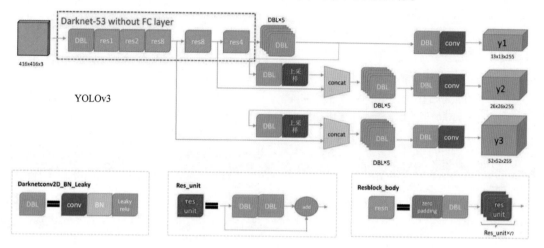

图 14.7　YOLOv3 模型的网络结构

1. DarkNet-53 模型的网络结构

YOLOv3 模型的网络结构加入了 DarkNet-53 模型的网络结构。DarkNet-53 模型的网络结构如图 14.8 所示。

	Type	Filters	Size	Output
	Convolutional	32	3 × 3	256 × 256
	Convolutional	64	3 × 3 / 2	128 × 128
1×	Convolutional	32	1 × 1	
	Convolutional	64	3 × 3	
	Residual			128 × 128
	Convolutional	128	3 × 3 / 2	64 × 64
2×	Convolutional	64	1 × 1	
	Convolutional	128	3 × 3	
	Residual			64 × 64
	Convolutional	256	3 × 3 / 2	32 × 32
8×	Convolutional	128	1 × 1	
	Convolutional	256	3 × 3	
	Residual			32 × 32
	Convolutional	512	3 × 3 / 2	16 × 16
8×	Convolutional	256	1 × 1	
	Convolutional	512	3 × 3	
	Residual			16 × 16
	Convolutional	1024	3 × 3 / 2	8 × 8
4×	Convolutional	512	1 × 1	
	Convolutional	1024	3 × 3	
	Residual			8 × 8
	Avgpool		Global	
	Connected		1000	
	Softmax			

图 14.8　DarkNet-53 模型的网络结构

DarkNet-53 模型使 YOLOv3 模型的性能更好，运行速度更快。与其他网络结构相比，DarkNet-53 模型实现了每秒最高的浮点计算量，这说明其网络结构能更好地利用 GPU。

2．YOLOv3 模型的其他特点

1）融合 FPN（特征金字塔）

YOLOv3 模型借鉴了 FPN 的思想，从不同尺度提取特征。与 YOLOv2 模型相比，YOLOv3 模型提取最后三层的特征图，先在每个特征图上分别独立进行预测，并且在小特征图进行上采样，直到大小与大特征图的相同，然后与大特征图拼接做进一步预测。

2）用逻辑回归替代 Softmax 作为分类器

YOLOv3 模型的网络结构把使用逻辑回归作为输出激活函数，把单标签分类改成多标签分类。

14.1.4 YOLOv3-Tiny 模型

YOLOv3-Tiny 模型在 YOLOv3 模型的基础上去掉了一些特征层，只保留两个独立的预测分支。在实际的应用场景中，由于 YOLOv3-Tiny 模型的参数比较少，因此容易在嵌入式设备中部署。

YOLOv3-Tiny 模型的网络结构图 14.9 所示。

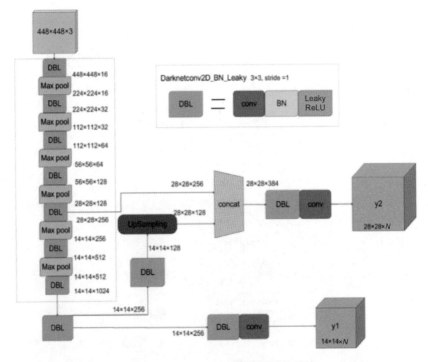

图 14.9　YOLOv3-Tiny 模型的网络结构

14.2 案例实现

1. 实验目标

(1)掌握基于 Keras 加载并使用 VGG16 模型的方法。
(2)能够使用 VGG16 模型提取图像特征。
(3)能够根据相似性度量的结果搜索相似图像,并对结果进行可视化。

2. 实验环境

实验环境如表 14.1 所示。

表 14.1 实验环境

硬 件	软 件	资 源
PC 机/笔记本电脑或 AIX-EBoard 人工智能视觉实验平台	Ubuntu 18.4/Windows 10 Python 3.7.3 TensorFlow 2.4.0 OpenCV-Python 4.5.1.48	口罩数据集:XML 注释文件和训练图像 YOLOv3 模型标准库 模型文件:yolov3-tiny.weights

3. 实验步骤

使用 YOLOv3-Tiny 模型训练人脸口罩数据集,使用训练好的模型进行人脸口罩佩戴检测,完整的步骤如下。

(1)制作数据集。
(2)修改配置文件。
(3)训练数据集。
(4)测试。

第(3)步需要使用 GPU 工作环境,因此,本次实验的前 3 个步骤在 GPU 服务端完成,第(4)步在实验套件中进行。

实验目录结构如图 14.10 所示。

步骤一:制作数据集

将原始数据集下 annotations 文件夹中的标签文件放在 VOCdevkit 文件夹下的 VOC2007 文件夹下的 Annotations 文件夹中。

将原始数据集下 images 文件夹中的图像文件放在 VOCdevkit 文件夹下的 VOC2007 文件夹下的 JPEGImages 文件夹中。

VOCdevkit 文件夹的目录结构如图 14.11 所示。

```
名称                大小              类型
font                                 文件夹
img                                  文件夹
logs               训练输出模型       文件夹
model_data         预训练模型、锚框和类别 件夹
utils                                文件夹
VOCdevkit          训练数据           文件夹
weights            预训练模型         文件夹
yolo3              YOLO3源码          文件夹
coco_annotation.py      2 KB        Python File
convert.py              10 KB       Python File
kmeans.py               4 KB        Python File
train.py                7 KB        Python File
voc_annotation.py       2 KB        Python File
yolo.py    本次实验需要完成的代码 KB Python File
yolo_video.py           3 KB        Python File
yolov3.cfg              9 KB        CFG 文件
yolov3-tiny.cfg         2 KB        CFG 文件
```

图 14.10 实验目录结构

图 14.11 VOCdevkit 文件夹的目录结构

如图 14.12 所示，修改 voc2yolo3.py 选中部分的代码，为 XML 文件生成 TXT 描述文件。

在终端执行 **python voc2yolo3.py** 命令，在 ImageSets/Main 目录下生成 TXT 文件，如图 14.13 所示。

```
1  import os
2  import random
3
4  xmlfilepath=r"./Annotations"
5  saveBasePath=r"./ImageSets/Main/"
6
7  trainval_percent=1
8  train_percent=0.9
9  total_xml = os.listdir(xmlfilepath)
```

图 14.12 修改文件路径

```
名称            大小        类型
test.txt        0 KB       文本文档
train.txt       13 KB      文本文档
trainval.txt    15 KB      文本文档
val.txt         2 KB       文本文档
```

图 14.13 生成 TXT 文件

将训练数据的描述文件修改为符合 YOLO 模型训练需要的格式，如图 14.14 所示，将 voc_annotation.py 文件中的 classes 修改为实际的 classes。

```
1  import xml.etree.ElementTree as ET
2  from os import getcwd
3
4  # sets=[('2007', 'train'), ('2007', 'val'), ('2007', 'test')]
5  sets=[('2007', 'train'), ('2007', 'val')]
6
7  classes = ["with_mask", "without_mask"]
8
```

图 14.14 修改类名称

在终端执行 **python voc_annotation.py** 命令，在 VOCdevkit/VOC2007/labels 目录下生成

2007_train.txt 文件和 2007_val.txt 文件。文档中的每行对应其图像位置及其真实框的位置，如图 14.15 所示。

```
/content/drive/MyDrive/yolov3_keras/yolov3_keras/VOCdevkit/VOC2007/JPEGImages/makssksksss0.png
79,105,109,142,1 185,100,226,144,0 325,90,360,141,1
/content/drive/MyDrive/yolov3_keras/yolov3_keras/VOCdevkit/VOC2007/JPEGImages/makssksksss1.png
321,34,354,69,0 224,38,261,73,0 299,58,315,81,0 143,74,174,115,0 74,69,95,99,0 191,67,221,93,0 21,73,44,93,0
369,70,398,99,0 83,56,111,89,1
```

图 14.15　生成 TXT 文件内容

步骤二：修改配置文件

1）将预训练权重转换为 H5 文件

在终端使用以下命令执行根目录下的 convert.py 文件，在 model_data 文件夹下生成 yolov3-tiny.h5 文件。

```
python convert.py weights/yolov3-tiny.cfg weights/yolov3-tiny.weights model_data/yolov3-tiny.h5
```

2）使用聚类生成锚框大小

在 model_data/tiny_yolo_anchors.txt 文件中先验锚框的值，利用 kmeans.py 文件生成。

打开 kmeans.py 文件，修改第 61 行，如图 14.16 所示。

```
60      def result2txt(self, data):
61          f = open("model_data/tiny_yolo_anchors.txt", 'w')
62          row = np.shape(data)[0]
```

图 14.16　输出结果

修改第 98 行，如图 14.17 所示。

```
96  if __name__ == "__main__":
97      cluster_number = 6
98      filename = "VOCdevkit/VOC2007/Labels/2007_train.txt"
99      kmeans = YOLO_Kmeans(cluster_number, filename)
100     kmeans.txt2clusters()
```

图 14.17　需要聚类的数据

执行 python kmeans.py 命令，打开 tiny_yolo_anchors.txt 文件查看聚类结果，如图 14.18 所示。

3）修改类名称

如图 14.19 所示，将 model_data/voc_classes.txt 文件中的 classes 修改为实际的 classes。

```
tiny_yolo_anchors.txt
1 6,7, 9,10, 14,16, 22,23, 36,40, 90,108
```

图 14.18　聚类结果

图 14.19　修改类名称

步骤三：训练数据集

注意：本次实验不执行这一步，以下仅供读者学习与了解。

如图 14.20 所示，修改根目录下 train.py 文件中的代码，将相关路径修改为实际的文件目录。

```python
def _main():
    annotation_path = 'VOCdevkit/VOC2007/labels/2007_train.txt'
    log_dir = 'logs/'
    classes_path = 'model_data/voc_classes.txt'
    anchors_path = 'model_data/tiny_yolo_anchors.txt'
    class_names = get_classes(classes_path)
    num_classes = len(class_names)
    anchors = get_anchors(anchors_path)

    input_shape = (416,416) #输入维度

    #构建模型
    model = create_tiny_model(input_shape, anchors, num_classes,
            freeze_body=2, weights_path='model_data/yolov3-tiny.h5')
```

图 14.20　指定训练所需资源路径

在终端输入 python train.py 命令进行训练，将生成的模型文件保存在 logs 目录下。

步骤四：测试

这个步骤在实验套件中完成。

在根目录下的 yolo.py 文件中添加以下代码。

1）指定资源路径

```python
_defaults = {
    "model_path": models/ep036-loss5.683-val_loss5.312.h5',
    "anchors_path": 'model_data/tiny_yolo_anchors.txt',
    "classes_path": 'model_data/voc_classes.txt',
    "score" : 0.3,
    "iou" : 0.45,
    "model_image_size" : (416, 416),
    "gpu_num" : 1,
}
```

2）在 def detect_image(self, image) 函数中编写以下代码

```python
# 1.调整图像大小和边界框大小
if self.model_image_size != (None, None):
    assert self.model_image_size[0]%32 == 0, '必须是 32 的倍数'
    assert self.model_image_size[1]%32 == 0, '必须是 32 的倍数'
    boxed_image = letterbox_image(image, tuple(reversed(self.model_image_size)))
```

```python
        else:
            new_image_size = (image.width - (image.width % 32),
                              image.height - (image.height % 32))
            boxed_image = letterbox_image(image, new_image_size)
        image_data = np.array(boxed_image, dtype='float32')
```

3）检测图像的目标类别和位置

```python
        print(image_data.shape)
        image_data /= 255.
        image_data = np.expand_dims(image_data, 0)  # 添加训练批次的维度

        out_boxes, out_scores, out_classes = self.sess.run(
            [self.boxes, self.scores, self.classes],
            feed_dict={
                self.yolo_model.input: image_data,
                self.input_image_shape: [image.size[1], image.size[0]],
                K.learning_phase(): 0
            })

        print('在 {} 上找到{}个锚框'.format('img',len(out_boxes)))
        font = ImageFont.truetype(font='font/FiraMono-Medium.otf',
                    size=np.floor(3e-2 * image.size[1] + 0.5).astype('int32'))
        thickness = (image.size[0] + image.size[1]) // 300
```

4）绘制边界框

```python
        for i, c in reversed(list(enumerate(out_classes))):
            predicted_class = self.class_names[c]
            box = out_boxes[i]
            score = out_scores[i]

            label = '{} {:.2f}'.format(predicted_class, score)
            draw = ImageDraw.Draw(image)
            label_size = draw.textsize(label, font)

            # 计算边界框坐标
            top, left, bottom, right = box
            top = max(0, np.floor(top + 0.5).astype('int32'))
            left = max(0, np.floor(left + 0.5).astype('int32'))
            bottom = min(image.size[1], np.floor(bottom + 0.5).astype ('int32'))
```

```python
        right = min(image.size[0], np.floor(right + 0.5).astype('int32'))
        print(label, (left, top), (right, bottom))

        if top - label_size[1] >= 0:
            text_origin = np.array([left, top - label_size[1]])
        else:
            text_origin = np.array([left, top + 1])

        # 绘制边界框
        for i in range(thickness):
            draw.rectangle(
                [left + i, top + i, right - i, bottom - i],
                outline=self.colors[c])
        draw.rectangle(
            [tuple(text_origin), tuple(text_origin + label_size)],
            fill=self.colors[c])
        draw.text(text_origin, label, fill=(0, 0, 0), font=font)
        del draw

    end = timer()
    print(end - start)
    return image
```

5）运行实验
- 单张图像测试。

cv-14-v-002

```
python yolo_video.py -image 图像名称
```

- 计算机摄像头实时检测。

将 yolo.py 文件的第 174 行修改为 vid = cv2.VideoCapture(10)，执行以下命令。

```
python yolo_video.py --input
```

- 测试本地视频。

将 yolo.py 文件的第 174 行修改为 vid = cv2.VideoCapture("视频路径+视频名+视频后缀名")，执行以下命令。

```
python yolo_video.py --input
```

- 测试本地视频并保存视频效果。

```
python yolo_video.py --output
```

4. 实验小结

在训练和检测时通过以下代码指定每个锚框能识别的类别数量。

（1）在训练时，将 yolo3/utils.py 下的 get_random_data() 函数中的 max_boxes=20 修改为其他值。

（2）在检测时，将 yolo3/model.py 下的 yolo_eval() 函数中的 max_boxes=20 修改为其他值。

本章总结

- 可以在多个尺度下生成不同数量和不同大小的锚框，从而在多个尺度下检测不同大小的目标。
- 特征图的形状能确定任一图像上均匀采样的锚框中心。
- 使用输入图像在某个感受野区域内的信息来预测输入图像上与该区域相近的锚框的类别和偏移量。

作业与练习

1．[单选题]如图 14.21 所示，左上角的框的大小是 2×2，右下角的框的大小是 2×3，重叠部分框的大小是 1×1。这两个框中 IOU 的大小是（　　）。

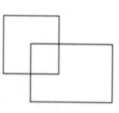

图 14.21　计算 IOU

  A．1/6   B．1/9   C．1/10   D．以上都不是

2．[多选题]模型压缩的主要方法有（　　）。

  A．提高模型参数量化精度   B．减少训练数据

  C．优化模型结构   D．降低模型参数量化精度

3．[多选题]SSD 对小目标检测效果不好的原因是（　　）。

  A．只进行一次检测   B．小目标对应的 anchor 比较少

  C．需要足够大的特征图   D．特征图只能提供模糊特征

4．[多选题]在训练过程中，模型不收敛的原因包括（　　）。

  A．样本的信息量太大   B．样本的信息量太小

  C．数据标注不准确   D．设置的学习率太大

5．给定一张输入图像，假设特征图变量的形状为 $1×ci×h×w$，其中 ci、h 和 w 分别表示特征图的个数、高和宽。你能想到哪些将该变量变换为锚框的类别和偏移量的方法？输出的形状分别是什么？

cv-14-c-001

第15章

可采摘作物检测

本章目标

- 理解可采摘作物检测的主要任务。
- 理解使用 Mask-RCNN 模型进行目标检测的基本原理。
- 掌握使用 Mask-RCNN 模型进行迁移学习的基本技能。

使用计算机视觉技术对植物各阶段的生长情况进行准确检测,是实现自动化过程(如收获)的关键步骤。基于深度学习的目标识别、目标检测、图像分割等先进的计算机视觉技术,在各不同领域(如农业)中具有广阔的应用前景。

本章包含如下一个实验案例。

番茄成熟度检测:构建目标检测模型,在不同生长阶段的番茄数据集上进行学习,实现自动检测番茄的生长位置,识别其成熟度。

15.1 番茄成熟度检测

在传统农业中,采摘水果和蔬菜是一项辛勤又相对单调的工作,不过随着计算机视觉技术和智能机器的发展与成熟,农业领域中的很多工作都在发生变化。图 15.1 所示为可采摘番茄检测。

图 15.1　可采摘番茄检测

本章使用 Mask-RCNN 模型在 Laboro Tomato 数据集上进行迁移学习，从而对模型进行评估与保存。

一般机器学习项目的主要步骤包括需求分析、项目概要设计、数据收集与预处理、模型设计、模型训练与评估、模型应用。本次项目的主要目标包括以下几点。

（1）数据收集与预处理，能够根据实际需求收集和选择合适的训练数据，并且能够完成数据拆分，以及数据集格式化等预处理操作。

（2）模型选择，从项目的核心任务出发进行模型的选择与设计，并且制定正确的学习方式。对模型进行设计，合理初始化模型参数，观察学习过程中模型的收敛情况，从而评估模型训练效果。

（3）模型存储与推理，存储最优模型，重新加载模型，对新数据进行检测。

15.1.1　数据集

Laboro Tomato 是一个番茄在不同成熟阶段的图像数据集，专门为对象检测和实例分割任务而设计。

根据大小可以将番茄分为两类（正常大小和樱桃番茄），根据成熟阶段可以将番茄分为三类。

- fully_ripened：完全变成红色，可以收获。以 90%及其以上的红色填充。
- half_ripened：没有完全变成红色，有部分绿色，需要生长一段时间才能成熟。以 30%～89%的红色填充。
- green：完全是绿色/白色，有时带有罕见的红色部分。以 0～30%的红色填充。

注意：所有百分比均为近似值，因情况而异。

Laboro Tomato 数据集包括 804 张图像，详细信息如图 15.2 所示。

```
name: tomato_mixed
images: 643 train, 161 test
cls_num: 6
cls_names: b_fully_ripened, b_half_ripened, b_green, l_fully_ripened, l_half_ripe
ned, l_green
total_bboxes: train[7781], test[1,996]
bboxes_per_class:
    *Train: b_fully_ripened[348], b_half_ripened[520], b_green[1467],
            l_fully_ripened[982], l_half_ripened[797], l_green[3667]
    *Test:  b_fully_ripened[72], b_half_ripened[116], b_green[387],
            l_fully_ripened[269], l_half_ripened[223], l_green[929]
image resolutions: 3024x4032, 3120x4160
```

图 15.2 Laboro Tomato 数据集

15.1.2 RCNN 模型

RCNN（Regions with CNN）是使用卷积神经网络进行目标检测的第一个框架，主要由三部分构成。

1）选择候选区域

使用 Region Proposal 方式提取候选框，可以看作在检测图像中选择不同尺寸的窗口，作为目标的候选区域，一般选择 2000 个。

2）使用卷积神经网络进行特征提取

使用卷积及池化操作，获取固定维度的输出值。

3）分类和边界回归

包含两步：第一步是对输出向量使用 SVM 模型进行分类；第二步是使用边界回归进行调整，对检测目标框进行合并及调整，避免误检和多检。

RCNN 模型的结构如图 15.3 所示。

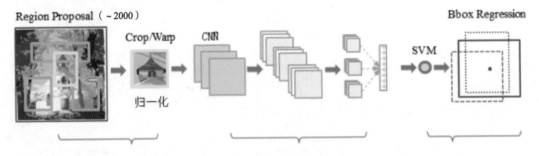

图 15.3 RCNN 模型的结构

RCNN 模型的缺点包括以下几点。

（1）候选区域的图像需要提前获取，因此会占用大量的内存空间。

（2）卷积神经网络需要固定尺寸的输入图像，而候选框尺寸不固定，因此需要拉伸或缩放，这个过程会损失数据信息。

（3）每个 Region Proposal 都需要经过卷积神经网络的处理计算，而且窗口重叠多，会消耗大量的计算资源。

15.1.3　SPP-Net 模型

SPP-Net 模型是在 RCNN 模型的基础上进行改进，从而提升算法的计算速度，主要在卷积神经网络提取过程部分进行如下调整。

（1）取消了 Crop/Warp 图像归一化过程，解决了图像变形导致的信息丢失及存储问题。

（2）采用空间金字塔池化替换了全连接层之前的最后一个池化层。

（3）使用可伸缩池化层，不限制输入分辨率的大小。

SPP-Net 模型的缺点包括以下几点。

（1）和 RCNN 模型相同，训练过程独立，无法整体训练。

（2）训练过程耗时较长。

15.1.4　Fast-RCNN 模型

Fast-RCNN 模型是在 SPP-Net 模型的基础上进行调整，在运行速度上再一次提升。Fast-RCNN 模型主要有如下几个改进措施。

（1）使用 Softmax 分类器代替 SVM 模型。

（2）使用 SmoothLoss 代替 Bounding Box 回归。

（3）将分类和边框回归合并，统一训练过程，提升算法的准确度。

15.1.5　Faster-RCNN 模型

Faster-RCNN 模型是在 Fast-RCNN 模型的基础上继续调整，使用 RPN 算法，候选框从特征图上获取，使用低分辨率特征图降低计算量。

RPN 算法的特点在于通过滑动窗口获取候选框，每个滑动窗口的位置生成 9 个候选窗口（不同尺度、不同宽高），提取对应 9 个候选窗口的特征，并用于目标分类和边框回归，这与 Fast-RCNN 模型类似。

15.1.6 Mask-RCNN 模型

Mask-RCNN 模型由 Kaiming He 等人提出，是 Faster-RCNN 模型的改进版本。

Mask-RCNN 模型是一个两阶段框架，第一个阶段扫描图像并生成建议（Proposals，即可能包含一个目标的区域），第二个阶段对建议进行分类并生成边界框和掩码。

1）主干网络

Mask-RCNN 模型的主干是卷积神经网络（通常来说是 ResNet50 和 ResNet101），可以作为特征提取器。底层检测的是低级特征（如边缘和角等），较高层检测的是更高级的特征（如汽车、人、天空等）。

2）ROI 分类器和边界框回归器

RPN 算法为每个候选框生成两个输出：第一个是 anchor 类别，即前景或背景（FG/BG）。前景类别意味着在候选框中可能存在一个目标。第二个是位置偏移，即前景预测边界框与目标真实边界框之间的偏差。

3）分割掩码

掩码分支是一个卷积神经网络，将 ROI 分类器选择的正区域作为输入，并生成它们的掩码。其生成的掩码是低分辨率的，即 28 像素×28 像素。掩码是由浮点数表示的软掩码，相对于二进制掩码有更多的细节。掩码的小尺寸属性有助于保持掩码分支网络的轻量性。

Mask-RCNN 模型的结构如图 15.4 所示。

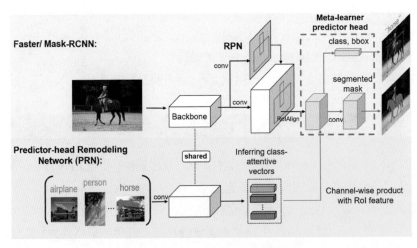

图 15.4　Mask-RCNN 模型的结构

15.2 案例实现

1. 实验目标

(1) 掌握基于 Keras 加载并使用 Mask-RCNN 模型的方法。
(2) 能够使用 Mask-RCNN 模型提取图像特征。
(3) 能够对检测结果进行可视化。

2. 实验环境

实验环境如表 15.1 所示。

表 15.1 实验环境

硬 件	软 件	资 源
PC 机/笔记本电脑或 AIX-EBoard 人工智能视觉实验平台	Ubuntu 18.4/Windows 10 Python 3.7.3 TensorFlow 2.4.0 OpenCV-Python 4.5.1.48	Laboro Tomato 数据集 Mask-RCNN 模型 模型文件

3. 实验步骤

使用 Mask-RCNN 模型训练 Laboro Tomato 数据集，使用训练好的模型进行番茄成熟度检测，完整步骤如下。

(1) 导入与配置。
(2) 数据预处理。
(3) 训练数据集。
(4) 测试。

步骤一：导入与配置

```
# ## 1. 导入模块与资源配置

# ### 1.1 导入模块

import os
import sys
import random
import math
import re
```

```python
import time
import numpy as np
import cv2
import matplotlib
import matplotlib.pyplot as plt
import skimage
import itertools
import logging
import json
import re
import random
from collections import OrderedDict
import matplotlib
import matplotlib.pyplot as plt
import matplotlib.patches as patches
import matplotlib.lines as lines
from matplotlib.patches import Polygon

# 项目根目录
ROOT_DIR = os.path.abspath("./")
print(os.listdir(ROOT_DIR))
# 导入 Mask-RCNN 模型的相关模块
sys.path.append(ROOT_DIR)
from mrcnn.config import Config
from mrcnn import utils
import mrcnn.model as modellib
from mrcnn import visualize
from mrcnn.model import log

# 指定日志的存储路径
MODEL_DIR = os.path.join(ROOT_DIR, "logs")

# 训练权重参数文件的存储路径
COCO_MODEL_PATH = os.path.join(ROOT_DIR, "mask_rcnn_coco.h5")
# 如果需要,则下载 COCO 预训练模型
if not os.path.exists(COCO_MODEL_PATH):
    utils.download_trained_weights(COCO_MODEL_PATH)
```

```python
# ### 1.2 配置模型结构与训练参数

class TomatoConfig(Config):
    """对相关训练数据进行配置。
    继承Config类并进行重写。
    """
    # 名称
    NAME = "tomato"

    # 指定使用GPU的数量
    # 根据实际情况进行调整
    IMAGES_PER_GPU = 1

    # 类别数量(实例 背景)
    NUM_CLASSES = 1 + 1  # 背景 + tomato

    # 每个epoch的训练轮数
    STEPS_PER_EPOCH = 10

    # 小于99%的置信度跳过检测
    DETECTION_MIN_CONFIDENCE = 0.99

config = TomatoConfig()
config.display()

# 可视化窗口
def get_ax(rows=1, cols=1, size=8):
    """返回Matplotlib Axes 数组
    
    """
    _, ax = plt.subplots(rows, cols, figsize=(size*cols, size*rows))
    return ax
```

步骤二：数据预处理

数据预处理通常包含数据加载、数据拆分、数据可视化。

```python
# ### 2.1 定义扩展类

class TomatoDataset(utils.Dataset):
```

```python
    def load_tomato(self, dataset_dir, subset):
        """加载一个子集
        dataset_dir: Root 下的 dataset.
        subset: train or val
        """
        # 添加类别
        self.add_class("tomato", 1, "tomato")

        # 定义子集
        assert subset in ["train", "val"]
        dataset_dir = os.path.join(dataset_dir, subset)

        # 下载注释
        # 注释中每张图像的定义格式
        # { 'filename': '28503151_5b5b7ec140_b.jpg',
        #   'regions': {
        #       '0': {
        #           'region_attributes': {},
        #           'shape_attributes': {
        #               'all_points_x': [...],
        #               'all_points_y': [...],
        #               'name': 'polygon'}},
        #       ... more regions ...
        #   },
        #   'size': 100202
        # }
        # 重点：每个区域的 x 坐标和 y 坐标
        annotations = json.load(open(os.path.join(dataset_dir, "via_region_data.json")))
        annotations = list(annotations.values())  # 只使用值列表

        # 将图像保存在 JSON 中
        # 注释
        annotations = [a for a in annotations if a['regions']]

        # 添加图像
        for a in annotations:
            # 获取组成多边形的点的 x 坐标和 y 坐标
```

```python
            if type(a['regions']) is dict:
                polygons = [r['shape_attributes'] for r in a['regions'].values()]
            else:
                polygons = [r['shape_attributes'] for r in a['regions']]

            # 下载 mask 蒙版
            image_path = os.path.join(dataset_dir, a['filename'])
            image = skimage.io.imread(image_path)
            height, width = image.shape[:2]

            self.add_image(
                "tomato",
                image_id=a['filename'],
                path=image_path,
                width=width, height=height,
                polygons=polygons)

    def load_mask(self, image_id):
        """为图像生成蒙版
        Returns:
        masks: Bool 类型的数组，shape [height, width, instance_count]
        class_ids: 实例掩码类 ID 的一维数组。
        """
        # 如果不是番茄图像，则使用父类
        image_info = self.image_info[image_id]
        if image_info["source"] != "tomato":
            return super(self.__class__, self).load_mask(image_id)

        # 将多边形转换为 shape 的位图蒙版
        # [height, width, instance_count]
        info = self.image_info[image_id]
        mask = np.zeros([info["height"], info["width"], len(info["polygons"])],
                        dtype=np.uint8)
        for i, p in enumerate(info["polygons"]):
            # 获取多边形内像素的索引，并设置为 1
            rr, cc = skimage.draw.polygon(p['all_points_y'], p['all_points_x'])
            mask[rr, cc, i] = 1
```

```python
        # 返回掩码和每个实例的类 ID 数组
        return mask.astype(np.bool), np.ones([mask.shape[-1]], dtype=np.int32)

    def image_reference(self, image_id):
        """返回图像路径"""
        info = self.image_info[image_id]
        if info["source"] == "tomato":
            return info["path"]
        else:
            super(self.__class__, self).image_reference(image_id)


# ### 2.2 加载数据集
#

dataset_dir = 'Real_dataset'
# 训练数据集
dataset_train = TomatoDataset()
dataset_train.load_tomato(dataset_dir, "train")
dataset_train.prepare()

# 验证数据集
dataset_val = TomatoDataset()
dataset_val.load_tomato(dataset_dir, "val")
dataset_val.prepare()

# 加载并可视化
image_ids = np.random.choice(dataset_train.image_ids, 4)
for image_id in image_ids:
    image = dataset_train.load_image(image_id)
    mask, class_ids = dataset_train.load_mask(image_id)
    visualize.display_top_masks(image, mask, class_ids, dataset_train.class_names)
```

步骤三：训练数据集

```python
# ###3.1 构建模型，状态为 training
model = modellib.MaskRCNN(mode="training", config=config,model_dir=MODEL_DIR)

# 加载 COCO 权重
```

```python
    init_with = "coco"

    if init_with == "coco":
        model.load_weights(COCO_MODEL_PATH, by_name=True, exclude=["mrcnn_class_logits", "mrcnn_bbox_fc", "mrcnn_bbox", "mrcnn_mask"])
    elif init_with == "last":
        # 加载训练的最后一个模型并继续训练
        model.load_weights(model.find_last(), by_name=True)

# ### 3.2 模型训练
#
# 训练分两个阶段:
# 1. 只有头部层。这里冻结所有主干层, 只训练随机初始化的层 (即没有使用 MS COCO 的预
训练权重的那些层)。要仅训练头部层, 请将 `layers='heads'` 传递给 `train()` 函数
#
# 2. 微调所有图层。对于这个简单的示例, 它不是必需的, 但应将其包含在内以显示过程。只需
要通过 `layers="all"` 来训练所有层

type(dataset_train)

# 训练头部
# 传递 layers="heads" 会冻结除头部之外的所有层, 可以通过传递一个正则表达式来选择训练哪些层
# model.train(dataset_train, dataset_val,
#             learning_rate=config.LEARNING_RATE,
#             epochs=10,
#             layers='heads')

# 训练所有层
# 传递 layers="all" 不会冻结所有层, 可以通过传递一个正则表达式来选择训练哪些层
# model.train(dataset_train, dataset_val,
#             learning_rate=config.LEARNING_RATE / 10,
#             epochs=2,
#             layers="all")

# 保存权重
# 通常不需要, 因为回调会在每个 epoch 之后保存
# 取消注释, 手动保存
print(MODEL_DIR)
print(os.listdir(MODEL_DIR))
```

```python
model_path = os.path.join(MODEL_DIR, "mask_rcnn_tomato.h5")
model.keras_model.save_weights(model_path)

# 取消注释，保存驱动器中的权重，需要较长时间
#MODEL_DIR_drive = '../drive/My Drive/logs_tomato'
#model_path = os.path.join(MODEL_DIR_drive, "mask_rcnn_tomato.h5")
#model.keras_model.save_weights(model_path)
```

步骤四：测试

```python
# ## 检测

class InferenceConfig(TomatoConfig):
    GPU_COUNT = 1
    IMAGES_PER_GPU = 1
    USE_MINI_MASK=False

inference_config = InferenceConfig()

# 加载模型
model       =       modellib.MaskRCNN(mode="inference",config=inference_config, model_dir= MODEL_DIR)

# 保存路径
# model_path = os.path.join(ROOT_DIR, ".h5 file name here")
model_path = model.find_last()

# 加载
print("加载权重参数 ", model_path)
model.load_weights(model_path, by_name=True)

# 随机测试图像
image_id = random.choice(dataset_val.image_ids)
original_image, image_meta, gt_class_id, gt_bbox, gt_mask =modellib.load_image_gt(dataset_val, inference_config,image_id)

log("original_image", original_image)
log("image_meta", image_meta)
log("gt_class_id", gt_class_id)
log("gt_bbox", gt_bbox)
```

```
    log("gt_mask", gt_mask)

    visualize.display_instances(original_image, gt_bbox, gt_mask, gt_class_id, 
dataset_train.class_names, figsize=(8, 8))

    results = model.detect([original_image], verbose=1)

    r = results[0]
    visualize.display_instances(original_image, r['rois'], r['masks'], r['class_
ids'], dataset_val.class_names, r['scores'], ax=get_ax())

# ## 评估

# 计算 VOC-Style mAP @ IOU=0.5
# 在 10 张图像上运行，增加准确性
image_ids = np.random.choice(dataset_val.image_ids, 10)
APs = []
for image_id in image_ids:
    # 加载图像
    image, image_meta, gt_class_id, gt_bbox, gt_mask =modellib.load_image_gt
(dataset_val, inference_config,image_id)
    molded_images = np.expand_dims(modellib.mold_image(image, inference_
config), 0)
    # 检测
    results = model.detect([image], verbose=0)
    r = results[0]
    # 计算交并比的平均精度
    AP, precisions, recalls, overlaps =utils.compute_ap(gt_bbox, gt_class_id, 
gt_mask,r["rois"], r["class_ids"], r["scores"], r['masks'])
    APs.append(AP)
```

使用如下命令运行实验代码。

```
python train_tomato.py
```

4. 实验小结

训练分以下两个阶段。

1）只有头部层

在这里冻结所有主干层，只训练随机初始化的层（即没有使用 MS COCO 的预训练权重的那些层）。如果仅训练头部层，则将 layers='heads' 传递给 train()函数。

2）微调所有图层。

对于这个简单的示例，它不是必需的。

本章总结

- 在实际训练过程中，有些数据集提供边界框，有些数据集仅提供掩码。
- 为了支持对多个数据集的训练，可以先选择忽略数据集附带的边界框，然后即时生成它们。
- 忽略原有边界框既简化了实现过程，又使应用图像增强变得容易。

作业与练习

1．[单选题]如果需要构建一个输入为人脸图像，输出为 N 个标记的神经网络（假设图像只包含一张人脸），那么神经网络有（　　）个输出节点。

　　A．N　　　　　　B．$2N$　　　　　　C．$3N$　　　　　　D．N^2

2．[单选题]当训练一个视频中描述的对象检测系统时，需要一个包含检测对象的图像训练集，而边界框不需要在训练集中提供，因为算法可以自己学习检测对象，这个说法（　　）。

　　A．正确

　　B．错误

　　C．如果模型设计正确则无须进行标注

　　D．在不标注的情况下会影响检测效果

3．[多选题]假设有一个维度为 $nH \times nW \times nC$ 的卷积输入，下面说法正确的是（假设卷积层为 1×1，步伐为 1，padding 为 0）（　　）。

　　A．能够使用 1×1 的卷积层来减小 nC，但是不能减小 nH、nW

　　B．可以使用池化层减小 nH、nW，但是不能减小 nC

　　C．可以使用一个 1×1 的卷积层减小 nH、nW 和 nC

　　D．可以使用池化层减小 nH、nW 和 nC

4．Mask-RCNN 模型在 Faster-RCNN 模型的基础上做了哪些修改？

5．思考并回答，如果检测目标在图像中的占比较小，在训练目标检测模型时存在比较大的输入图像尺寸和比较小的输入图像尺寸，哪种情况更能提升检测精准度？

第 16 章

智能照片编辑

本章目标

- 了解生成对抗网络的基本结构与原理。
- 能够使用 TensorFlow 构建 GAN 模型。
- 理解 GAN 模型的训练机制。
- 能够正确定义 GAN 模型的损失函数并对模型进行训练。

修复老照片不仅需要大量的时间和熟练的软件操作能力,还需要具备一定的绘画欣赏能力。使用深度神经网络对老照片进行智能化修复,也可以获得较好的效果。

本章包含如下一个实验案例。

图像自动着色:构建并训练 GAN 模型,为黑白图像自动着色。

16.1 图像自动着色

一些旧的黑白人像照片可能会存在折痕、损坏等问题,放大原图还可能会看到噪点,非常影响照片观感。修复工作不仅可以提升照片的清晰度,还可以修补缺损,从而使照片色彩更加丰富。

照片修复效果如图 16.1 所示。

本次实验主要是构建并训练一个 GAN 模型,实现为黑白图像自动着色。

图 16.1　照片修复效果

16.1.1　GAN 模型的基本结构与原理

生成对抗网络（Generative Adversarial Network，GAN）是由 Ian J. Goodfellow 等人提出的一种生成模型。如图 16.2 所示，GAN 模型以对抗的方法来训练生成器和判别器两个模型。

cv-16-v-001

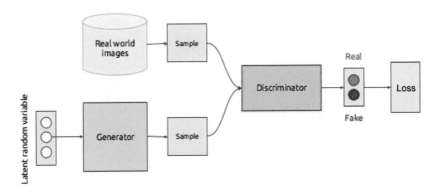

图 16.2　GAN 模型的基本结构

生成器 G 和判别器 D 有各自的网络结构和输入，其中，生成器 G 的输出（即生成的样本）也是判别器 D 的输入之一，而判别器 D 则为生成器 G 提供梯度进行权重的更新。

1）对抗样本

对抗样本（Adversarial Example）是指经过精心计算得到的用于误导分类器的样本。如图 16.3 所示，左图是一只大熊猫，添加少量随机噪声之后变成右图，分类器给出的预测类别却是长臂猿，但从视觉上来看左右两张图像并没有太大的区别。

为什么在简单添加了噪声之后会误导分类器呢？

从本质上来说，图像分类器是高维空间的一个复杂的决策边界。分类器训练完成后，是无法泛化到所有数据上的。当添加范数足够低的噪声时，在视觉上可能看起来依然和原始图像一模一样，但是，在向量空间上，添加噪声之后的图像和原始图像的差别很大。

 + 0.007 ×  =

图 16.3　对抗样本

除了简单地添加随机噪声，或者通过图像变形的方式，使新图像和原始图像在视觉上一样的情况下，让分类器得到有很高置信度的错误分类结果，这个过程也称为**对抗攻击**（Adversarial Attack）。

2）生成器和判别器

生成器（Generator）生成假样本会欺骗判别器，判别器（Discriminator）的目标就是判别真实图像和生成器生成的图像的真假。

生成器和判别器的训练目标如下：

$$\min_G \max_D V(D,G) = E_{x \sim P_{\text{data}}(x)}[\log D(x)] + E_{z \sim P_z(z)}[\log(1 - D(G(z)))]$$

其中，log 表示自然对数，底数为 e。

上面的公式表示最大化鉴别器 D 和最小化生成器 G，P_{data} 表示样本中采样的真实图像，$D(x)$ 表示真实图像的概率，P_z 表示生成随机噪声 z，$G(z)$ 表示噪声 z 通过生成器生成的图像，$D(G(z))$ 表示这个生成图像是真实图像的概率。

GAN 模型的基本思想是最小最大定理，当两个玩家（D 和 G）彼此竞争时（零和博弈），双方都假设对方采取最优策略而自己也以最优策略应对（最小最大策略）。

零和博弈又称为零和游戏，与非零和博弈相对，属非合作博弈。它是指参与博弈的各方，在严格竞争下，一方的收益必然意味着另一方的损失，博弈各方的收益和损失相加总和永远为"零"，故双方不存在合作的可能性。

最小最大策略也称为极小极大策略，控制情境以使某效应（通常为某人的亏损）缩小到最小，而使另一些效应（通常为某人的得益）增加到最大。

16.1.2　构建 GAN 模型

深度卷积生成对抗网络（Deep Convolutional GAN，DCGAN）使用深度卷积神经网络构建生成器和判别器的生成式对抗网络。

对于生成器，输入一个向量输出一张图像。生成器模型使用深度卷积神经网

cv-16-v-002

络，对输入数据进行上采样，与传统卷积神经网络的不同之处在于，整个生成器的网络结构中不包含池化层和全连接层，是一个全卷积神经网络，如图 16.4 所示。

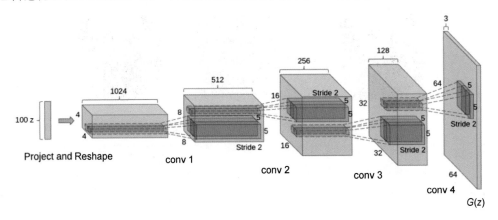

图 16.4　生成器的网络结构

本次实验的生成器采用与 U-Net 神经网络类似的 U 形神经网络，如图 16.5 所示，中间采用跳层连接。

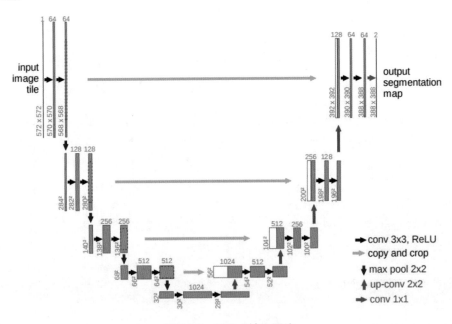

图 16.5　U-Net 神经网络

判别器是一个传统的卷积神经网络，如图 16.6 所示，包含 4 个卷积层和 1 个全连接层。

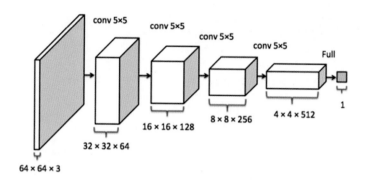

图 16.6　判别器的网络结构

16.2　案例实现

1. 实验目标

（1）对训练数据进行预处理。
（2）使用 TensorFlow 构建 GAN 模型。
（3）对模型进行训练和保存。
（4）使用训练好的模型为黑白图像着色。

2. 实验环境

实验环境如表 16.1 所示。

表 16.1　实验环境

硬　　件	软　　件	资　　源
PC 机/笔记本电脑或 AIX-EBoard 人工智能视觉实验平台	Ubuntu 18.4/Windows 10 Python 3.7.3 TensorFlow 2.4.0	训练数据

3. 实验步骤

在实验目录下新建 Colorization_GANs.py 文件，实验目录结构如图 16.7 所示。
按照以下步骤完成本次实验。
（1）数据集加载和预处理。
（2）构建模型。

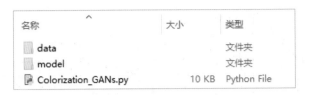

图 16.7 实验目录结构

（3）模型训练。
（4）模型保存与使用。
（5）运行。

步骤一：数据集加载和预处理

```
###################1. 数据预处理####################

# 使用PIL的.convert('L')方法将图像转换为灰度图
master_dir = 'data'
x = []
y = []
for image_file in os.listdir( master_dir )[ 0 : dataset_split ]:
    rgb_image = Image.open( os.path.join( master_dir , image_file ) ).resize( ( img_size , img_size ) )
    # RGB 数据标准化
    rgb_img_array = (np.asarray( rgb_image ) ) / 255
    gray_image = rgb_image.convert( 'L' )
    # 灰度图标准化
    gray_img_array = ( np.asarray( gray_image ).reshape( ( img_size , img_size , 1 ) ) ) / 255
    # 追加到列表
    x.append( gray_img_array )
    y.append( rgb_img_array )

# 拆分数据集
train_x, test_x, train_y, test_y = train_test_split( np.array(x) , np.array(y) , test_size=0.1 )

# 构建数据集对象
dataset = tf.data.Dataset.from_tensor_slices( ( train_x , train_y ) )
dataset = dataset.batch( batch_size )
```

步骤二：构建模型

使用 Keras 逐步创建 GAN 模型。

首先实现生成器,然后是判别器,最后是两者所需的损失函数。

生成器的输入数据为灰度图 x,生成 RGB 彩色图 G(x)。

```python
# 生成器
def get_generator_model():

    inputs = tf.keras.layers.Input( shape=( img_size , img_size , 1 ) )

    conv1 = tf.keras.layers.Conv2D( 16 , kernel_size=( 5 , 5 ) , strides=1 ) ( inputs )
    conv1 = tf.keras.layers.LeakyReLU() ( conv1 )
    conv1 = tf.keras.layers.Conv2D( 32 , kernel_size=( 3 , 3 ) , strides=1 ) ( conv1 )
    conv1 = tf.keras.layers.LeakyReLU() ( conv1 )
    conv1 = tf.keras.layers.Conv2D( 32 , kernel_size=( 3 , 3 ) , strides=1) ( conv1 )
    conv1 = tf.keras.layers.LeakyReLU() ( conv1 )

    conv2 = tf.keras.layers.Conv2D( 32 , kernel_size=( 5 , 5 ) , strides=1) ( conv1 )
    conv2 = tf.keras.layers.LeakyReLU() ( conv2 )
    conv2 = tf.keras.layers.Conv2D( 64 , kernel_size=( 3 , 3 ) , strides=1 ) ( conv2 )
    conv2 = tf.keras.layers.LeakyReLU() ( conv2 )
    conv2 = tf.keras.layers.Conv2D( 64 , kernel_size=( 3 , 3 ) , strides=1 ) ( conv2 )
    conv2 = tf.keras.layers.LeakyReLU() ( conv2 )

    conv3 = tf.keras.layers.Conv2D( 64 , kernel_size=( 5 , 5 ) , strides=1 ) ( conv2 )
    conv3 = tf.keras.layers.LeakyReLU() ( conv3 )
    conv3 = tf.keras.layers.Conv2D( 128 , kernel_size=( 3 , 3 ) , strides=1 ) ( conv3 )
    conv3 = tf.keras.layers.LeakyReLU() ( conv3 )
    conv3 = tf.keras.layers.Conv2D( 128 , kernel_size=( 3 , 3 ) , strides=1 ) ( conv3 )
    conv3 = tf.keras.layers.LeakyReLU() ( conv3 )

    bottleneck = tf.keras.layers.Conv2D( 128 , kernel_size=( 3 , 3 ) , strides=1 , activation='relu' , padding='same' ) ( conv3 )
```

```python
        concat_1 = tf.keras.layers.Concatenate()( [ bottleneck , conv3 ] )
        conv_up_3 = tf.keras.layers.Conv2DTranspose( 128 , kernel_size=( 3 , 3 ) , strides=1 , activation='relu' )( concat_1 )
        conv_up_3 = tf.keras.layers.Conv2DTranspose( 128 , kernel_size=( 3 , 3 ) , strides=1 , activation='relu' )( conv_up_3 )
        conv_up_3 = tf.keras.layers.Conv2DTranspose( 64 , kernel_size=( 5 , 5 ) , strides=1 , activation='relu' )( conv_up_3 )

        concat_2 = tf.keras.layers.Concatenate()( [ conv_up_3 , conv2 ] )
        conv_up_2 = tf.keras.layers.Conv2DTranspose( 64 , kernel_size=( 3 , 3 ) , strides=1 , activation='relu' )( concat_2 )
        conv_up_2 = tf.keras.layers.Conv2DTranspose( 64 , kernel_size=( 3 , 3 ) , strides=1 , activation='relu' )( conv_up_2 )
        conv_up_2 = tf.keras.layers.Conv2DTranspose( 32 , kernel_size=( 5 , 5 ) , strides=1 , activation='relu' )( conv_up_2 )

        concat_3 = tf.keras.layers.Concatenate()( [ conv_up_2 , conv1 ] )
        conv_up_1 = tf.keras.layers.Conv2DTranspose( 32 , kernel_size=( 3 , 3 ) , strides=1 , activation='relu')( concat_3 )
        conv_up_1 = tf.keras.layers.Conv2DTranspose( 32 , kernel_size=( 3 , 3 ) , strides=1 , activation='relu')( conv_up_1 )
        conv_up_1 = tf.keras.layers.Conv2DTranspose( 3 , kernel_size=( 5 , 5 ) , strides=1 , activation='relu')( conv_up_1 )

        model = tf.keras.models.Model( inputs , conv_up_1 )
    return model

    # 判别器
    def get_discriminator_model():
        layers = [
            tf.keras.layers.Conv2D( 32 , kernel_size=( 7 , 7 ) , strides=1 , activation='relu' , input_shape=( 120 , 120 , 3 ) ),
            tf.keras.layers.Conv2D( 32 , kernel_size=( 7, 7 ) , strides=1, activation='relu' ),
            tf.keras.layers.MaxPooling2D(),
            tf.keras.layers.Conv2D( 64 , kernel_size=( 5 , 5 ) , strides=1, activation='relu' ),
            tf.keras.layers.Conv2D( 64 , kernel_size=( 5 , 5 ) , strides=1, activation='relu' ),
            tf.keras.layers.MaxPooling2D(),
            tf.keras.layers.Conv2D( 128 , kernel_size=( 3 , 3 ) , strides=1, activation='relu' ),
```

```python
        tf.keras.layers.Conv2D( 128 , kernel_size=( 3 , 3 ) , strides=1, activation='relu' ),
        tf.keras.layers.MaxPooling2D(),
        tf.keras.layers.Conv2D( 256 , kernel_size=( 3 , 3 ) , strides=1, activation='relu' ),
        tf.keras.layers.Conv2D( 256 , kernel_size=( 3 , 3 ) , strides=1, activation='relu' ),
        tf.keras.layers.MaxPooling2D(),
        tf.keras.layers.Flatten(),
        tf.keras.layers.Dense( 512, activation='relu' ) ,
        tf.keras.layers.Dense( 128 , activation='relu' ) ,
        tf.keras.layers.Dense( 16 , activation='relu' ) ,
        tf.keras.layers.Dense( 1 , activation='sigmoid' )
    ]
    model = tf.keras.models.Sequential( layers )
    return model

cross_entropy = tf.keras.losses.BinaryCrossentropy() # 二分类交叉熵损失函数
mse = tf.keras.losses.MeanSquaredError() # 均方误差损失函数

# 使用软标签计算损失
def discriminator_loss(real_output, fake_output):
    real_loss = cross_entropy(tf.ones_like(real_output) - tf.random.uniform( shape=real_output.shape , maxval=0.1 ) , real_output)
    fake_loss = cross_entropy(tf.zeros_like(fake_output) + tf.random.uniform( shape=fake_output.shape , maxval=0.1 ) , fake_output)
    total_loss = real_loss + fake_loss
    return total_loss
# 生成器损失
def generator_loss(fake_output , real_y):
    real_y = tf.cast( real_y , 'float32' )
    return mse( fake_output , real_y )

# 判别器优化
generator_optimizer = tf.keras.optimizers.Adam( 0.0005 )
# 生成器优化
discriminator_optimizer = tf.keras.optimizers.Adam( 0.0005 )
```

```python
# 实例化生成器和判别器的对象
generator = get_generator_model()
discriminator = get_discriminator_model()
```

步骤三：模型训练

```python
#################3. GAN 训练##################

@tf.function
def train_step( input_x , real_y ):

    # 定义生成器梯度、判别器梯度
    with tf.GradientTape() as gen_tape, tf.GradientTape() as disc_tape:
        # 生成一张图像 -> G( x )
        generated_images = generator( input_x , training=True)
        # 对真实图像进行判断 -> D( x )
        real_output = discriminator( real_y, training=True)
        # 对生成的图像进行判断 -> D( G( x ) )
        generated_output = discriminator(generated_images, training=True)

        # L2 损失 -> || y - G(x) ||^2
        gen_loss = generator_loss( generated_images , real_y )
        # Log 损失
        disc_loss = discriminator_loss( real_output, generated_output )

    # 计算梯度
    gradients_of_generator = gen_tape.gradient(gen_loss, generator.trainable_variables)
    gradients_of_discriminator = disc_tape.gradient(disc_loss, discriminator.trainable_variables)

    # Adam 优化
    generator_optimizer.apply_gradients(zip(gradients_of_generator, generator.trainable_variables))

discriminator_optimizer.apply_gradients(zip(gradients_of_discriminator, discriminator.trainable_variables))
```

步骤四：模型保存与使用

```python
if __name__=='__main__':
```

```python
# 训练并保存模型
num_epochs = 20

for e in range( num_epochs ):
    print( e )
    for ( x , y ) in dataset:
        print( x.shape )
        train_step( x , y )


generator.save('model/g.h5')
discriminator.save('model/d.h5')


# 训练结果可视化
import matplotlib.pyplot as plt

# 生成图像
y = generator( test_x[ 0 : 25 ] ).numpy()
i = 14
image = Image.fromarray( ( y[i] * 255 ).astype( 'uint8' ) ).resize( ( 1024 , 1024 ) )
image = np.asarray( image )
plt.imshow( image )
plt.show()

# 原始图像
image = Image.fromarray( ( test_y[i] * 255 ).astype( 'uint8' ) ).resize( ( 1024 , 1024 ) )
plt.imshow( image )
plt.show()

# 灰度图
plt.imshow( test_x[i].reshape((120,120)) , cmap='gray' )
plt.show()
```

步骤五：运行

在终端输入 python Colorization_GANs.py 命令，运行效果如图 16.8 所示。

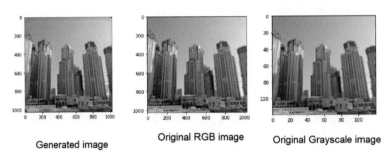

图 16.8　运行效果

4. 实验小结

使用 GAN 模型实现为图像自动着色，可以获得不错的效果，但是会在生成图像过程中看到一些干扰（与背景不同的黑色/黄色色块），这就需要有更复杂的模型与更多的训练数据。

GAN 模型因其良好的生成效果，还被应用于超分辨率图像转换、图像风格迁移、人脸融合等场景。

本章总结

- 生成器损失分为两部分：一部分是基于 VGG16 模型的基本感知损失（或特征损失），这只是偏向生成器模型来复制输入图像；另一部分是来自 Critic 的损失分数。
- 从本质上来说，GAN 模型是在学习损失函数。
- 把图像大小设置为 500 像素左右，需要在内存足够的 GPU 上运行（如 11GB GeForce 1080Ti）。

作业与练习

1．[单选题]在超参数搜索过程中，是训练一个模型（熊猫策略）还是一起训练大量的模型（鱼子酱策略）在很大程度上取决于（　　）。

　　A．是否使用批量或小批量优化

　　B．神经网络中局部最小值（鞍点）的存在性

　　C．在能力范围内，能够拥有多大的计算能力

　　D．需要调整的超参数的数量

2．[单选题]权重衰减是（　　）。

　　A．正则化技术（如 L2 正则化）导致梯度下降在每次迭代时权重收缩

　　B．在训练过程中逐渐降低学习率的过程

　　C．如果神经网络是在有噪声数据的情况下训练的，那么神经网络的权重值会逐渐损坏

　　D．通过对权重值设置上限来避免梯度消失的技术

3．原始的 GAN 模型使用全连接层作为判别器和生成器有哪些弊端？

4．与原始的 GAN 模型相比，DCGAN 模型有哪些改进？

5．生成器获得的导数基本为零，这说明判别器强大之后对生成器的帮助反而变得微乎其微，通常哪些方案可以解决这个问题？

cv-16-c-001

第 17 章

超分辨率

本章目标

- 理解 SRGAN 模型的结构。
- 理解并且能够定义 SRGAN 模型的损失函数。
- 理解 SRGAN 模型的评价指标。
- 能够用代码构建并训练 SRGAN 模型。

超分辨率（Super-Resolution）通过硬件或软件方法提高原有图像的分辨率。通过一系列低分辨率图像得到高分辨率图像的过程就是超分辨率重建。

本章包含如下一个实验案例。

图像超分辨率：基于 TensorFlow 使用 GAN 模型实现单图像超分辨率转换。

17.1 图像超分辨率

超分领域包含单图像超分辨率（Single Image Super-Resolution，SISR）和视频超分辨率（Video Super-Resolution，VSR），其实现技术涉及离散小波变换（Discrete Wavelet Transform）、视频插帧（Video Frame Interpolation，VFI）及深度学习。

本次实验使用 GAN 模型实现超分辨率，效果如图 17.1 所示。

图 17.1　使用 GAN 模型实现超分辨率的效果

17.1.1　SRGAN 模型的结构

在超分问题中有 3 种图像：HR 图像（高分辨率图像）、LR 图像（低分辨率图像）、SR 图像（超分后的高分辨率图像）。

超分问题的本质是通过不同的上采样方式从低分辨率图像恢复到高分辨率图像，从像素级别的角度来看，这是一个一对多或多对多的问题，属于回归问题。回归问题在拟合过程中恢复的是"大多数"数据，而在图像中，低频信息占多数而高频信息占少数，所以高频信息容易丢失。

SRGAN 模型不仅结合了 GAN 模型和 SR 模型，其独特之处还体现在损失函数的设计方面。GAN 模型包含生成网络（Generator Network）和判别网络（Discriminator Network）。生成网络生成超分后的图像，判别网络判别生成网络生成的图像的真伪，在训练过程中生成器和判别器交替训练，不断迭代。同时，SRGAN 模型额外添加了 VGG 模型，VGG 模型使用在 ImageNet 上预训练的权重，权重不做训练和更新，只参与 Loss 的计算。SRGAN 模型的网络结构如图 17.2 所示。

1）生成网络：【3×3 conv + BN + PReLU + 2 sub-pixel conv】×n

生成网络在 SRResNet 的基础上做了改进，生成网络部分（SRResNet）包含多个残差块，每个残差块中包含两个 3×3 的卷积层，卷积层后接批量规范化层，使用 PReLU 作为激活函数，两个 2×2 的亚像素卷积层（Sub-Pixel Convolution Layers）被用来增大特征尺寸。

2）判别网络：【8 conv + Leaky ReLU + 2 fc + Sigmoid】

判别网络包含 8 个卷积层，随着网络层数的加深，特征个数不断增加，特征尺寸不断减小，选取的激活函数为 Leaky 的 ReLU，最终通过两个全连接层和最终的 Sigmoid 激活函数得到预测为自然图像的概率。

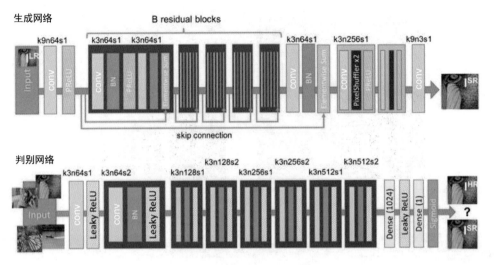

图 17.2　SRGAN 模型的网络结构

17.1.2　SRGAN 模型的损失函数

cv-17-v-001

SRGAN 模型的损失函数分别为 G_Loss 和 D_Loss。

1）G_Loss 是 GAN 模型的生成器损失

G_Loss 包含内容损失（Content Loss）和对抗损失（Adversarial Loss）。

为了更好地表示生成图像的质量，通常使用感知损失函数（Perceptual Loss）。

感知损失，是指在计算低层的特征损失（如像素颜色、边缘等）的基础上，通过对原始图像的卷积输出和生成图像的卷积输出进行对比，并计算损失。换句话说，利用卷积层抽象高层特征的能力，从高维度，且更接近人的思维的层次感知图像。

感知损失函数的计算方式如下：

$$\text{Perceptual Loss} = \text{Content Loss} + \text{Adversarial Loss}$$

感知损失函数的计算公式如下：

$$l^{SR} = l_x^{SR} + 10^{-3} l_{Gen}^{SR}$$

- 内容损失 l_x^{SR} 又包含损失函数 MSE 和 VGG。

MSE Loss 计算的是像素间的匹配程度，公式如下：

$$l_{MSE}^{SR} = \frac{1}{r^2 WH} \sum_{x=1}^{rW} \sum_{y=1}^{rH} \left(I_{x,y}^{HR} - G_{\theta_G} \left(I^{LR} \right)_{x,y} \right)^2$$

其中，LR 表示低分辨率图像，HR 表示高分辨率图像。

VGG Loss 计算的是某一特征层的匹配程度，公式如下：

$$l_{\text{VGG}_{i,j}}^{\text{SR}} = \frac{1}{W_{i,j}H_{i,j}} \sum_{x=1}^{W_{i,j}} \sum_{y=1}^{H_{i,j}} \left(\varnothing_{i,j}\left(I^{\text{LR}}\right)_{x,y} - \varnothing_{i,j}\left(I^{\text{SR}}\right)_{x,y} \right)^2$$

- 对抗损失和一般 GAN 模型一样。

对抗损失函数的计算公式如下：

$$l_{\text{Gen}}^{\text{SR}} = \sum_{n=1}^{N} -\log D_{\theta_D}\left(G_{\theta_G}\left(I^{\text{LR}}\right)\right)$$

$$\log\left[1 - D_{\theta_D}\left(G_{\theta_G}\left(I^{\text{LR}}\right)\right)\right] \text{Maximize}$$

$$\log\left[-D_{\theta_D}\left(G_{\theta_G}\left(I^{\text{LR}}\right)\right)\right] \text{Minimize}$$

2）D_Loss 是 GAN 模型的判别器损失

D_Loss 和普通的 GAN 模型的判别器损失基本一样。

$$\min_G \max_D E_{I^{\text{HR}} \sim P_{\text{train}}}\left[\log D_{\theta_D}\left(I^{\text{HR}}\right)\right] + E_{I^{\text{LR}} \sim P_G}\left[\log\left(1 - D_{\theta_D}\left(G_{\theta_G}\left(I^{\text{LR}}\right)\right)\right)\right]$$

17.1.3　SRGAN 模型的评价指标

cv-17-v-002

SRGAN 模型的评价指标包含 PSNR（Peak Signal-to-Noise Ratio，峰值信噪比）、SSIM（Structural Similarity Index Measure，结构相似性指数）、MOS（Mean Opinion Score，平均意见得分）。

（1）PSNR：衡量图像质量的指标。

（2）SSIM：分别从亮度、对比度、结构这三个方面度量图像相似性。

（3）MOS：衡量主观质量。

17.2　案例实现

1. 实验目标

（1）能够使用 TensorFlow 构建 SRGAN 模型。

（2）能够定义 SRGAN 模型的损失函数。

（3）能够实现 SRGAN 模型的基本训练过程。

2. 实验环境

实验环境如表 17.1 所示。

表 17.1 实验环境

硬　件	软　件	资　源
PC 机/笔记本电脑或 AIX-EBoard 人工智能视觉实验平台	Ubuntu 18.4/Windows 10 Python 3.7.3 TensorFlow 2.4.0	数据预处理、部分训练源码 预训练模型

3. 实验步骤

实验目录结构如图 17.3 所示。

图 17.3　实验目录结构

实验步骤如下。

（1）构建模型。

（2）定义训练过程。

（3）测试。

步骤一：构建模型

在 **model/ srgan.py** 中编写代码。

```
from tensorflow.python.keras.layers import Add, BatchNormalization, Conv2D, Dense, Flatten, Input, LeakyReLU, PReLU, Lambda
from tensorflow.python.keras.models import Model
from tensorflow.python.keras.applications.vgg19 import VGG19

from model.common import pixel_shuffle, normalize_01, normalize_m11, denormalize_m11

LR_SIZE = 24
HR_SIZE = 96

# 上采样
```

```python
def upsample(x_in, num_filters):
    x = Conv2D(num_filters, kernel_size=3, padding='same')(x_in)
    x = Lambda(pixel_shuffle(scale=2))(x)
    return PReLU(shared_axes=[1, 2])(x)

# 残差单元
def res_block(x_in, num_filters, momentum=0.8):
    x = Conv2D(num_filters, kernel_size=3, padding='same')(x_in)
    x = BatchNormalization(momentum=momentum)(x)
    x = PReLU(shared_axes=[1, 2])(x)
    x = Conv2D(num_filters, kernel_size=3, padding='same')(x)
    x = BatchNormalization(momentum=momentum)(x)
    x = Add()([x_in, x])
    return x

# 残差网络
def sr_resnet(num_filters=64, num_res_blocks=16):
    x_in = Input(shape=(None, None, 3))
    x = Lambda(normalize_01)(x_in)
    
    x = Conv2D(num_filters, kernel_size=9, padding='same')(x)
    x = x_1 = PReLU(shared_axes=[1, 2])(x)
    
    for _ in range(num_res_blocks):
        x = res_block(x, num_filters)
    
    x = Conv2D(num_filters, kernel_size=3, padding='same')(x)
    x = BatchNormalization()(x)
    x = Add()([x_1, x])
    
    x = upsample(x, num_filters * 4)
    x = upsample(x, num_filters * 4)
    
    x = Conv2D(3, kernel_size=9, padding='same', activation='tanh')(x)
    x = Lambda(denormalize_m11)(x)
    
    return Model(x_in, x)
```

```python
generator = sr_resnet


# 批量规范化块
def discriminator_block(x_in, num_filters, strides=1, batchnorm=True, momentum=0.8):
    x = Conv2D(num_filters, kernel_size=3, strides=strides, padding='same')(x_in)
    if batchnorm:
        x = BatchNormalization(momentum=momentum)(x)
    return LeakyReLU(alpha=0.2)(x)


# 批量规范化
def discriminator(num_filters=64):
    x_in = Input(shape=(HR_SIZE, HR_SIZE, 3))
    x = Lambda(normalize_m11)(x_in)

    x = discriminator_block(x, num_filters, batchnorm=False)
    x = discriminator_block(x, num_filters, strides=2)

    x = discriminator_block(x, num_filters * 2)
    x = discriminator_block(x, num_filters * 2, strides=2)

    x = discriminator_block(x, num_filters * 4)
    x = discriminator_block(x, num_filters * 4, strides=2)

    x = discriminator_block(x, num_filters * 8)
    x = discriminator_block(x, num_filters * 8, strides=2)

    x = Flatten()(x)

    x = Dense(1024)(x)
    x = LeakyReLU(alpha=0.2)(x)
    x = Dense(1, activation='sigmoid')(x)

    return Model(x_in, x)


def vgg_22():
```

```python
    return _vgg(5)


def vgg_54():
    return _vgg(20)


def _vgg(output_layer):
    vgg = VGG19(input_shape=(None, None, 3), include_top=False)
    return Model(vgg.input, vgg.layers[output_layer].output)
```

步骤二：定义训练过程

在 train.py 文件中添加 Trainer 模块。

```python
class Trainer:
    def __init__(self,
                 model,
                 loss,
                 learning_rate,
                 checkpoint_dir='./ckpt/edsr'):

        self.now = None
        self.loss = loss
        self.checkpoint = tf.train.Checkpoint(step=tf.Variable(0),
                                              psnr=tf.Variable(-1.0),
                                              optimizer=Adam(learning_rate),
                                              model=model)
        self.checkpoint_manager = tf.train.CheckpointManager(checkpoint=self.checkpoint,
                                                             directory=checkpoint_dir,
                                                             max_to_keep=3)

        self.restore()

    @property
    def model(self):
        return self.checkpoint.model

    def train(self, train_dataset, valid_dataset, steps, evaluate_every=1000, save_best_only=False):
```

```python
        loss_mean = Mean()

        ckpt_mgr = self.checkpoint_manager
        ckpt = self.checkpoint

        self.now = time.perf_counter()

        for lr, hr in train_dataset.take(steps - ckpt.step.numpy()):
            ckpt.step.assign_add(1)
            step = ckpt.step.numpy()

            loss = self.train_step(lr, hr)
            loss_mean(loss)

            if step % evaluate_every == 0:
                loss_value = loss_mean.result()
                loss_mean.reset_states()

                # 在验证集上计算 PSNR
                psnr_value = self.evaluate(valid_dataset)

                duration = time.perf_counter() - self.now
                print(f'{step}/{steps}: loss = {loss_value.numpy():.3f}, PSNR = {psnr_value.numpy():3f} ({duration:.2f}s)')

                if save_best_only and psnr_value <= ckpt.psnr:
                    self.now = time.perf_counter()
                    # 跳过保存检查点，没有改善 PSNR
                    continue

                ckpt.psnr = psnr_value
                ckpt_mgr.save()

                self.now = time.perf_counter()

    @tf.function
    def train_step(self, lr, hr):
        with tf.GradientTape() as tape:
            lr = tf.cast(lr, tf.float32)
```

```python
            hr = tf.cast(hr, tf.float32)

            sr = self.checkpoint.model(lr, training=True)
            loss_value = self.loss(hr, sr)

        gradients = tape.gradient(loss_value, self.checkpoint.model.trainable_variables)
        self.checkpoint.optimizer.apply_gradients(zip(gradients, self.checkpoint.model.trainable_variables))

        return loss_value

    def evaluate(self, dataset):
        return evaluate(self.checkpoint.model, dataset)

    def restore(self):
        if self.checkpoint_manager.latest_checkpoint:
            self.checkpoint.restore(self.checkpoint_manager.latest_checkpoint)
            print(f'重新加载检出模型: {self.checkpoint.step.numpy()}.')
```

步骤三：测试

在 example-srgan.py 文件中编写代码。

```python
# ## 测试

pre_generator = generator()
gan_generator = generator()

pre_generator.load_weights(weights_file('pre_generator.h5'))
gan_generator.load_weights(weights_file('gan_generator.h5'))

# 生成结果并可视化


from model import resolve_single
from utils import load_image

def resolve_and_plot(lr_image_path):
    lr = load_image(lr_image_path)

    pre_sr = resolve_single(pre_generator, lr)
```

```python
    gan_sr = resolve_single(gan_generator, lr)

    plt.figure(figsize=(20, 20))

    images = [lr, pre_sr, gan_sr]
    titles = ['LR', 'SR (PRE)', 'SR (GAN)']
    positions = [1, 3, 4]

    for i, (img, title, pos) in enumerate(zip(images, titles, positions)):
        plt.subplot(2, 2, pos)
        plt.imshow(img)
        plt.title(title)
        plt.xticks([])
        plt.yticks([])

resolve_and_plot('demo/0869x4-crop.png')

resolve_and_plot('demo/0829x4-crop.png')

resolve_and_plot('demo/0851x4-crop.png')
```

使用如下命令运行实验代码。

```
python example-srgan.py
```

4. 实验小结

本次实验的过程与结果可以体现出以下几点。

（1）skip-connection 结构的有效性。
（2）PSNR 体现不出人的感知（MOS）。
（3）基于基本结构的 GAN 神经网络能更好地捕捉一些人的感知细节。
（4）VGG 特征重建有助于捕捉图像的部分感知细节。

本章总结

- 用于实现生成器的卷积神经网络对于一个低分辨率图像，先使用双三次（Bicubic）插值将其放大到目标大小，再通过三层卷积神经网络做非线性映射，得到的结果作为高分辨率图像输出。

- 用 SRGAN 模型获得的 MOS 分数比用任何先进的方法得到的结果都更接近原始高分辨率图像。
- 在生成网络中，输入是低分辨率的图像，先进行卷积、ReLU，同时为了能够更好地架构网络和提取特征，还引入了残差模块，最后通过特征提取和特征重构得到输出结果。

作业与练习

1. [多选题]SRGAN 模型的评价指标包含（　　）。
   A．MSE　　　　　B．PSNR　　　　　C．SSIM　　　　　D．MOS
2. [多选题]下列关于在图像生成中使用 GAN 模型的评价指标的描述正确的是（　　）。
   A．只关注生成的图像是否清晰
   B．同时关注生成的图像是否清晰、生成的图像是否多样
   C．Mode Collapse（模式坍塌）是指生成的图像不够清晰
   D．Mode Collapse（模式坍塌）是指只能生成有限的清晰图像
3. [多选题]在人脸验证中，函数 d(img1,img2)起（　　）作用。
   A．只需要给出一个人的照片就可以让网络认识这个人
   B．可以解决一次学习的问题
   C．可以使用 Softmax 函数来学习预测一个人的身份，在这个单元中分类的数量等于数据库中的人的数量加 1
   D．如果我们拥有的照片很少，则需要将它运用到迁移学习中
4. [多选题]为了训练人脸识别系统的参数，以下关于数据集的说法正确的是（　　）。
   A．使用包含 10 万个不同的人的 10 万张照片的数据集
   B．同一组训练样本 A、P、N 的选择尽可能不要使用随机选取方法
   C．平均一个人包含 10 张照片，这个训练样本是满足要求的
   D．选择 A 与 P 相差较小，A 与 N 相差较大
5. [多选题]以下对 Dropout 的描述正确的是（　　）。
   A．可以把 Dropout 看作一种 Ensemble 方法
   B．强迫神经元和其他随机挑选出来的神经元共同工作
   C．在同等数据下，簇变多了
   D．增强了神经元节点间的联合适应性

cv-17-c-001

第 18 章

医学图像分割

本章目标

- 了解医学图像的特点。
- 了解图像分割的核心任务。
- 了解 U-Net 模型的结构与特点。
- 会使用 TensorFlow 构建与训练 U-Net 模型。

图像分割（Image Segmentation）是计算机视觉领域的经典问题之一，是将数字图像细分为多个图像子区域（像素的集合）的过程。

本章包含如下一个实验案例。

眼底血管图像分割：使用 U-Net 模型完成眼底血管图像分割任务，并且对训练过程与结果进行可视化。

18.1 眼底血管图像分割

使用 TensorFlow 构建 U-Net 模型，在眼底血管数据集上进行训练，实现图像分割，效果如图 18.1 所示。

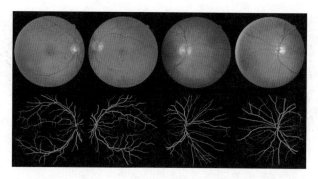

图 18.1　眼底血管图像分割的效果

18.1.1　图像分割

图像分割用于预测图像中每个像素点所属的类别或实体。基于深度学习的图像分割主要分为三类，下面结合图 18.2 进行介绍。

图 18.2　原始图像

1）语义分割

语义分割（Semantic Segmentation）就是按照"语义"为图像上的每个像素点打一个标签，是像素级别的分类任务，效果如图 18.3 所示。

2）实例分割

实例分割（Instance Segmentation）就是在像素级别分类的基础上，进一步区分具体类别上不同的实例，效果如图 18.4 所示。

3）全景分割

全景分割（Panoramic Segmentation）是对图中的所有对象（包括背景）都要进行检测和分割，效果如图 18.5 所示。

图 18.3　语义分割的效果

图 18.4　实例分割的效果

图 18.5　全景分割的效果

18.1.2　语义分割

语义分割的目标是给定一幅 RGB 彩色图（H,W,C=3）或灰度图（H,W,C=1），输出一个分割图谱，其中包括每个像素点的类别标注（高×宽×1），具体如图 18.6 所示。

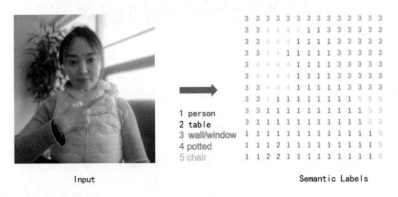
图 18.6　语义分割的目标

注意：在实际应用中，分割标注的分辨率需要与原始图像的分辨率相同。

图像中的目标可以划分为五类：Person（人）、Purse（包）、Plant/Grass（植物/草）、Sidewalk（人行道）、Building/Structure（建筑物）。

与标准分类做法相似，此处也需要创建 One-Hot 编码的目标类别标注，每种类别对应一个输出通道。图 18.7 中有 5 个类别，所以网络输出的通道数也为 5。

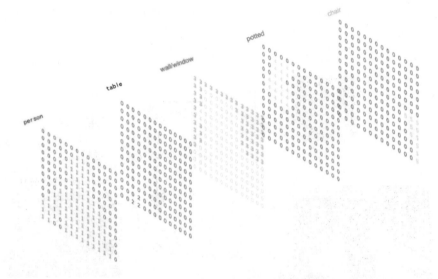

图 18.7　语义分割输出的通道

每个通道只有 0 或 1，以 person 的通道为例，红色的 1 表示 person 的像素，其他像素均为 0。不存在同一个像素点在两个及其以上的通道均为 1 的情况。

可以使用相关模块的 Argmax 函数找到每个像素点的最大索引通道值，像素分类结果如图 18.8 所示。

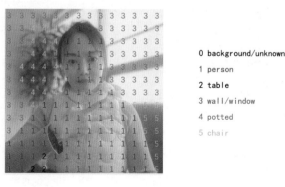

图 18.8　像素分类结果

当有一层通道重叠至原始图像时，称为 Mask，表示某一特定类别存在的区域。

18.1.3　全卷积神经网络

全卷积神经网络（Fully Convolutional Network，FCN）把普通卷积神经网络后面几个全连接都换成卷积层，最终得到一个二维的特征映射图，并使用 Softmax 层获得每个像素点的分类信息，从而解决分割问题，如图 18.9 所示。

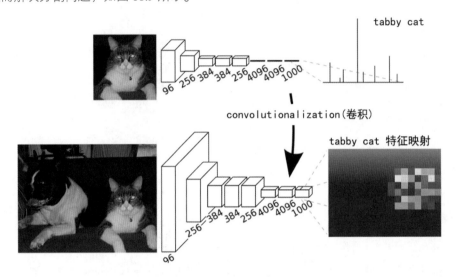

图 18.9　全卷积神经网络

在卷积神经网络中，经过多次卷积和池化以后，得到的图像越来越小，分辨率越来越低，直到获得高维特征图。图像分割在得到高维特征图之后需要进行上采样，把图像放大到原图像的大小，完整的图像分割模型如图 18.10 所示。

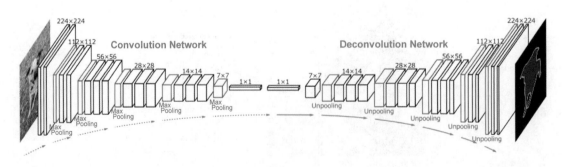

图 18.10　完整的图像分割模型

18.1.4 反卷积

反卷积（Deconvolution）的参数和卷积神经网络的参数一样，是在训练全卷积神经网络的过程中通过 BP 算法得到的。

反卷积的参数利用卷积过程 Filter 的转置作为计算卷积前的特征图。

反卷积的运算过程如图 18.11 所示。

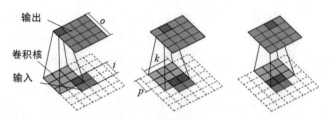

图 18.11　反卷积的运算过程

蓝色是反卷积层的输入，绿色是反卷积层的输出。

18.1.5 U-Net 模型

U-Net 模型的 U 形结构如图 18.12 所示，这是一个经典的全卷积神经网络。

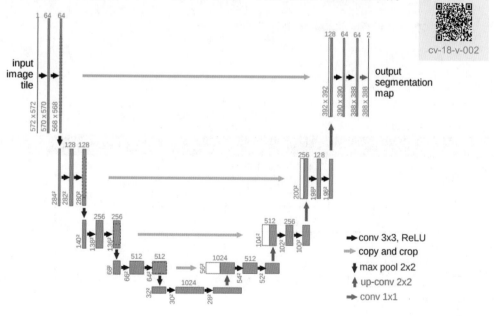

图 18.12　U-Net 模型的 U 形结构

U-Net 是医疗影像（如脑血管分割任务）中经常使用的模型。U-Net 模型结构的两个特点是 U 形网络结构和跳层连接。

U-Net 模型的左侧为降采样，右侧为上采样。上采样产生的特征图与降采样对应层产生的特征图进行连接操作。图 18.12 中间的 4 个箭头表示有 4 次跳层连接。

图像分割的掩膜需要进行编码压缩，U-Net 采用 RLE 压缩方式。

采用 RLE（Run-Length Encoding）形成长度编码，原理是将一个扫描行中的颜色值相同的相邻像素用一个计数值和那些像素的颜色值来代替。例如，aaabcccccddeee 可以用 3a1b6c2d3e 来代替。拥有大面积、相同颜色区域的图像，使用 RLE 压缩方法非常有效。

图像分割领域其他的神经网络模型有 SegNet（Semantic Segmentation）、DeconvNet 等。

18.2 案例实现

1. 实验目标

（1）能够使用 OpenCV 对图像进行预处理。
（2）能够使用 TensorFlow 对数据进行增强操作。
（3）能够使用 TensorFlow 构建 U-Net 模型。
（4）理解 U-Net 模型的基本组成单元及工作机制。
（5）掌握模型训练过程中基本的调参方法。

2. 实验环境

实验环境如表 18.1 所示。

表 18.1 实验环境

硬　件	软　件	资　源
PC 机/笔记本电脑或 AIX-EBoard 人工智能视觉实验平台	Ubuntu 18.4/Windows 10 Python 3.7.3 TensorFlow 2.4.0 OpenCV-Python 4.5.1.48	眼底血管数据集 数据预处理、模型训练源码

3. 实验步骤

先使用 U-Net 模型训练眼底血管数据集，然后使用训练好的模型进行眼底血管图像分割，完整步骤如下。

（1）数据预处理。

（2）构建 U-Net 模型。
（3）模型训练。
（4）模型评估。

实验目录结构如图 18.13 所示。

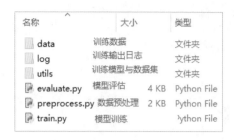

图 18.13　实验目录结构

步骤一：数据预处理

本次实验的数据集为 DRIVE 和 CHASEDB。这两个数据集表示两种尺寸的图像，数据集的参数与样例如表 18.2 所示。

表 18.2　数据集的参数与样例

参　　数	DRIVE	CHASEDB
图像大小	（584，565）	（960，996）
训练样本的数量	20	20
测试样本的数量	20	8

在终端执行以下命令，对数据进行预处理。

```
python preprocess.py -data_dir data
```

数据预处理的内容包括将彩色图转换为灰度图、数据模块化、直方图均衡化、伽马变换。

数据预处理的结果是在训练集和测试集目录下生成 images_pre 文件夹，如图 18.14 所示，里面包含的图像在清晰度、细节等方面都有增强。

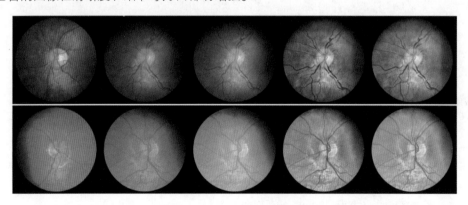

图 18.14　数据预处理的结果

步骤二：构建 U-Net 模型

在 utils 目录下新建 unet.py 文件，并进行编码。

1）降采样模块

在 U-Net 模型中，不管是降采样过程还是上采样过程，每层都会连续进行两次卷积操作。左侧代码如下。

```python
# 特征提取，降采样
class _EncodeBlock(tf.keras.Model):
    """
    参数：
        卷积核列表：2D 卷积核超参数
        阶段：整数，当前阶段标签，用于生成图层名称
        数据格式：指定输入图像通道位置'channels_first'或'channels_last'
    """
    def __init__(self, filters, stage, data_format):
        super(_EncodeBlock, self).__init__(name='encode_block_{}'.format(stage))
        
        filters1, filters2 = filters
        
        conv_name_base = 'encode' + str(stage) + '_conv'
        bn_name_base = 'encode' + str(stage) + '_bn'
        pool_name = 'encode' + str(stage) + '_pool'
        bn_axis = 1 if data_format == 'channels_first' else 3
        
        self.conv2a = layers.Conv2D(
            filters1, (3, 3),
            padding='same',
            data_format=data_format,
            name=conv_name_base + '2a')
        self.bn2a = layers.BatchNormalization(
            axis=bn_axis, name=bn_name_base + '2a')
        
        self.conv2b = layers.Conv2D(
            filters2, (3, 3),
            padding='same',
            data_format=data_format,
            name=conv_name_base + '2b')
        self.bn2b = layers.BatchNormalization(
            axis=bn_axis, name=bn_name_base + '2b')
        
        self.pool = layers.MaxPooling2D(data_format=data_format, name=pool_name)
```

```python
    def call(self, input_tensor, training=True):
        x = self.conv2a(input_tensor)
        x = self.bn2a(x, training=training)
        x = layers.Activation('relu')(x)

        x = self.conv2b(x)
        x = self.bn2b(x, training=training)
        x = layers.Activation('relu')(x)

        poolx = self.pool(x)

        return [x, poolx]
```

2）上采样模块

在上采样过程中需要进行特征融合，同时根据实际情况选择反卷积或上采样，从而使最终生成的特征图与原始图像的大小相同。

```python
# 上采样
class _DecodeBlock(tf.keras.Model):
    """
    Args:
        卷积核列表：2D 卷积核超参数
        阶段：整数，当前阶段标签，用于生成图层名称
        数据格式：指定输入图像通道位置'channels_first'或'channels_last'
        反卷积：Bool，指定在上采样过程中是否使用反卷积
    """

    def __init__(self, filters, stage, data_format, transpose_conv=False):
        super(_DecodeBlock, self).__init__(name='decode_block_{}'.format(stage))

        filters1, filters2, filter3 = filters
        self.transpose_conv = transpose_conv

        conv_name_base = 'decode' + str(stage) + '_conv'
        bn_name_base = 'decode' + str(stage) + '_bn'
        up_name_base = 'decode' + str(stage) + '_'
        bn_axis = 1 if data_format == 'channels_first' else 3
```

```python
    self.conv2a = layers.Conv2D(
        filters1, (3, 3),
        padding='same',
        data_format=data_format,
        name=conv_name_base + '2a')
    self.bn2a = layers.BatchNormalization(
        axis=bn_axis, name=bn_name_base + '2a')

    self.conv2b = layers.Conv2D(
        filters2, (3, 3),
        padding='same',
        data_format=data_format,
        name=conv_name_base + '2b')
    self.bn2b = layers.BatchNormalization(
        axis=bn_axis, name=bn_name_base + '2b')

    if self.transpose_conv:
        self.conv2c_transpose = layers.Conv2DTranspose(
            filter3, (3, 3),
            strides=(2, 2),
            padding='same',
            data_format=data_format,
            name=up_name_base + '2c_transpose')
    else:
        self.upsample = layers.UpSampling2D(
            size=(2, 2),
            data_format=data_format,
            name=up_name_base + 'upsample')
        self.conv2c = layers.Conv2D(
            filter3, (1, 1), data_format=data_format, name=conv_name_base + '2c')
    self.bn2c = layers.BatchNormalization(
        axis=bn_axis, name=bn_name_base + '2b')

def call(self, input_tensor, training=True):
    x = self.conv2a(input_tensor)
    x = self.bn2a(x, training=training)
    x = layers.Activation('relu')(x)
```

```python
        x = self.conv2b(x)
        x = self.bn2b(x, training=training)
        x = layers.Activation('relu')(x)

        if self.transpose_conv:
            x = self.conv2c_transpose(x)
            x = self.bn2c(x, training=training)
        else:
            x = self.upsample(x)
            x = self.conv2c(x)
            x = self.bn2c(x, training=training)

        return layers.Activation('relu')(x)
```

3）构建 U-Net 模型

使用降采样模块与上采样模块构建完整的 U-Net 模型。

```python
# 构建U-Net模型
class Unet(tf.keras.Model):
    """构建U-Net模型

    参数：
      data_format: 指定 'channels_first'或'channels_last'
        'channels_first': GPU
        'channels_last': CPU
      classes: Int, 像素类别
      transpose_conv: Bool, 指定上采样时是否使用反卷积
      name: 模型中创建的变量名称的前缀

    """

    def __init__(self, data_format, classes, transpose_conv=False, name='',):
        super(Unet, self).__init__(name=name)

        valid_channel_values = ('channels_first', 'channels_last')
        if data_format not in valid_channel_values:
            raise ValueError('Unknown data_format: %s. Valid values: %s' %
                             (data_format, valid_channel_values))
```

```python
        self.concat_axis = 3 if data_format == 'channels_last' else 1

        def encode_block(filters, stage):
            return _EncodeBlock(filters, stage=stage, data_format=data_format)

        def decode_block(filters, stage):
            return _DecodeBlock(
                filters,
                stage=stage,
                data_format=data_format,
                transpose_conv=transpose_conv)

        self.e1 = encode_block([32, 32], stage=1)
        self.e2 = encode_block([64, 64], stage=2)
        self.e3 = encode_block([128, 128], stage=3)
        self.e4 = encode_block([256, 256], stage=4)

        self.d4 = decode_block([512, 512, 256], stage=4)
        self.d3 = decode_block([256, 256, 128], stage=3)
        self.d2 = decode_block([128, 128, 64], stage=2)
        self.d1 = decode_block([64, 64, 32], stage=1)

        self.output_block = encode_block([64, 64], stage=5)
        self.conv_output = layers.Conv2D(
            classes, (1, 1), data_format=data_format, name='conv_output')

    def build_call(self, inputs, training=True):
        """构建模型
        Args:
            inputs: 要分割的图像
            training: 是否为训练状态

        Returns:
            Tensor: shape=[n, h, w, classes]
        """
        e1x, x = self.e1(inputs, training=training)
        e2x, x = self.e2(x, training=training)
```

```python
        e3x, x = self.e3(x, training=training)
        e4x, x = self.e4(x, training=training)

        x = self.d4(x, training=training)

        x = layers.concatenate([x, e4x], axis=self.concat_axis)
        x = self.d3(x, training=training)

        x = layers.concatenate([x, e3x], axis=self.concat_axis)
        x = self.d2(x, training=training)

        x = layers.concatenate([x, e2x], axis=self.concat_axis)
        x = self.d1(x, training=training)

        x = layers.concatenate([x, e1x], axis=self.concat_axis)
        x, _ = self.output_block(x, training=training)
        x = self.conv_output(x)
        return x

    def call(self, inputs, training=True):
        """模型单元
        Args:
          inputs:图像特征向量
          training:是否为训练状态

        Returns:
          Tensor: shape=[n, h, w, classes]
        """
        return self.build_call(inputs, training)
```

步骤三：模型训练（此步骤需要在电脑上用 GPU 训练，也可以不训练跳过该步骤）

在终端输入以下命令进行训练，如果运行提示内存不够用的错误，则可以减小 batch-size 的值。

```
python train.py --logdir=log/retina \
    --label_file_path=data/CHASEDB/training.txt \
    --batch_size=4 --max_iters=2000 \
    --preprocess=True --transpose_conv=True
```

如果训练时间较长，则将其训练日志和模型检查节点保存在 log/retina 目录下。

步骤四：模型评估

在终端输入以下命令进行模型评估。

```
python evaluate.py --logdir=log/retina \
        --label_file_path=data/CHASEDB/test.txt \
        --batch_size=1 --preprocess=True \
        --transpose_conv=True --visulize=True
```

4．实验小结

U-Net 是比较早的使用多尺度特征进行语义分割的模型之一，其 U 形结构也启发了后面的很多算法。

与其他图像分割网络相比，U-Net 模型的特点包含以下几点。

- 可以用于生物医学图像分割。
- 整个特征映射不是使用池化索引，而是从编码器传输到解码器，然后使用 Concatenation 串联来执行卷积。
- 模型更大，需要更大的内存空间。

本章总结

- 可以通过矩阵乘法来实现卷积运算。
- 全卷积神经网络先使用卷积神经网络抽取图像特征，然后通过 1×1 的卷积层将通道数变换为类别个数，最后通过转置卷积层将特征图的高和宽变换为输入图像的尺寸，从而输出每个像素点的类别。
- 对于拥有大面积、相同颜色区域的图像，使用 RLE 压缩方法非常有效。

作业与练习

1．[单选题]以下图像增强方法难以用于图像语义分割训练的是（　　）。
   A．翻转变换　　　　B．随机修建　　　　C．随机缩放　　　　D．色彩抖动
2．[多选题]下列关于卷积神经网络的描述正确的是（　　）。
   A．卷积的作用是捕获图像相邻像素的依赖性

B．激活函数的作用是降维
　　C．池化的作用是减小特征维度
　　D．池化的作用是增加网络对略微变换后的图像的健壮性
3．用矩阵乘法来实现卷积运算是否高效？为什么？
4．如果将转置卷积层改用 Xavier 随机初始化，结果有什么变化？
5．调节超参数是否可以进一步提升模型的精度？

cv-18-c-001

第 19 章

医学图像配准

本章目标

- 理解图像配准的基本概念与任务。
- 了解图像配准方法。
- 掌握 VoxelMorph 配准框架。

图像配准是将一幅图像的坐标系映射到另一幅图像的过程。配准方法是将一对图像作为输入，表示移动图像（Moving Image）和固定图像（Fixed Image），输出配准后的移动图像。

本章包含如下一个实验案例。

头颈部 CT 图像配准：使用 VoxelMorph 为 2D 头部 CT 图像实现无监督配准网络。

19.1 头颈部 CT 图像配准

简单来说，配准就是让一张图像对齐到另一张图像，使对齐后的图像尽可能相似，即给定一张移动图像和一张固定图像。预测一个位移场，进而得到形变场（Deformation Field），形变场是从移动图像到固定图像的映射，使配准后的移动图像和固定图像尽可能相似。

移动图像又称为源图像（Source Image），固定图像又称为参考图像（Reference Image）。

头颈部 CT 图像配准效果如图 19.1 所示。

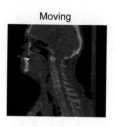 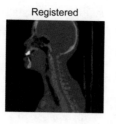 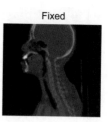

图 19.1　头颈部 CT 图像配准效果

19.1.1　图像配准方法

图像配准是一个图像坐标系到另一个图像坐标系的映射，可以细分为刚性配准和非刚性配准，这取决于是否对更高维的组织变形进行建模。数据可以在空间或时间上进行多种方式的对齐。图像配准是许多临床应用和计算机辅助干预中必不可少的过程。

cv-19-v-001

医学影像配准的应用包括但不限于以下场景。

（1）图像引导手术的多模态配准：例如，将实时超声扫描与术前 CT 或 MRI 扫描对齐，以实时实现腹部应用的引导。

（2）基于图集的图像分割：将新图像与分割图像对齐，以便估计新图像的分割效果。

（3）使用相同的成像方式对给定患者的图像进行纵向比较：例如，在一段时间内比较癌症患者给定治疗方法的结果。

（4）受试者之间的比较：例如，器官形状的群体研究。

配准图像的对应关系可以用密集位移场表示，定义为从一张图像到另一张图像的所有像素点的位移向量。通过使用这些位移向量，一张图像可以通过"扭曲"变得与另一张图像更"相似"。

如图 19.2 所示，表示 3D 图像的所有像素点基于 3D 网格通过置换每个像素点的位置来扭曲。

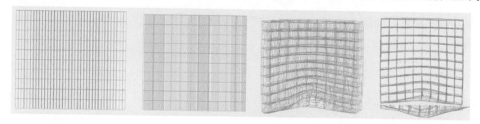

图 19.2　3D 图像的扭曲

图像配准有很多分类方式。在医学图像配准中，刚性配准和柔性配准的分类方式比较常见。

也可以根据配准算法将图像配准划分为传统配准和基于学习的配准。

其中，传统配准基于数学优化的方法，这种方法需要对每张图像进行迭代优化，因此耗费的时间较长，但通常效果比较好且稳定。

基于学习的配准就是通过神经网络训练的配准方法，该方法中的参数是共享的，首先利用大量的数据来训练一个模型，然后用这个训练好的模型对新的图像进行配准。基于学习的配准又可以分为有监督配准和无监督配准，其对比如图 19.3 所示。

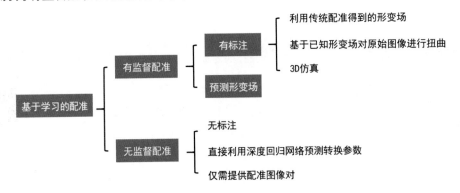

图 19.3　基于学习的配准

有监督配准对训练图像做随机模拟变形，将原始图像作为参考图像，变形图像作为移动图像，模拟形变场作为监督信息。

当每张图像有多个标签可用时，无监督配准可以在训练期间对标签进行采样，这样在数据集的每次迭代（时期）中每张图像只使用一个标签。

在实际应用中，图像配准经常没有统一的标准。刚性配准可以使用相关性作为评价指标。柔性配准可以使用 Dice 作为评价指标（前提是数据集中有分割标注）。

19.1.2　VoxelMorph 配准框架

VoxelMorph 是一种基于快速学习的可变形、成对医学图像配准框架。

安装 VoxelMorph 可以使用如下命令。

```
pip install VoxelMorph。
```

VoxelMorph 的基本网络结构如图 19.4 所示。

每个矩形表示卷积层，里面的数字表示通道数量，下面的数字表示空间分辨率。

1）VoxelMorph 无监督配准网络

VoxelMorph 无监督配准网络如图 19.5 所示。

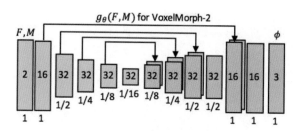

图 19.4　VoxelMorph 的基本网络结构

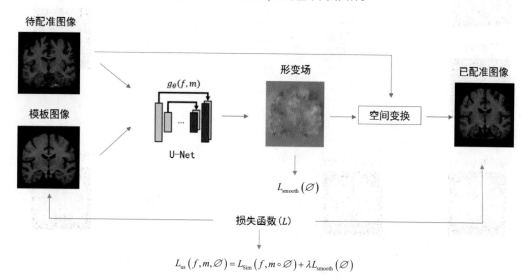

图 19.5　VoxelMorph 无监督配准网络

如图 19.6 所示，损失函数用于度量配准图像和固定图像之间的相似性，并同时约束变换的光滑性。

图 19.6　无监督配准网络的损失函数

相似性度量的公式如下：

$$L_{us}(f,m,\varnothing) = L_{Sim}(f, m \circ \varnothing) + \lambda L_{smooth}(\varnothing)$$

其中，$m \circ \varnothing$ 表示形变函数应用在 m 上。

f 和 m 就是输入的两张图像，$\varnothing$ 是一个形变场函数，L_{Sim} 用来度量 $f, m \circ \varnothing$ 之间的相似性，L_{smooth} 是形变场的正则项，λ 是正则项权重。L_{smooth} 的公式如下：

$$L_{\text{smooth}}(\varnothing) = \sum_{p \in \Omega} \left\| \nabla \varnothing(P) \right\|^2$$

2）VoxelMorph 有监督配准网络

VoxelMorph 有监督配准网络如图 19.7 所示。

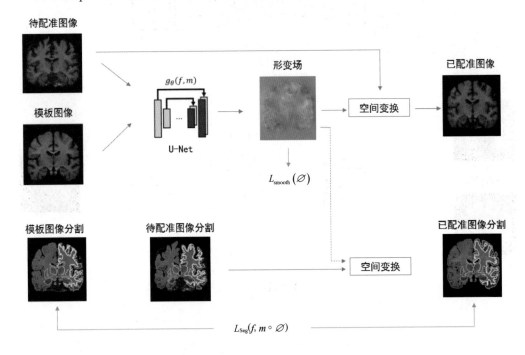

图 19.7　VoxelMorph 有监督配准网络

虽然有监督配准的效果优于无监督配准的效果，但是其优势并不明显。

19.1.3　TensorFlow-pix2pix

pix2pix：带有条件 GAN（cGAN）的图像到图像转换，该网络学习从输入图像到输出图像的映射。

pix2pix 可以广泛应用于不同的转换任务，包括从标签合成照片、从黑白图像生成彩色照片、将谷歌地图照片转换为航拍图像，甚至将草图转换为照片。

在 pix2pix cGAN 中，可以对输入图像进行调节并生成相应的输出图像，网络架构包含以下两部分。

- 基于 U-Net 模型的生成器。
- 由卷积 PatchGAN 分类器表示的判别器。

将 PatchGAN 设计成全卷积的形式（这是前面提及的 PatchGAN 可以叫作 Fully Convolutional GAN 的原因），图像经过各种卷积层后，并不会输入全连接层或激活函数中，而是使用卷积将输入映射为 $N×N$ 的矩阵，该矩阵等同于原始 GAN 模型中最后的评价值，用于评价生成器生成的图像。$N×N$ 的矩阵中的每个点（True or False）代表原始图像中一块小区域（这也是 Patch 的含义）的评价值。

19.2 案例实现

1. 实验目标

（1）能够加载训练数据并进行可视化。
（2）可以对变形损失进行优化。
（3）可以对训练过程进行可视化。
（4）可以使用训练好的模型对测试数据进行预测，也可以对预测结果进行可视化。

2. 实验环境

实验环境如表 19.1 所示。

表 19.1　实验环境

硬　件	软　件	资　源
PC 机/笔记本电脑或 AIX-EBoard 人工智能视觉实验平台	Ubuntu 18.4/Windows 10 Python 3.7.3 TensorFlow 2.4.0	训练数据 图像扭曲源码、可视化源码 训练好的模型文件

3. 实验步骤

实验目录结构如图 19.8 所示。

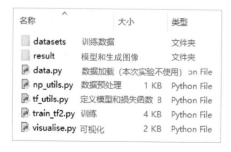

图 19.8　实验目录结构

实验步骤如下。
（1）数据预处理。
（2）构建模型。
（3）训练。
（4）运行。

步骤一：数据预处理

本次实验使用 WEISSTeaching 2D 头颈部 CT 图像，样本数量较少。

主要实现的功能是数据归一化，具体实现方法是将每张图像减去当前图像灰度值的最小值，并除以当前图像灰度值的最大值-最小值。

因为 VoxelMorph 中的 U-Net 模型有 4 次降采样和 4 次上采样，所以要保证图像在[通道，行，列]的每个维度上连续除以 4 个 2 得到的都是偶数，实验中使用 Pad 填充的方式调整图像大小。

在 np_utils.py 文件中编写代码。

```python
import os
import numpy as np
import matplotlib.image as mpimg
def get_image_arrays():

    PATH_TO_TRAIN = 'datasets/train'
    PATH_TO_TEST = 'datasets/test'

    # 维度在dims=0上与tf一致
    images = np.stack([mpimg.imread(os.path.join(PATH_TO_TRAIN, f)) for f in sorted(os.listdir(PATH_TO_TRAIN)) if f.endswith('.png')],axis=0)

    # 填充为更容易处理的图像大小
    images = np.pad(images, [(0,0),(0,0),(0,1)])

    test_images = np.stack([mpimg.imread(os.path.join(PATH_TO_TEST, f)) for f in sorted(os.listdir(PATH_TO_TEST)) if (f.find('_')==-1 and f.endswith('.png'))],axis=0)
    test_images = np.pad(test_images, [(0,0),(0,0),(0,1)])  # 图像填充
    test_indices = [[0,0,1,1,2,2],[1,2,0,2,0,1]]            # [moving,fixed]

    # 图像标准化
    n = lambda im: (im-np.min(im,axis=(1,2),keepdims=True))/(np.max(im, axis=(1,2),keepdims=True)-np.min(im,axis=(1,2),keepdims=True))
    return n(images), n(test_images), test_indices
```

步骤二:构建模型

在 tf_utils.py 文件中添加 U-Net 模型,编写以下代码。

```python
from tensorflow_examples.models.pix2pix import pix2pix

### 神经网络模型与层
class UNet(tf.keras.Model):
    def __init__(self, out_channels, num_channels_initial):
        super(UNet, self).__init__()
        # 编码器/降采样器是在 TensorFlow 示例中实现的一系列降采样块
        self.down_stack = [
            pix2pix.downsample(num_channels_initial, 3, norm_type='instancenorm'),
            pix2pix.downsample(num_channels_initial*2, 3, norm_type='instancenorm'),
            pix2pix.downsample(num_channels_initial*4, 3, norm_type='instancenorm')
        ]
        # 解码器/上采样器是在 TensorFlow 示例中实现的一系列上采样块
        self.up_stack = [
            pix2pix.upsample(num_channels_initial*4, 3, norm_type='instancenorm'),
            pix2pix.upsample(num_channels_initial*2, 3, norm_type='instancenorm'),
            pix2pix.upsample(num_channels_initial, 3, norm_type='instancenorm'),
        ]
        self.out_layer = tf.keras.layers.Conv2DTranspose(out_channels, 3,
strides=2, padding='same', activation=None, use_bias=True)         # 反卷积

    def call(self, inputs):
        x = inputs
        # 模型降采样层
        skips = []
        for down in self.down_stack[:-1]:
            x = down(x)
            skips += [x]
        x = self.down_stack[-1](x)
        # 上采样层与跳层连接
        for up, skip in zip(self.up_stack, reversed(skips)):
            x = up(x)
            x = tf.concat([x, skip],axis=3)                          # 连接
        return self.out_layer(x)

    def build(self, input_shape):
```

```python
            inputs = tf.keras.layers.Input(shape=input_shape)
            return tf.keras.Model(inputs=inputs, outputs=self.call(inputs))
```

步骤三：训练（此步骤需要在电脑上用 GPU 训练，也可以不训练跳过该步骤）

在 train_tf2.py 文件中添加训练函数和测试函数。

```python
import random
import os

import tensorflow as tf
import numpy as np

import tf_utils as utils
from np_utils import get_image_arrays

os.environ["CUDA_VISIBLE_DEVICES"]="0"
RESULT_PATH = 'result'


## 读取所有数据
images, test_images, test_indices = get_image_arrays()
image_size = (images.shape[1], images.shape[2])
num_data = images.shape[0]

## 设置相关参数
weight_regulariser = 0.01
minibatch_size = 16
learning_rate = 1e-3
total_iterations = int(5e4+1)
freq_info_print = 500
freq_test_save = 5000

## 实例化网络模型
# ddfs 的大小[x,y,2channels]
reg_net = utils.UNet(out_channels=2, num_channels_initial=32)
reg_net = reg_net.build(input_shape=image_size+(2,))
optimizer = tf.optimizers.Adam(learning_rate)

## 训练
@tf.function
def train_step(mov_images, fix_images):
```

```python
    with tf.GradientTape() as tape:
        inputs = tf.stack([mov_images,fix_images],axis=3)
        ddfs = reg_net(inputs, training=True)
        pre_images = utils.warp_images(mov_images,ddfs)
        loss_similarity = tf.reduce_mean(utils.square_difference(fix_images,pre_images))
        loss_regularise = tf.reduce_mean(utils.gradient_norm(ddfs))
        loss = loss_similarity + loss_regularise*weight_regulariser
    gradients = tape.gradient(loss, reg_net.trainable_variables)
    optimizer.apply_gradients(zip(gradients, reg_net.trainable_variables))
    return loss, loss_similarity, loss_regularise

## 测试
@tf.function
def test_step(mov_images, fix_images):
    inputs = tf.stack([mov_images,fix_images],axis=3)
    ddfs = reg_net(inputs, training=False)
    pre_images = utils.warp_images(mov_images,ddfs)
    loss_similarity = tf.reduce_mean(utils.square_difference(fix_images,pre_images))
    loss_regularise = tf.reduce_mean(utils.gradient_norm(ddfs))
    loss = loss_similarity + loss_regularise*weight_regulariser
    return loss, loss_similarity, loss_regularise, pre_images
```

步骤四：运行

在终端输入命令 python train_tf2.py 训练模型需要较长的时间。

训练结束后，在 result 文件夹中生成模型文件，如图 19.9 所示。

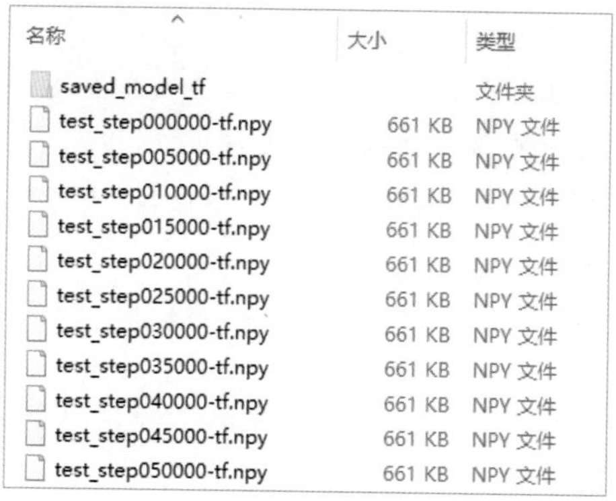

图 19.9 模型文件

在终端输入命令 python visualise.py 对训练结果进行可视化，在 result 文件夹中生成图像，如图 19.10 所示。

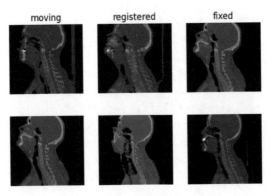

图 19.10 训练结果可视化

4. 实验小结

本次实验包括 80 个训练样本和 9 个测试样本。如果在使用 GPU 的服务器上进行训练，则将训练批次定义为 16，初始学习率为 0.001，共迭代 5000 次，最后的评价指标为 Loss=0.006 876（similarity=0.004 100，regulariser=0.277 597）。

在实际实验时可以根据实际情况调整训练批次的大小。

本章总结

- 本章基于 VoxelMorph 实现医学图像配准。VoxelMorph 使用 U-Net 模型对图像进行分割，并使用 PatchGAN 生成图像。
- 语义分割关注如何将图像分割成属于不同语义类别的区域。
- 语义分割的一个重要数据集叫作 Pascal VOC2012。
- 因为语义分割的输入图像和标签在像素上一一对应，所以将图像随机裁剪成固定尺寸而不是缩放。

作业与练习

1. [单选题]下列关于图像分割的说法正确的是（　　）。
   A．实例分割需要检测特定目标的类别，并输出掩膜

B．实例分割需要为每个像素点分配一个类别

C．传统卷积神经网络完全没有能力实现图像分割

D．基于传统卷积神经网络的图像分割训练，使用整张图像作为输入

2．[单选题]当构建一个神经网络进行图像的语义分割时，通常采用（　　）的顺序。

A．先用卷积神经网络处理输入，再用反卷积神经网络得到输出

B．先用反卷积神经网络处理输入，再用卷积神经网络得到输出

C．先使用 Local-Conv，后面连接全卷积神经网络

D．先进行两次 FCN+Pool，后面连接三次 Local-Conv

3．[多选题]下列关于 U-Net 模型的特点的描述正确的是（　　）。

A．只需要少量的带标注的图像进行训练

B．是一个 Encoder-Decoder 结构

C．先进行上采样再进行降采样

D．在上采样中会使用大量的特征通道传递上下文信息

4．编码预测图像中所有像素点的类别。

5．全卷积神经网络使用了卷积神经网络的某些中间层的输出，请编码实现这个功能。

cv-19-c-001

第 20 章

视频内容分析

本章目标

- 理解视频内容识别与图像之间的联系和区别。
- 理解经典的视频数据集 UCF-101。
- 理解 C3D 模型。

视频数据与日俱增，对视频内容分析的需求也越来越多。识别视频中的动作类型，判断视频中是否包含违规内容，以及对视频中的动作进行统计是视频分析的重要任务与需求。

本章包含如下一个实验案例。

人体动作识别：使用深度学习对视频内容进行分析，识别并理解视频中的人体行为。

20.1 人体动作识别

与图像分析领域的研究相比，视频分析领域的研究发展时间更短，难度也更大。构建视频分析模型的难点首先在于，需要强大的计算资源来完成视频的分析。将视频拆解为图像进行分析，视频内容中需要着重考虑的因素是动作的时间顺序，需要将视频转换成的图像通过时间关系联系起来，并做出判断，因此，视频分析模型的参数非常多。

本次实验使用已经训练好的模型对视频中的人体动作进行识别和理解，实验效果如图 20.1 所示。

图 20.1　实验效果

20.1.1　视频动作识别模型

表现很好的图像识别模型，通过迁移学习，可以在图像领域的其他任务中继续使用。训练效果显著的图像模型可以用于视频模型的训练，如何实现图像模型的复用呢？

首先要明确视频分类与图像分类的不同，视频分类除了要考虑图像中的表现，还要考虑图像之间的时空关系，这样才可以对视频动作进行分类。

为了捕获视频图像的时空关系，可以使用卷积神经网络+LSTM、3D 卷积神经网络、Two-Stream 网络、Two-Stream 3D 卷积神经网络对视频进行分类。

cv-20-v-001　　cv-20-v-002

本次实验使用结构相对比较简单的 3D 卷积神经网络对视频动作进行识别。

3D 卷积与 2D 卷积类似，将时序信息加入卷积操作。虽然这是一种看起来更加自然的视频处理方式，但是由于卷积核维度的增加，参数的数量也会增加，因此模型的训练变得更加困难。这种模型没有对图像模型进行复用，而是直接将视频数据传入 3D 卷积神经网络进行训练。

3D 卷积神经网络结构的示意图如图 20.2 所示。

图 20.2　3D 卷积神经网络结构的示意图

3D 卷积神经网络包括 8 个卷积层、5 个最大值池化层及 2 个全连接层，最后是 Softmax 输出层。

所有的 3D 卷积核为 3×3×3，步长为 1，使用 SGD 进行优化，初始学习率为 0.003，每 150 000 个迭代除以 2。优化在 1 900 000 个迭代的时候结束，大约 13 轮。

在进行数据处理时，视频的抽帧的大小定义为 $C×L×H×W$，C 为通道数量，L 为帧的数量，H 为帧画面的高度，W 为帧画面的宽度。3D 卷积核和池化核的大小为 $D×K×K$，D 是核的时间深度，K 是核的空间大小。网络的输入为视频的抽帧，预测的是类别标签。所有的视频帧画面都调整为 128×171，几乎将 UCF-101 数据集中的帧调整为一半大小。视频被分为不重复的 16 帧画面，这些画面将作为模型网络的输入。最后对帧画面的大小进行裁剪，输入的数据为 16×112×112。

20.1.2　UCF-101 数据集

UCF-101 是从 YouTube 收集的真实的动作视频的动作识别数据集，有 101 个动作类别。

因为拥有来自 101 个动作类别的 13 320 个视频，所以 UCF-101 数据集在动作方面给出了最大的多样性，并且在相机运动、物体外观和姿势、物体尺度、视点、杂乱背景、照明条件等方面存在较大变化，是迄今为止非常具有挑战性的数据集。

将 101 个动作类别的视频分为 25 组，每组包含 4~7 个视频。来自同一组的视频具有一些共同的特征，如相似的背景、相似的视角等。

动作类别可以分为以下几种类型。

（1）人-物交互。

（2）仅身体动作。

（3）人与人的互动。

（4）演奏乐器。

（5）运动。

UCF-101 数据集中的部分数据如图 20.3 所示。

图 20.3　UCF-101 数据集中的部分数据

20.2 案例实现

1. 实验目标

（1）能够构建 3D 卷积神经网络。
（2）能够对测试视频进行预处理。
（3）能够加载预训练模型对视频进行识别。
（4）正确返回识别结果。

2. 实验环境

实验环境如表 20.1 所示。

表 20.1 实验环境

硬件	软件	资源
PC 机/笔记本电脑或 AIX-EBoard 人工智能视觉实验平台	Ubuntu 18.4/Windows 10 Python 3.7.3 TensorFlow 2.4.0	测试视频 训练好的 3D 卷积神经网络模型

3. 实验步骤

在实验目录下新建 C3D_model.py 文件和 test_video.py 文件。实验目录结构如图 20.4 所示。

3D 卷积神经网络模型训练在 GPU 服务器上完成，训练好的模型可以直接使用。

请按照以下步骤完成实验。

（1）构建 3D 卷积神经网络模型。
（2）数据预处理。
（3）视频识别。
（4）运行。

图 20.4 实验目录结构

步骤一：构建 3D 卷积神经网络模型

在 C3D_model.py 文件中编写代码。

```
# 导入
import tensorflow as tf
from tensorflow import keras
```

```python
from     tensorflow.keras import layers, models, Input
from     tensorflow.keras.models import Model
from     tensorflow.keras.layers import Conv3D, MaxPooling3D, Dense, Flatten, Dropout, ZeroPadding3D

def C3Dnet(nb_classes, input_shape):
    input_tensor = Input(shape=input_shape)
    # 1st block
    x = Conv3D(64, [3,3,3], activation='relu', padding='same', strides=(1,1,1), name='conv1')(input_tensor)
    x = MaxPooling3D(pool_size=(1,2,2), strides=(1,2,2), padding='valid', name='pool1')(x)
    # 2nd block
    x = Conv3D(128, [3,3,3], activation='relu', padding='same', strides=(1,1,1), name='conv2')(x)
    x = MaxPooling3D(pool_size=(2,2,2), strides=(2,2,2), padding='valid', name='pool2')(x)
    # 3rd block
    x = Conv3D(256, [3,3,3], activation='relu', padding='same', strides=(1,1,1), name='conv3a')(x)
    x = Conv3D(256, [3,3,3], activation='relu', padding='same', strides=(1,1,1), name='conv3b')(x)
    x = MaxPooling3D(pool_size=(2,2,2), strides=(2,2,2), padding='valid', name='pool3')(x)
    # 4th block
    x = Conv3D(512, [3,3,3], activation='relu', padding='same', strides=(1,1,1), name='conv4a')(x)
    x = Conv3D(512, [3,3,3], activation='relu', padding='same', strides=(1,1,1), name='conv4b')(x)
    x= MaxPooling3D(pool_size=(2,2,2), strides=(2,2,2), padding='valid', name='pool4')(x)
    # 5th block
    x = Conv3D(512, [3,3,3], activation='relu', padding='same', strides=(1,1,1), name='conv5a')(x)
    x = Conv3D(512, [3,3,3], activation='relu', padding='same', strides=(1,1,1), name='conv5b')(x)
    x = ZeroPadding3D(padding=(0,1,1),name='zeropadding')(x)
    x= MaxPooling3D(pool_size=(2,2,2), strides=(2,2,2), padding='valid', name='pool5')(x)
    # full connection
    x = Flatten()(x)
    x = Dense(4096, activation='relu',  name='fc6')(x)
    x = Dropout(0.5)(x)
    x = Dense(4096, activation='relu', name='fc7')(x)
```

```
    x = Dropout(0.5)(x)
    output_tensor = Dense(nb_classes, activation='softmax', name='fc8')(x)
    model = Model(input_tensor, output_tensor)
    return model
model=C3Dnet(487, (16, 112, 112, 3))
model.summary()  # 查看模型结构
```

输出的模型结构如图 20.5 所示。

```
Layer (type)                    Output Shape                    Param #
=================================================================
input_1 (InputLayer)            (None, 112, 112, 16, 3)         0
_____
conv3d_1 (Conv3D)               (None, 112, 112, 16, 64)        5248
_____
max_pooling3d_1 (MaxPooling3    (None, 56, 56, 16, 64)          0
_____
conv3d_2 (Conv3D)               (None, 56, 56, 16, 128)         221312
_____
max_pooling3d_2 (MaxPooling3    (None, 28, 28, 8, 128)          0
_____
conv3d_3 (Conv3D)               (None, 28, 28, 8, 128)          442496
_____
max_pooling3d_3 (MaxPooling3    (None, 14, 14, 4, 128)          0
_____
conv3d_4 (Conv3D)               (None, 14, 14, 4, 256)          884992
_____
max_pooling3d_4 (MaxPooling3    (None, 7, 7, 2, 256)            0
_____
conv3d_5 (Conv3D)               (None, 7, 7, 2, 256)            1769728
_____
max_pooling3d_5 (MaxPooling3    (None, 4, 4, 1, 256)            0
_____
flatten_1 (Flatten)             (None, 4096)                    0
_____
dense_1 (Dense)                 (None, 2048)                    8390656
_____
dropout_1 (Dropout)             (None, 2048)                    0
_____
dense_2 (Dense)                 (None, 2048)                    4196352
_____
dropout_2 (Dropout)             (None, 2048)                    0
_____
dense_3 (Dense)                 (None, 101)                     206949
_____
activation_1 (Activation)       (None, 101)                     0
=================================================================
Total params: 16,117,733
Trainable params: 16,117,733
Non-trainable params: 0
```

图 20.5　输出的模型结构

同时使用 model.input()打印模型的输入。

```
<tf.Tensor 'input_1:0' shape=(?, 112, 112, 16, 3) dtype=float32>
```

可以看到，模型的数据处理的维度比图像处理模型多了一个 **T** 维度，体现出时序关系在视频分析中的影响。

步骤二：数据预处理

读取测试视频，每 16 帧为一个单元，对图像进行中心裁剪和翻转操作，以完成数据增强。在 **test_video.py** 文件中编写代码。

```python
from C3D_model import C3Dnet
import numpy as np

import matplotlib
matplotlib.use('Agg')
import os
import cv2
import numpy as np
import matplotlib.pyplot as plt
import sys

def main():

    # 实例化 3D 卷积神经网络模型对象
    model =C3Dnet(487, (16, 112, 112, 3))
    model.summary()
    # 加载训练好的权重参数
    try:
        model.load_weights('models/C3D_Sport1M_weights_keras_2.2.4.h5')
    except OSError as err:
        print('路径异常\' file!\n\n', err)


    # 3 个通道、16 个窗口

    print("[Info] 加载标签...")
    with open('models/labels.txt', 'r') as f:
        labels = [line.strip() for line in f.readlines()]
    print('标签总数: {}'.format(len(labels)))

    print("[Info]加载视频样例...")
```

```python
cap = cv2.VideoCapture('test/test.mp4')

vid = []
while True:
    ret, img = cap.read()
    if not ret:
        break
    vid.append(cv2.resize(img, (171, 128)))
vid = np.array(vid, dtype=np.float32)

start_frame = 2000
X = vid[start_frame:(start_frame + 16), :, :, :]
mean_cube = np.load('models/train01_16_128_171_mean.npy')
mean_cube = np.transpose(mean_cube, (1, 2, 3, 0))
X -= mean_cube
# 中心裁剪
X = X[:, 8:120, 30:142, :] # (l, h, w, c)

X = np.expand_dims(X, axis=0)
```

步骤三：视频识别

继续在 test_video.py 文件中编写代码。

```python
X = np.expand_dims(X, axis=0)

prediction_softmax = model.predict(X)
predicted_class = np.argmax(prediction_softmax)

print('预测结果: {}'.format(labels[predicted_class]))

top_inds = prediction_softmax[0].argsort()[::-1][:5]  # 前5个预测类别
print('\n前5个预测类别概率为:')
for i in top_inds:
    print('{1}: {0:.5f}'.format(prediction_softmax[0][i], labels[i]))
```

步骤四：运行

在终端输入命令 python test_video.py，实验执行结果如图 20.6 所示。

```
Success, predicted class is: basketball

Top 5 probabilities and labels:
basketball: 0.71757
streetball: 0.10378
volleyball: 0.05549
greco-roman wrestling: 0.02388
freestyle wrestling: 0.02178
```

图 20.6　实验执行结果

4. 实验小结

通过大量的视频数据训练深度网络非常耗时，所以先使用中等规模的数据集 UCF-101 找到表现最好的结构，然后在其他大型数据集上进行迁移学习。在 2D 卷积神经网络中，3×3 的卷积核表现最好，所以 3D 卷积神经网络中使用 $3×3×T$ 的卷积核。

本章总结

- 通常，一个视频最多给出 4～5 个维度的标签。以业务标签作为指引，先将视频数据和文本数据（伴随视频的标题、评论相关信息）提取视频特征、音频特征进行聚类，然后对聚类进行抽象定义，得出相应的视觉标签元素。这个标签元素就是用来训练的标签。
- 训练标签输出的结果会反过来映射到业务标签，用这种方法定义的标签是多层级多维度的。
- 视频的特征提取通常是抽帧，如 1 秒 1 帧，15 秒的短视频抽取 15 帧进行视频的描述。这样时间复杂度会降低，对推荐或搜索类似的视频会更加有效。

作业与练习

1. [单选题]卷积层的"稀疏连接"的意思是（　　）。
   A．正则化导致梯度下降将许多参数设置为零
   B．每个过滤器都连接到上一层的每个通道
   C．下一层中的每个节点只依赖于前一层的少量节点
   D．卷积神经网络中的每层只连接到另外两层

2．[单选题]在典型的卷积神经网络中，使用[n,c,h,w]表示数据结构，即[样本,通道,行,列]，随着网络深度的增加，能看到（　　）的现象。

A．$n[h]$ 和 $n[w]$ 减少，同时 $n[c]$ 减少

B．$n[h]$ 和 $n[w]$ 增加，同时 $n[c]$ 增加

C．$n[h]$ 和 $n[w]$ 增加，同时 $n[c]$ 减少

D．$n[h]$ 和 $n[w]$ 减少，同时 $n[c]$ 增加

3．[单选题]下列关于深度学习加速芯片的说法不正确的是（　　）。

A．GPU 既可以做游戏图形加速，也可以做深度学习加速

B．用于玩游戏的高配置显卡，也可以用于深度学习计算

C．Google TPU 已经发展了三代，它们只能用于推断（Inference）计算，不能用于训练（Training）计算

D．FPGA 最早是作为 CPLD 的竞争技术出现的

4．[单选题]如下描述正确的是（　　）。

A．GPU 线程切换开销小于 CPU 线程切换开销主要是因为 GPU 的每个线程都有独立的 PC 寄存器

B．GPU 的一个 block 内的线程，只能运行在一个 SM 或 CU 中

C．GPU L1 cache 的延迟和吞吐性能通常远高于 CPU L1 cache 的延迟和吞吐性能

D．提高 GPU 显存访问性能的主要方式是 coalesced 和 alignment

5．[单选题]使用 3D 数据构建一个网络层，其输入的卷积是 32×32×32×16（此卷积有 16 个通道），使用 32 个 3×3×3 的过滤器（无填充，步长为 1）进行卷积操作，输出的卷积是（　　）。

A．30×30×30×32

B．不能操作，因为指定的维度不匹配，所以不能执行这个卷积步骤

C．30×30×30×16

D．30×30×30×30

cv-20-c-001

第 21 章

图像语义理解

本章目标

- 理解图像语义理解的基本任务。
- 能使用 TensorFlow 构建基本的编码器-解码器模型。
- 能使用训练好的模型生成图像描述文本。

图像语义理解，结合图像处理与自然语言处理技术，使机器理解图像或视频的内容与主题思想，为图像加字幕或描述，应用前景非常广，如早教、图像搜索、盲人导航等。

本章包含如下一个实验案例。

视觉问答：基于 TensorFlow 训练深度神经网络模型，并根据图像回答问题。

21.1 视觉问答

视觉问答（Visual Question Answering，VQA）是一种涉及计算机视觉和自然语言处理的学习任务。

视觉问答系统需要将图像和问题作为输入，结合这两部分信息，产生一条人类语言作为输出。针对一张特定的图像，如果想要机器以自然语言来回答关于该图像的某个特定问题，则需要让机器对图像的内容、问题的含义和意图及相关的常识有一定的理解（见图 21.1）。

本次实验基于实验套件完成，数据集选择小型的 easy-VQA，easy-VQA 包含 5000 张图像和大约 50 000 个问题，分为训练集（80%）和测试集（20%）。easy-VQA 数据集的部分图像如图 21.2 所示。

第 21 章　图像语义理解　279

图 21.1　视觉问答

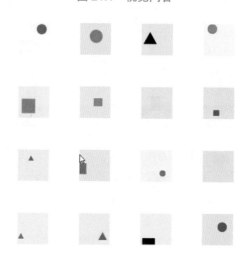

图 21.2　easy-VQA 数据集的部分图像

基于 easy-VQA 数据集训练问答模型的问答如下所示。

What shape is in the image?

What color is the triangle?

Is there a green shape in the image?

Does the image contain a circle?

Yes/No: Yes, No

Shapes: Circle, Rectangle, Triangle

Colors: Red, Green, Blue, Black, Gray, Brown, Yellow

注意：一般的问答任务应该至少有 1000 种答案，但本次案例中只有 13 个，类似于做选择题，这降低了问答的难度。

问题：图 21.3 中的正方形是什么颜色的？

如何得到上述问题的答案？

（1）关于图像，可以看到正方形是蓝色的，那么需要做的是，让机器得到正方形和蓝色这两个特征信息。

图 21.3 判断正方形的颜色

（2）关于问题"什么颜色？"，需要理解这是在问颜色。

（3）合并以上两点，从多个可能的答案中选择最有可能的一项。

视觉问答的整个过程都需要对问题所包含的文本进行理解。视觉问答是一项涉及计算机视觉和自然语言处理两大领域的学习任务，它的主要目标就是让计算机根据输入的图像和问题输出一个符合自然语言规则且内容合理的答案。

看图说话（Image Caption）是让计算机根据输入的图像输出自然语言的描述。视觉问答与看图说话的不同之处在于，不同问题聚焦图像的不同部分，并且某些问题需要进行常识推理才能做出回答。

视觉问答比看图说话的技术难度更大。

21.1.1　编码器-解码器模型

从逻辑上可以将视觉问答的任务分为两个模型：一个是基于图像的模型，从图像中提取特征，称为编码器；另一个是基于语言的模型，将第一个模型给出的特征转换为自然语句，称为解码器。

cv-21-v-001

1）特征提取模型

特征提取模型是对给定的图像进行特征提取，图像特征通常使用固定长度的向量表示。

特征提取模型通常选择深度卷积神经网络，既可以在自己的数据集上进行训练，也可以使用预训练模型进行微调。

在实际的视觉问答项目中可以使用 ResNet 模型进行特征提取。ResNet 模型的结构如图 21.4 所示。

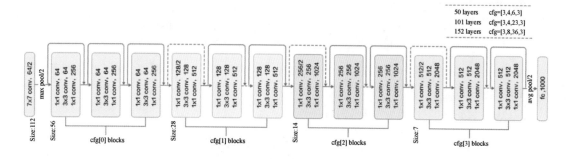

图 21.4　ResNet 模型的结构

本次实验基于 TensorFlow 构建并训练卷积神经网络。特征提取模型如图 21.5 所示。

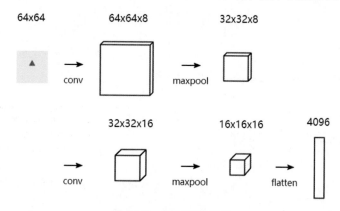

图 21.5　特征提取模型

向模型中输入 64×64 的图像，每层的输出情况如下。
- 卷积层 1：填充为 "same"，8 个 3×3 的卷积核，输出数据的维度为 64×64×8。
- 池化层 1：使用最大值池化，输出数据的维度为 32×32×8。
- 卷积层 2：16 个 3×3 的卷积核，输出数据的维度为 32×32×16。
- 池化层 2：使用最大值池化，输出数据的维度为 16×16×16。
- 展平层：具有 4096（16^3）个节点。

2）语言模型

给出序列的一部分词语，使用语言模型预测该序列下一个词的概率。

对于图像描述，语言模型基于编码器提取出的特征预测图像描述的词序列，构建正确的文本描述。

通常使用循环神经网络作为语言模型，如 LSTM 模型。LSTM 模型的训练样本和标签需要根据实际的应用场景进行预定义。例如，如果字幕是 "A man and a girl sit on the ground and eat"，那么输入/输出文本如下：

Label - [<start>, A, man, and, a, girl, sit, on, the, ground, and, eat, .]
Target - [A, man, and, a, girl, sit, on, the, ground, and, eat, ., <end>]

生成的每个词都使用一个词嵌入（如 Word2vec）进行编码，该编码作为输入传递给解码器以生成后续的词。

编码器-解码器模型的结构如图 21.6 所示。

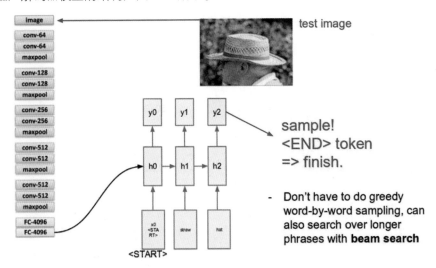

图 21.6　编码器-解码器模型的结构

21.1.2　光束搜索

如何使用线性层将解码器的输出转换为词汇表中每个词的分数？

贪婪搜索的思路是选择得分最高的词并用它来预测下一个词。但这不是最佳的，因为序列的其余部分取决于选择的第一个词。如果那个选择不是最优的，那么接下来的一切都是次优的，因为序列中的每个词都会对后面的词产生影响。

cv-21-v-002

光束搜索也是一种贪婪搜索。相比于普通贪婪搜索每次只选择当前最好的一个选项，光束搜索选择当前最好的多个选项（使用 k 表示）。

光束搜索一共有 k 条路径，k 也叫光束宽度。路径是一个序列已经生成的词。

首先，选择 k 个概率最大的词作为 k 条最优路径的第一个词。

然后，每条最优路径对词表中的每个词扩展一步，产生 n_vocab 条候选路径，那么一共有 $k×$n_vocab 条候选路径。选择前 k 条对数概率和最大的路径作为新的 k 条最优路径。

重复上一步，直到所有的路径都遇到句尾<end>字符，结束迭代。

光束搜索的过程如图 21.7 所示。

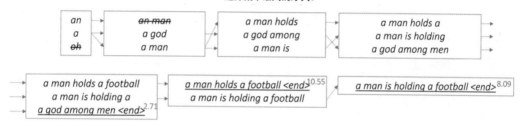

图 21.7　光束搜索的过程

21.2　案例实现

1. 实验目标

（1）能够使用 TensorFlow 对训练数据进行预处理。
（2）能够使用 TensorFlow 构建 CNN-LSTM 模型。
（3）能够保存训练好的模型。

2. 实验环境

实验环境如表 21.1 所示。

表 21.1　实验环境

硬　件	软　件	资　源
PC 机/笔记本电脑或 AIX-EBoard 人工智能视觉实验平台	Ubuntu 18.4/Windows 10 Python 3.7.3、NumPy 1.19.5 TensorFlow 2.4.0 OpenCV-Python 4.5.1.48	预训练模型

3. 实验步骤

实验目录结构如图 21.8 所示，本次实验需要在 data_util.py 文件、vqa.py 文件中编写代码。

图 21.8 实验目录结构

实验步骤如下。
（1）数据预处理。
（2）构建模型。
（3）模型训练与使用。

步骤一：数据预处理

可以使用以下命令安装 easy-VQA。

```
!pip install easy-vqa
```

也可以直接使用提供的数据资源。

在 data_util.py 文件中编写代码。

```python
# coding: UTF-8

# ## 1. 数据预处理
# 构建词袋模型
from tensorflow.keras.preprocessing.text import Tokenizer
# 数据预处理
from tensorflow.keras.preprocessing.image import load_img, img_to_array
# One-Hot 编码
from tensorflow.keras.utils import to_categorical

# 将训练数据对齐
from tensorflow.keras.preprocessing.sequence import pad_sequences
import json
import os
import numpy as np
# 获取数据
```

```python
from easy_vqa import get_train_questions, get_test_questions, get_train_image_paths, get_test_image_paths, get_answers

# ### 1.1 图像
# 获取所有图像的问题、答案、图像ID
train_q,train_a,train_imgid=get_train_questions()
test_q,test_a,test_imgid=get_test_questions()

def load_and_proccess_image(image_path):
    # 加载图像,并将像素值映射到区间[-0.5, 0.5]
    im = img_to_array(load_img(image_path))
    return im / 255 - 0.5

def read_images(paths):
    # paths: 图像ID: 图像路径
    # Returns: 图像ID: 图像
    ims = {}
    for image_id, image_path in paths.items():
        ims[image_id] = load_and_proccess_image(image_path)
    return ims


train_ims = read_images(get_train_image_paths())
test_ims = read_images(get_test_image_paths())

# 定义模型输入数据
train_X_ims =np.array([train_ims[id] for id in train_imgid])
test_X_ims =np.array([test_ims[id] for id in test_imgid])
# ### 1.2 文本预处理
# 创建词袋模型对象
token=Tokenizer()
token.fit_on_texts(train_q)
# 获取所有词的索引
train_q_seq=token.texts_to_sequences(train_q)
# 以问题为单位创建向量
train_q_features=token.texts_to_matrix(train_q,mode='count')

# 词汇表字典
w_indx=token.word_index
```

```python
test_q_seq=token.texts_to_sequences(test_q)

# 获取问题的最大长度
def getmaxlength(seq):
    maxlen = 0
    for i in seq:
        if len(i) > maxlen :
            maxlen = len(i)
    return maxlen
train_q_max=getmaxlength(train_q_seq)  # 获取训练问题的最大长度
train_seq_que = pad_sequences(train_q_seq, padding='post')
test_seq_que = pad_sequences(test_q_seq, padding='post')
```

回答既是解码器的目标也是输入,因为每个词都用于生成下一个词。要生成第一个词,需要第零个词对应<start>,最后一个词对应<end>,如以下语句。

```
<start> a man holds a football <end>
```

因为问答作为固定大小的张量传递,所以需要用<pad>标记将字幕填充到相同的长度,上面的语句可能会处理为如下形式。

```
<start> a man holds a football <end> <pad> <pad> <pad>...
```

步骤二:构建模型

在 **vqa.py** 文件中编写代码。

```python
# !/usr/bin/env python
# coding: utf-8

# ## 2. 构建模型
# ### 2.1 卷积神经网络

from tensorflow.keras import Model,Sequential,Input
from tensorflow.keras.layers import Conv2D, MaxPooling2D, Flatten,Dense,Embedding,LSTM
from tensorflow.keras.optimizers import Adam
from tensorflow import keras
from tensorflow.keras.callbacks import ModelCheckpoint
from data_util import *
```

```python
# 构建卷积神经网络

def create_cnn():
    ## 输入层
    im_input = Input(shape=(64, 64,3))
    ## conv1
    x1 = Conv2D(8, 3, padding='same')(im_input)
    x1 = MaxPooling2D()(x1)
    x1 = Conv2D(16, 3, padding='same')(x1)
    x1 = MaxPooling2D()(x1)
    x1 = Flatten()(x1)
    # 全连接层,32 个神经元
    im_output = Dense(32, activation='tanh')(x1)
    
    cnn_model=Model(im_input,im_output)
    
    return cnn_model

# ### 2.2 循环神经网络
def create_rnn():
    vocab_size = len(token.word_index) + 1
    # 定义循环神经网络的输入
    question_input = Input(shape=(train_q_max), dtype='int32')
    # 词嵌入
    embedded_question = Embedding(input_dim=27, output_dim=64, input_length=train_q_max)(question_input)
    encoded_question = LSTM(32)(embedded_question)
    question_output=Dense(32)(encoded_question)
    rnn_model=Model(question_input,question_output)
    return rnn_model


def create_vqa_nn(cnn_model,rnn_model):
    image_input = Input(shape=(64, 64, 3))
    image_output=cnn_model(image_input)
    que_input=Input(shape=(9))
    que_output=rnn_model(que_input)
    
    # 合并
    merged = keras.layers.concatenate([que_output, image_output])
```

```python
    output = Dense(13, activation='softmax')(merged)
    vqa_model = Model(inputs=[image_input, que_input], outputs=output)
    return vqa_model
```

步骤三：模型训练与使用

在 vqa.py 文件中编写代码。

```python
# ## 3. 模型训练
def model_train():
    cnn_model=create_cnn()
    rnn_model=create_rnn()

    cnn_model.summary()
    rnn_model.summary()

    vqa_model=create_vqa_nn(cnn_model,rnn_model)

    # 获得所有答案
    all_answers = get_answers()
    num_answers = len(all_answers)

    # 对输出进行热编码
    train_answer_indices = [all_answers.index(a) for a in train_a]
    test_answer_indices = [all_answers.index(a) for a in test_a]
    train_Y = to_categorical(train_answer_indices)
    test_Y = to_categorical(test_answer_indices)

    # 定义检查节点
    checkpoint = ModelCheckpoint('models/model.h5', save_best_only=True)

    vqa_model.compile(Adam(lr=5e-4), loss='categorical_crossentropy', metrics=['accuracy'])

    # 模型训练
    vqa_model.fit(
        # 传入训练数据
        [train_X_ims, train_seq_que],
        train_Y,
        validation_data=([test_X_ims, test_seq_que], test_Y),
        shuffle=True,
```

```python
        epochs=8,  # 训练轮数
        callbacks=[checkpoint],
    )
def vqa_predict():
    test_x=np.expand_dims(test_X_ims[0],axis=0)
    test_seq=np.expand_dims(test_seq_que[0],axis=0)
    model = Model(inputs=[image_input, que_input], outputs=output)
    model.load_weights('model.h5')
    predictions = model.predict([test_x, test_seq])
    print(predictions)

if __name__=='__main__':
    model_train()
    # vqa_predict()
```

在终端输入命令 **python vqa.py**。

4. 实验小结

用于测试的图像必须在语义上与用于训练模型的图像相关。

例如，如果是在猫、狗等的图像上训练的模型，就不能在飞机、瀑布等图像上进行测试。在训练样本和测试样本的分布有很大不同的情况下，就无法找到机器学习模型提供良好的性能。

本章总结

- 使用卷积神经网络处理图像，获取图像特征，并交给循环神经网络处理。
- 利用循环神经网络可以对图像隐含的语义进行理解。
- 对训练集中给出的问答结果进行编码，可以作为循环网络输出结果进行训练。

作业与练习

1．[单选题]训练一个循环神经网络，发现权重与激活值都是 NaN，在下列选项中，（　　）是导致这个问题最可能的原因。

　　A．梯度消失

　　B．梯度爆炸

C．ReLU 函数作为激活函数 g(.)，在计算 g(z)时，z 的数值过大

D．Sigmoid 函数作为激活函数 g(.)，在计算 g(z)时，z 的数值过大

2．[单选题]假设正在训练一个 LSTM 模型，有一个 10 000 个词的词汇表，并且使用一个激活值维度为 100 的 LSTM 块，在每个时间步中，隐藏状态的维度是（　　）。

  A．1   B．100   C．300   D．10 000

3．[多选题]如果使用循环神经网络建立语言模型，那么以下说法正确的是（　　）。

  A．对于一个语言模型而言，首先需要准备预训练模型

  B．使用语言模型能判断句子出现的概率

  C．如果训练集中的一些词汇并不在字典中，那么字典一般定义了最常用的词汇

  D．使用语言模型需要计算语料中不存在的词汇出现的次数

4．[多选题]下列关于生成图像字幕的说法正确的是（　　）。

  A．使用卷积神经网络进行特征提取

  B．在模型训练过程中读取图像特征和理解图像语义是并行完成的

  C．使用 LSTM 模型进行语义理解

  D．不会用到语言模型

5．[多选题]在光束搜索中，如果增加集束宽度，那么以下说法正确的是（　　）。

  A．光束搜索将运行得更慢

  B．光束搜索将使用更大的内存

  C．光束搜索通常将找到更好的解决方案（如在最大化概率 $P(y|x)$ 上做得更好）

  D．光束搜索将在更少的步骤后收敛

cv-21-c-001

第 3 部分　基于深度学习的新兴视觉应用

第 2 部分介绍了基于机器学习和深度学习的视觉应用。第 3 部分将介绍基于深度学习的新兴视觉应用，包括以下算法和案例。

（1）使用 3D-R2N2 算法，通过二维图像进行三维空间重建。

（2）通过 MobileNet-SSD 模型实现人脸检测，集成 L1 视频稳定算法，基于 OpenCV 框架实现人脸视频稳定。

（3）使用 UA-DETRAC 训练 YOLOv3-Tiny 模型，结合 DeepSORT 模型实现车辆检测、跟踪和计数。

（4）使用 TensorFlow 基于风格转换和超分辨率感知损失实现实时风格迁移，将两幅图像或图像与视频无缝融合，以创建具有视觉吸引力的艺术作品。

 +  =

第22章

三维空间重建

本章目标

- 掌握 3D-R2N2 算法的原理。
- 了解项目运行流程。
- 了解三维图像的显示方式。

客观世界的物体是三维的,而用摄像机获取的图像是二维的,但是可以通过二维图像感知目标的三维信息。三维空间重建技术是以一定的方式处理图像,进而得到计算机能够识别的三维信息,由此对目标进行分析。使用深度学习技术可以很好地对单张或多张图像进行分析,从而获取很好的三维效果图。

本章包含如下一个实验案例。

三维空间重建:要求使用 3D-R2N2 算法进行三维空间重建。

22.1 3D-R2N2 算法

如图 22.1 所示,可以从不同角度拍摄椅子。虽然 3 张照片的拍摄位置不同,但采用的都是纯白无背景环境。使用 3D-R2N2 算法进行三维空间重建,经过计算处理,可以对照片进行三维空间重建。

图 22.1 椅子纯白无背景多角度照片

22.1.1 算法简介

计算机视觉的应用在 3D 领域是对图像进行三维空间重建。本节介绍基于深度学习实现的算法——3D-R2N2。使用 3D-R2N2 算法可以将从物体任意角度拍摄的单张或多张图像进行 3D 还原，可以应用在灰度图和彩色图上，并且以三维网格的形式输出拍摄物体的三维重空间建图，可视化效果好。椅子可视化效果如图 22.2 所示。

22.1.2 算法的优势

与以往 3D 重建算法的工作原理不同，使用 3D-R2N2 算法在进行训练和测试时无须对图像进行注释及标签处理。

图 22.2 椅子可视化效果

3D-R2N2 算法优于单视图重建模型算法。

在传统的 SFM/SLAM 创建失败的前提下，使用 3D-R2N2 算法可以实现三维模型重建。

22.1.3 算法的结构

3D-R2N2 算法建立在标准的 LSTM 模型和 GRU 模型的基础之上，同时可以实现单视图和多视图的 3D 模型重建。

如图 22.3 所示，3D-R2N2 算法由 2D-CNN、3D-LSTM 和 3D-DCNN 构成。

1. 2D-CNN

该部分是标准的卷积神经网络，通过对提供的原始图像进行特征提取，从而完成对图像的初步处理。

该部分输入尺寸为 127 像素×127 像素的图像，由标准的卷积层、池化层、ReLU 激活函数及全连接层构成。为了防止出现梯度消失现象，该部分还添加了残差连接。

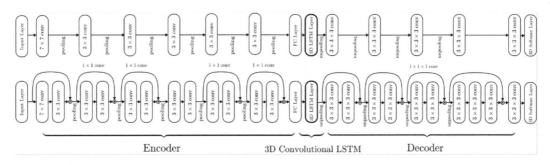

图 22.3　3D-R2N2 算法的结构

每处理两个卷积之后，会添加一个残差连接。为了匹配对应的通道数量，残差连接通道使用 1×1 的卷积进行连接，展开全连接层之后，网络被压缩成一个 1024 维的特征向量。

2. 3D-LSTM

3D-R2N2 算法的核心模块使用循环神经网络。它允许网络保留之前的状态信息，形成序列记忆性。为了适应三维空间数据信息，研发了一种新的网络结构，即 3D 卷积 LSTM（3D-LSTM），如图 22.4 所示。该网络由 LSTM 单元组成，每个单元负责输出特定的信息。

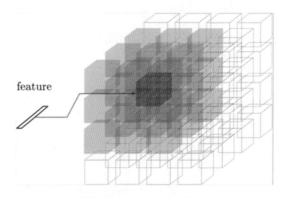

图 22.4　3D-LSTM 网络

3D-R2N2 的核心是，如果对一个物体拍摄多角度的图像，在对该物体进行三维空间重建时，每个角度的图像都具有高度相关性和连续性，因此，可以将同一个物体不同视角的图像看作连续的序列输入神经网络中，使神经网络拥有对之前图像的记忆。

3. 3D-DCNN

在输入图像序列后，3D-LSTM 网络将隐藏序列状态传送到 3D-DCNN 中，通过利用 3D 卷积、激活函数等方式提高隐藏状态下的 3D 图像状态信息，知道可以正确输出图像三维分辨率。

22.2 案例实现

1. 实验目标

（1）掌握 3D-R2N2 算法的原理。
（2）了解项目运行流程。
（3）了解三维图像的显示方式。

2. 实验环境

实验环境如表 22.1 所示。

表 22.1 实验环境

硬　件	软　件	资　源
PC 机/笔记本电脑	Ubuntu 18.4/Windows 10 Torch 1.9.1 NumPy 1.19.5 easydict 1.9 PyYAML 5.4.1 Pillow 7.2.0 Sklearn 0.21.3	imgs 文件夹下的图像

3. 实验步骤

在 3D-R2N2 文件夹中创建 demo.py 文件，实验目录结构如图 22.5 所示。

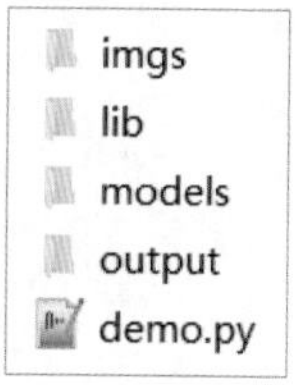

其中，imgs 文件夹中存储的是预测试模型，lib 文件夹中存储的是模型的辅助功能代码，models 文件夹中存储的是模型代码，output 文件夹中存储的是训练好的模型权重。

图 22.5 实验目录结构

模型相对复杂，本项目仅完成预测代码的编写。

步骤一：导入模块

```
import sys
import shutil
import numpy as np
from subprocess import import call
```

```python
import torch
from PIL import Image
from models import load_model
from lib.config import cfg, cfg_from_list
from lib.data_augmentation import preprocess_img
from lib.solver import Solver
from lib.voxel import voxel2obj
```

步骤二：处理参数设置

```python
# 训练后的模型存储位置
DEFAULT_WEIGHTS = 'output/ResidualGRUNet/checkpoint.pth'
# 命令执行函数
def cmd_exists(cmd):
    return shutil.which(cmd) is not None
```

步骤三：加载测试图像

```python
# 加载测试图像
def load_demo_images():
    img_h = cfg.CONST.IMG_H
    img_w = cfg.CONST.IMG_W
    # 存储图像数量
    imgs = []

    for i in range(3):
        # 满足 imgs/数字.png 形式的图像
        img = Image.open('imgs/%d.png' % i)
        # 调整图像尺寸
        img = img.resize((img_h, img_w), Image.ANTIALIAS)
        img = preprocess_img(img, train=False)
        # 调整图像通道位置
        imgs.append([np.array(img).transpose( \
                    (2, 0, 1)).astype(np.float32)])
    ims_np = np.array(imgs).astype(np.float32)
    # 将处理后的信息交给 PyTorch 处理
    return torch.from_numpy(ims_np)
```

步骤四：编写主函数

```python
def main():
    # 查看是否存在预测好的图像数据
```

```python
    pred_file_name = sys.argv[1] if len(sys.argv) > 1 else 'prediction.obj'

    # 加载图像
    demo_imgs = load_demo_images()

    # 使用GRU模型作为3D-R2N2网络
    NetClass = load_model('ResidualGRUNet')

    # 创建网络,预测结果
    net = NetClass()
    # 是否使用GPU运行
    if torch.cuda.is_available():
        net.cuda()

    net.eval()

    solver = Solver(net)
    solver.load(DEFAULT_WEIGHTS)

    # 运行网络
    voxel_prediction, _ = solver.test_output(demo_imgs)
    voxel_prediction = voxel_prediction.detach().cpu().numpy()

    # 保存预测数据
    voxel2obj(pred_file_name, voxel_prediction[0, 1] > cfg.TEST.VOXEL_THRESH)

    # 使用MeshLab查看运行效果
    if cmd_exists('meshlab'):
        call(['meshlab', pred_file_name])
    else:
        print('Meshlab not found: please use visualization of your choice to view %s' %
              pred_file_name)
```

步骤五:运行部分代码

```python
if __name__ == '__main__':
    # 训练一批次数据
```

```
cfg_from_list(['CONST.BATCH_SIZE', 1])
# 运行main()函数
main()
```

步骤六：运行实验代码

使用如下命令运行实验代码。

```
python demo.py
```

运行实验代码后，生成 prediction.obj 文件，效果图如图 22.6 所示。

步骤七：下载显示工具

prediction.obj 是三维可视化的文件，需要使用可视化软件显示。此次使用的软件为 MeshLab，进入软件官方网站后选择下载，下载对应版本即可，如图 22.7 所示。

cv-22-v-002

图 22.6　效果图

步骤八：运行效果

安装下载的软件。启动软件后，将 prediction.obj 文件拖入软件中加载，得到 3D 效果图，如图 22.8 所示。

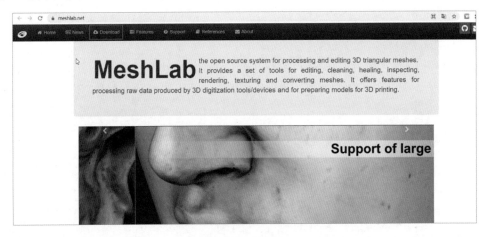

图 22.7　下载位置

4. 实验小结

本次实验可以查看图像进行三维空间重建的效果。

使用 3D-R2N2 算法进行三维空间重建，可以借鉴以下几点。

（1）如果选用自己的图像素材进行预测，则需要保证图像无任何背景，否则效果会失真。

（2）可以使用单张或多张图像完成 3D 重建，图像数量越多，效果越好。

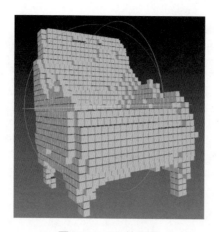

图 22.8　3D 效果图

本章总结

- 使用 3D-R2N2 算法对单张图像、多张图像进行 3D 分析的效果更好。
- GRU 模型和 LSTM 模型不仅具备状态信息，还可以根据数据集的情况对状态信息进行调整。
- 使用卷积神经网络可以获取图像特征，并使用 3DCNN-LSTM 模型进行序列化处理，可以获取更好的 3D 信息。

作业与练习

1. [单选题]在 LSTM 模型中，用于忘记之前序列信息的是（　　）门。
   A．输入　　　　　　B．输出　　　　　　C．遗忘　　　　　　D．更新
2. [单选题]GRU 模型和 LSTM 模型的区别在于（　　）。
   A．GRU 模型将输入门和遗忘门合并为更新门
   B．GRU 模型将输出门和遗忘门合并为更新门
   C．GRU 模型将输入门和输出门合并为更新门
   D．以上都不是
3. [单选题]下列关于 3D-R2N2 算法的说法错误的是（　　）。
   A．可以使用一张图像预测 3D 效果

B．无须训练即可使用

C．属于深度学习模型

D．其中的 LSTM 模块用于对模型训练计算，属于核心模块

4．[单选题]在 3D-R2N2 算法中使用残差连接的主要作用是（　　）。

　　A．避免梯度消失　　　　　　　　B．加快模型运行速度

　　C．减少模型参数　　　　　　　　D．防止梯度爆炸

5．[单选题]3D-DCNN 的作用为（　　）。

　　A．将 3D 图像转换为 2D 效果

　　B．将上一步循环神经网络的隐藏信息转换成 3D 信息

　　C．用于对数据结果进行分类

　　D．以上都是

cv-22-c-001

第 23 章

视频稳定

本章目标

- 理解视频稳定的主要任务与原理。
- 理解 Deepstab 的基本结构。
- 理解 MobileNet-SSD 模型的结构与训练过程。
- 能够使用深度神经网络模型和稳定算法实现人脸视频稳定。

视频稳定（Video-Stabilization）技术对于大多数手持拍摄的视频至关重要，在许多实时视频应用中，定位、识别、跟踪和稳定处于不同姿势与背景的物体的能力非常重要。其相关技术包含目标检测、目标跟踪、目标对齐和视频稳定，这也是计算机视觉和模式识别中非常重要的研究领域。

本章包含如下一个实验案例。

人脸视频稳定：通过 MobileNet-SSD 深度神经网络模型实现人脸检测，集成 L1 视频稳定算法，基于 OpenCV 框架实现人脸视频稳定。

23.1 人脸视频稳定

Deepstab 是指使用深度学习的实时视频对象稳定技术。

实时视频应用相关技术的一个挑战是处理使用移动设备捕获的视频。由于移动设备缺乏稳定辅助设备，因此拍摄视频抖动会影响观看体验。对此，可以借助硬件（如固定拍摄设备）或软件消除抖动,但这些解决方案都相对冗余,日常使用不方便。

本次实验选择适用于移动设备的检测模型 MobileNet-SSD 进行人脸检测,结合 L1 视频稳定算法实现人脸视频稳定,实验运行主界面如图 23.1 所示。

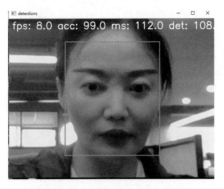

图 23.1　实验运行主界面

23.1.1　MobileNet 模型

基于深度可分离卷积的称为 MobileNet 的模型架构,适用于嵌入式设备。

MobileNet 是 Google 为适配移动终端提供的一系列模型,包含图像分类(MobileNet v1、MobileNet v2 和 MobileNet v3)和目标检测(MobileNet-SSD)等。MobileNet 系列模型基于流线型架构,使用深度可分离卷积来构建轻量级深度神经网络。

cv-23-v-001

1)深度可分离卷积和逐通道卷积

深度可分离卷积的 1 个卷积核负责 1 个通道,1 个通道只被 1 个卷积核卷积。

1 张 5 像素×5 像素且具有 3 个通道的彩色图像的形状为 5×5×3,深度可分离卷积首先经过第一次卷积运算,卷积核的数量是输入通道的数量 3,卷积核与通道一一对应,每个通道的卷积核在二维平面上进行卷积计算。1 张有 3 个通道的图像经过运算后生成了 3 个特征图,如图 23.2 所示。

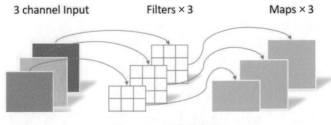

图 23.2　逐通道卷积

2）逐点卷积

逐点卷积（Pointwise Convolution）的运算与常规的卷积运算非常相似。逐点卷积的卷积核的尺寸为 $1×1×C$，C 为上一层的通道数。所以，这里的卷积运算会将上一步的特征图在深度方向上进行加权组合，生成新的特征图。有几个卷积核就输出几个特征图，如图 23.3 所示。

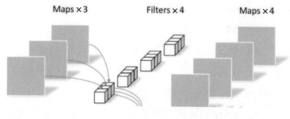

图 23.3　逐点卷积

23.1.2　SSD 模型

单发多框检测（Single Shot Multibox Detection，SSD）模型主要由一个基础网络块和若干多尺度特征块串联而成。其中，基础网络块用来从原始图像中抽取特征，因此一般会选择常用的深度卷积神经网络。SSD 模型的原始论文中选用 VGG 模型进行特征提取，现在常用 ResNet 模型代替。

基础网络块可以根据需求进行设计，使输出特征图的高和宽有大小变化。基于该特征图生成的锚框数量较多，可以用来检测尺寸较小的目标。接下来的每个多尺度特征块将上一层提供的特征图的高和宽缩小（如减半），并使特征图中的每个单元在输入图像上的感受野变得更广阔。

越靠近顶部的特征块输出的特征图越小，基于特征图生成的锚框也就越少，特征图中每个单元的感受野越大，因此越靠近顶部的特征块越适合检测尺寸较大的目标。

SSD 模型基于基础网络块提取特征后，使用多个多尺度特征块生成不同数量与不同大小的锚框，通过预测锚框的类别和偏移量（即预测边界框）检测不同大小的目标。SSD 模型的结构如图 23.4 所示。

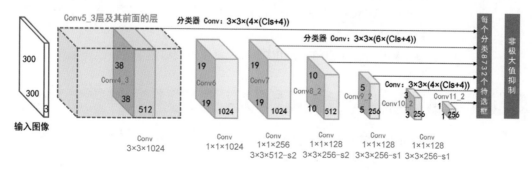

图 23.4　SSD 模型的结构

23.1.3 MobileNet-SSD 模型

视频稳定方法包括机械方法、光学方法和数字稳定方法，这里使用数字稳定方法。

在当前的很多视频稳定方法中，L1 最佳摄像机路径的自动定向视频稳定视觉效果最好。采用 L1 范数来构建目标函数，在相机路径上加入约束，稳定视频。但是该方法牺牲一定的主动运动，稳定之后的视频中没有保留原本的主动运动。

L1 视频稳定算法使用相机轨迹估计和特征块匹配技术，先估计视频序列中相邻帧的特征点相机路径，然后对估计出的相机路径，基于专业摄像机拍摄路径来优化相机路径产生更稳定的视频，以进一步平衡计算复杂度和稳定质量，主要步骤如下。

（1）通过尺度不变特征转换 SIFT 算法提取抖动视频序列中各个视频帧的特征点，并对相邻视频帧进行特征匹配，得到若干对匹配点。

（2）基于 MSAC 算法去除步骤（1）得到的若干对匹配点中的异常点对。

（3）根据步骤（2）得到的匹配点对拟合二维线性运动模型，根据拟合得到的二维线性运动模型估计原始相机路径。

（4）确定平滑路径的目标函数和限制原始路径变换的约束条件，求解该优化问题，得到裁剪窗口的变换矩阵。

（5）基于裁剪窗口的变换矩阵对抖动视频序列中的各个视频帧进行变换，输出稳定的视频序列。

在本次人脸视频稳定实验中，通过 MobileNet-SSD 模型集成 L1 视频稳定算法达到实验目的。为了评估实验视频稳定效果，在 WIDERFACE 和 Open Images 数据集上对算法进行评估。

23.1.4 模型评估

对于模型评估，考虑可能影响最终输出的因素和技术，下面从以下几方面进行分析与对比。
- 图像数据集：WIDERFACE 和 Open Images（只有一个子集）。
- 神经网络框架：MobileNet 和 Inception。
- 稳定算法：基于特征描述（SIFT、SURF）和非基于特征描述（剪裁、调整大小）。

23.1.5 实时影响

实时视频的流畅度取决于每秒显示的帧数。蓝光标准使用 60 帧来增强高质量视频的体验，但人眼只需要 20 帧即可将运动感知为流畅，所需的最小唯一帧数至少为 10 帧，复制以达到所需的 20 帧。为了每秒至少显示 10 帧，需要每帧最多花费 100 毫秒来获取、处理和显示图像。

从网络摄像头捕获图像并显示每个高清帧所需的时间为 30 毫秒，这意味着仅从网络摄像头捕获图像并显示，将以 33 帧的速度显示，处理时间减少到最多 70（100-30）毫秒。

23.2 案例实现

1. 实验目标

（1）掌握使用 OpenCV 加载模型的方法。
（2）理解视频目标检测与视频稳定的过程。
（3）能够实现视频检测与稳定的功能。

2. 实验环境

实验环境如表 23.1 所示。

表 23.1 实验环境

硬　件	软　件	资　源
PC 机/笔记本电脑	Ubuntu 18.4/Windows 10 Python 3.7.3、OpenCV 3.4.2.16 OpenCV-contrib-python 3.4.2.16	预训练模型 人脸检测源码

3. 实验步骤

实验目录结构如图 23.5 所示。

图 23.5 实验目录结构

实验步骤如下。
（1）定义功能函数。
（2）人脸检测。

(3)视频稳定。

步骤一:定义功能函数

在 app.py 文件中编写代码。

```python
import numpy as np
import argparse
import os
import sys
import time
import cv2
from cv2 import dnn

confThreshold = 0.5

models=r'models'


# 检测框
def stab_scale(image, box):
    border = 0.2
    im_height = len(image)
    im_width = len(image[0])
    (left, right, top, bottom) = (box[0], box[1], box[2], box[3])
    border_height = (bottom - top) * border
    top = 0 if (top - border_height) < 0 else (top - border_height)
    bottom = im_height if (bottom + border_height) > im_height else (bottom + border_height)
    scale_y = im_height/(bottom - top)
    output = cv2.resize(image, (0,0), fy=scale_y, fx=scale_y)
    (xleft, xright, xtop, xbottom, xim_width) = (int(left*scale_y), int(right*scale_y),
                                                  int(top*scale_y), int(bottom*scale_y),
                                                  int(im_width*scale_y))
    extra_width = (im_width - (xright - xleft)) // 2
    new_left = 0 if (xleft - extra_width) < 0 else (xleft - extra_width)
    new_right = xim_width if (xright + extra_width) > xim_width else (xright + extra_width)
    output = output[xtop:xbottom, new_left:new_right]
    return output
```

```python
# 缩放
def stab_resize(image, box):
    border = 0.2
    im_height = len(image)
    im_width = len(image[0])
    (left, right, top, bottom) = (box[0], box[1], box[2], box[3])
    border_height = (bottom - top) * border
    top = int(0 if (top - border_height) < 0 else (top - border_height))
    bottom = int(im_height if (bottom + border_height) > im_height else (bottom + border_height))
    scale_y = im_height/(bottom - top)
    scale_x = (bottom - top) / im_height
    new_width = im_width * scale_x
    extra_width = (new_width - (right - left)) // 2
    new_left = int(0 if (left - extra_width) < 0 else (left - extra_width))
    new_right = int(im_width if (right + extra_width) > im_width else (right + extra_width))
    output = cv2.resize(image[top:bottom, new_left:new_right], (0,0), fy=scale_y, fx=scale_y)
    return output

# 格式化框
def stab_invariant(image, box):
    border = 0.2
    max_width = 600
    im_height = len(image)
    im_width = len(image[0])
    (left, right, top, bottom) = (box[0], box[1], box[2], box[3])
    center = (right - left) // 2
    extra_sides = max_width // 2
    new_top = 0
    new_bottom = im_height
    new_left = 0 if (left - extra_sides) < 0 else (left - extra_sides)
    new_right = im_width if (right + extra_sides) > im_width else (right + extra_sides)
    output = image[new_top:new_bottom, new_left:new_right]
    return output
```

步骤二：人脸检测

人脸检测模型使用的是 WIDERFACE 数据集和 Open Images 数据集。

```python
def stab_mock(image, box):
    return image

def detect_mock_init():
    return None

def detect_mock(net, frame):
    return None

def detect_res10_init():
    prototxt =models+"\modelscaffe_ssd_res10.prototxt"
    caffemodel =models+"\caffe_ssd_res10.caffemodel"
    net = cv2.dnn.readNetFromCaffe(prototxt, caffemodel)
    return net

def detect_res10(net, frame):
    inWidth = 300
    inHeight = 300
    means = (104., 177., 123.)
    ratio = 1.0
    # 设置输入层
    net.setInput(dnn.blobFromImage(frame, ratio, (inWidth, inHeight), means, swapRB=True, crop=False))
    detections = net.forward()
    return detections

def detect_fastrcnn_init():
    pb =models+"\tf_fastrcnn_inception.pb"
    pbtxt =models+"\tf_fastrcnn_inception.pbtxt"
    net = cv2.dnn.readNetFromTensorflow(pb, pbtxt)
    return net

def detect_fastrcnn(net, frame):
    inWidth = 300
    inHeight = 300
    means = (127.5, 127.5, 127.5)
```

```python
        ratio = 1.0/127.5
        # 输入
        net.setInput(dnn.blobFromImage(frame, ratio, (inWidth, inHeight), means,
swapRB=True, crop=False))
        detections = net.forward()
        return detections

    def detect_inception_openimages_init():
        pb =models+"\tf_ssd_inception.pb"

        pbtxt =models+"\tf_ssd_inception.pbtxt"
        net = cv2.dnn.readNetFromTensorflow(pb, pbtxt)
        return net

    def detect_inception_openimages(net, frame):
        inWidth = 300
        inHeight = 300
        means = (127.5, 127.5, 127.5)
        ratio = 1.0/127.5
        # 输入
        net.setInput(dnn.blobFromImage(frame, ratio, (inWidth, inHeight), means,
swapRB=True, crop=False))
        detections = net.forward()
        return detections

    def detect_inception_widerface_init():
        pb = models+"\tf_ssd_inception_widerface.pb"
        pbtxt = models+"\tf_ssd_inception_widerface.pbtxt"
        net = cv2.dnn.readNetFromTensorflow(pb, pbtxt)
        return net

    def detect_inception_widerface(net, frame):
        inWidth = 300
        inHeight = 300
        means = (127.5, 127.5, 127.5)
        ratio = 1.0/127.5
        net.setInput(dnn.blobFromImage(frame, ratio, (inWidth, inHeight), means,
swapRB=True, crop=False))
        detections = net.forward()
```

```python
        return detections

    def detect_mobilenet_openimages_init():
        pb = models+"\\tf_ssd_mobilenet.pb"
        pbtxt = models+"\\tf_ssd_mobilenet.pbtxt"
        print(pb)
        net = cv2.dnn.readNetFromTensorflow(pb, pbtxt)
        return net

    def detect_mobilenet_openimages(net, frame):
        inWidth = 300
        inHeight = 300
        means = (127.5, 127.5, 127.5)
        ratio = 1.0/127.5
        net.setInput(dnn.blobFromImage(frame, ratio, (inWidth, inHeight), means, swapRB=True, crop=False))
        detections = net.forward()
        return detections

    def detect_mobilenet_widerface_init():
        pb = models+"\tf_ssd_mobilenet.pb"
        pbtxt =models+"\tf_ssd_mobilenet.pbtxt"
        net = cv2.dnn.readNetFromTensorflow(pb, pbtxt)
        return net

    def detect_mobilenet_widerface(net, frame):
        inWidth = 300
        inHeight = 300
        means = (127.5, 127.5, 127.5)
        ratio = 1.0/127.5

        net.setInput(dnn.blobFromImage(frame, ratio, (inWidth, inHeight), means, swapRB=True, crop=False))
        detections = net.forward()
        return detections
```

步骤三：视频稳定

L1 视频稳定算法使用特征块匹配技术，估计相机路径，并通过 L1 优化算法得到最佳相机路径。

先使用 OpenCV 内置函数获取视频帧的特征描述（SIFT、SURF），再通过 KCF 算法对特征点进行跟踪。

KCF 的英文全称为 Kernel Correlation Filter，中文全称为核相关滤波算法，即使用核函数实现特征点的跟踪。

```python
# 视频稳定
def tracker_KCF():
    return cv2.TrackerKCF_create()

def tracker_MedianFlow():
    return cv2.TrackerMedianFlow_create()

def tracker_Boosting():
    return cv2.TrackerBoosting_create()

def tracker_MIL():
    return cv2.TrackerMIL_create()

def tracker_TLD():
    return cv2.TrackerTLD_create()

def tracker_GOTURN():
    return cv2.TrackerGOTURN_create()

surf = cv2.xfeatures2d.SURF_create()
sift = cv2.xfeatures2d.SIFT_create()
desc = surf
last_descriptor = None

def stab_descriptor(image, bbox=None):
  global desc, last_descriptor
  if last_descriptor is None:
    desc_kp_1, desc_des_1 = desc.detectAndCompute(image, None)
  else:
    desc_kp_1, desc_des_1 = last_descriptor
  last_descriptor = desc.detectAndCompute(image, None)
  desc_kp_2, desc_des_2 = last_descriptor
```

```python
    FLANN_INDEX_KDTREE = 1
    index_params = dict(algorithm = FLANN_INDEX_KDTREE, trees = 5)
    search_params = dict(checks=50)   # or pass empty dictionary
    flann = cv2.FlannBasedMatcher(index_params, search_params)
    matches = flann.knnMatch(desc_des_1, desc_des_2, k=2)
    MIN_MATCH_COUNT = 10
    good = []
    for m,n in matches:
        if m.distance < 0.7*n.distance:
            good.append(m)
    if len(good) > MIN_MATCH_COUNT:
        src_pts = np.float32([ desc_kp_1[m.queryIdx].pt for m in good ]).reshape(-1,1,2)
        dst_pts = np.float32([ desc_kp_2[m.trainIdx].pt for m in good ]).reshape(-1,1,2)
        M, mask = cv2.findHomography(src_pts, dst_pts, cv2.RANSAC, 5.0)
        matchesMask = mask.ravel().tolist()
        h,w,d = image.shape
        pts = np.float32([ [0,0],[0,h-1],[w-1,h-1],[w-1,0] ]).reshape(-1,1,2)
        dst = cv2.perspectiveTransform(pts,M)
        trans_coords = get_area_coords(dst)
        image = four_point_transform(image, trans_coords)
        # image = cv2.polylines(image,[np.int32(dst)],True,255,3, cv2.LINE_AA)
    return image

def get_area_coords(dst):
    tl = (int(dst[0][0][0]), int(dst[0][0][1]))
    tr = (int(dst[3][0][0]), int(dst[3][0][1]))
    bl = (int(dst[1][0][0]), int(dst[1][0][1]))
    br = (int(dst[2][0][0]), int(dst[2][0][1]))
    return [tl, tr, br, bl]

def order_points(pts):
    # 初始化一个将被排序的坐标列表
    # 使列表中的第一个条目位于左上角，第二个是右上角，第三个是右下角，第四个是左下角
    rect = np.zeros((4, 2), dtype = "float32")
```

```python
    # 左上角点的总和最小，而右下角点将有最大的和
    s = pts.sum(axis = 1)
    rect[0] = pts[np.argmin(s)]
    rect[2] = pts[np.argmax(s)]

    # 计算点之间的差异，即右上角的点将有最小的差异，而左下角的点的差异最大
    diff = np.diff(pts, axis = 1)
    rect[1] = pts[np.argmin(diff)]
    rect[3] = pts[np.argmax(diff)]

    # return the ordered coordinates
    return rect

def four_point_transform(image, pts):
    # 获取点的一致顺序并解码
    pts = np.array(pts)
    rect = order_points(pts)
    # rect = np.array(pts)
    (tl, tr, br, bl) = rect

    # 计算新图像的宽度，这将是右下角和左下角之间的最大距离，x 坐标或右上角和左上角的 x 坐标
    widthA = np.sqrt(((br[0] - bl[0]) ** 2) + ((br[1] - bl[1]) ** 2))
    widthB = np.sqrt(((tr[0] - tl[0]) ** 2) + ((tr[1] - tl[1]) ** 2))
    maxWidth = max(int(widthA), int(widthB))

    # 计算新图像的高度，这将是右上角和右下角之间的最大距离，y 坐标或左上角和左下角的 y 坐标
    heightA = np.sqrt(((tr[0] - br[0]) ** 2) + ((tr[1] - br[1]) ** 2))
    heightB = np.sqrt(((tl[0] - bl[0]) ** 2) + ((tl[1] - bl[1]) ** 2))
    maxHeight = max(int(heightA), int(heightB))

    dst = np.array([
        [0, 0],
        [maxWidth - 1, 0],
        [maxWidth - 1, maxHeight - 1],
        [0, maxHeight - 1]], dtype = "float32")
```

```python
    # 计算透视变换矩阵
    M = cv2.getPerspectiveTransform(rect, dst)
    warped = cv2.warpPerspective(image, M, (maxWidth, maxHeight))

    # 返回变换后的结果
    return warped
```

步骤四：使用摄像头读取人脸

```python
if __name__ == '__main__':
    camera_number = 0
    write_file = False
    visualize = True
    use_tracking = False
    resize_image = None


    stab_method = stab_scale


    detect_method = detect_mobilenet_widerface
    detect_method_init = detect_mobilenet_openimages_init
    get_tracker = tracker_KCF

    net = detect_method_init()
    cap = cv2.VideoCapture(camera_number)
    use_detector = True
    ok = None
    out = None
    bbox = None
    lastFound = None
    prevFrameTime = None
    currentFrameTime = None
    font = cv2.FONT_HERSHEY_SIMPLEX
    avg = 0
    fps = 0
    num = 1
    size = 1
```

```python
    weight = 2
    correct = 0
    time_det = 0
    time_sta = 0
    time_tra = 0
    accuracy = 0
    count_ms = 0
    count_fps = 0
    count_acc = 0
    count_det = 0
    count_sta = 0
    count_tra = 0
    frame_num = 0
    color = (255,255,255)

    if use_tracking:
        tracker = get_tracker()

    while True:
        start_time_total = time.time()
        frame_num += 1
        ret, frame = cap.read()
        if resize_image is not None:
            frame = cv2.resize(frame, resize_image)
        cols = frame.shape[1]
        rows = frame.shape[0]
        if write_file and out is None:
            out = cv2.VideoWriter("out.avi", cv2.VideoWriter_fourcc(*'H264'), 25.0, (cols, rows))
        if net:
            found = False
            if not use_tracking or bbox is None or use_detector:
                start_time = time.time()
                detections = detect_method(net, frame)
                time_det = (time.time() - start_time) * 1000
                for i in range(detections.shape[2]):
                    confidence = detections[0, 0, i, 2]
```

```python
            if confidence > confThreshold:
                found = True
                use_detector = False
                xLeftBottom = int(detections[0, 0, i, 3] * cols)
                yLeftBottom = int(detections[0, 0, i, 4] * rows)
                xRightTop = int(detections[0, 0, i, 5] * cols)
                yRightTop = int(detections[0, 0, i, 6] * rows)
                bbox = (xLeftBottom, xRightTop, yLeftBottom, yRightTop)
                box_color = (0, 255, 0)
        else:
            if ok is None:
                ok = tracker.init(frame, bbox)
            else:
                start_time = time.time()
                ok, box = tracker.update(frame)
                time_tra = (time.time() - start_time) * 1000
                print('tracker: ', time_tra)
                box = (int(box[0]), int(box[1]), int(box[2]), int(box[3]))
                if ok:
                    bbox = box
                    found = True
                    box_color = (255, 0, 0)
                else:
                    use_detector = True
                    ok = None
        if found:
            correct += 1
            cv2.rectangle(frame, (bbox[0], bbox[2]), (bbox[1], bbox[3]), box_color)
        if bbox is not None:
            start_time = time.time()
            frame = stab_method(frame, bbox)
            time_sta = (time.time() - start_time) * 1000

    diff = time.time() - start_time_total
    ms = diff*1000

    fps = 1000 // ms
```

```python
            accuracy = correct / frame_num
            count_fps += fps
            count_acc += accuracy * 100
            count_ms += diff * 1000
            count_det += time_det
            count_sta += time_sta
            count_tra += time_tra
            avg_ms = count_ms // num
            avg_fps = count_fps // num
            avg_acc = count_acc // num
            avg_det = count_det // num
            avg_sta = count_sta // num
            avg_tra = count_tra // num
            num += 1

        cv2.putText(frame, "fps: %s acc: %s ms: %s det: %s sta: %s tra: %s" % (1000//avg_ms, avg_acc, avg_ms, avg_det, avg_sta, avg_tra), (10, 30), font, size, color, weight)
        if write_file:
            out.write(frame)
        if visualize:
            cv2.imshow("detections", frame)
        else:
            print(avg_ms, 1000 // avg_ms)
        if cv2.waitKey(1) != -1:
            break
```

在终端输入命令 **python app.py** 运行实验代码。

4. 实验小结

在视频稳定实验中，不仅需要有一个有效的算法来实现实时人脸（一般对象）稳定，还必须有正确的数据注释，保证视频稳定后有更高的准确性。即使跟踪器算法在时间上有效，但头部和肩部通常包含在稳定区域中，因此跟踪面部的准确度很低，使并非真正以物体为中心的视频稳定下来。最好在每帧上执行对象检测。

视频稳定能够实现实时准确执行的技术是 MobileNet + WIDERFACE +非特征提取稳定算法。

本章总结

在视频稳定实验中，计算当前帧和前一帧的仿射变换，可以获得当前帧相对于前一帧的 x 轴变化量、y 轴变化量及角度变化量，对其进行平滑操作，使当前帧相对于第一帧没有偏移。此方法的优点和缺点如下。

此方法的优点如下。
- 对低频运动（较慢的振动）提供了良好的稳定性。
- 低内存消耗，因此非常适用于嵌入式设备（如 Raspberry Pi）。
- 可以很好地防止视频中的缩放抖动。

此方法的缺点如下。
- 对高频扰动的影响很小。
- 速度过慢。
- 如果运动模糊，则功能跟踪将失败，结果不是最佳的。
- 滚动快门失真也不适合这种方法。

作业与练习

1. [单选题]在目标检测中，使用 19×19 的格子来检测 20 个分类，使用 5 个锚框作为检测框。在训练过程中，将每张图像输出卷积后的结果 y 作为神经网络的目标值（这是最后一层），y 可能包括一些 "?" 或 "不关心的值"，最后的输出尺寸是（　　）。
   A．19×19×（25×20）　　　　　　B．19×19×（5×20）
   C．19×19×（20×25）　　　　　　D．19×19×（5×25）

2. [多选题]以下关于检测模型的说法，（　　）是错误的。
   A．RetinaNet、Faster-RCNN 是两阶段检测方法
   B．YOLO、SSD 是一阶段检测方法
   C．YOLO 的推理速度比 Faster-RCNN 的推理速度快
   D．以上各项都是错误的

3. [多选题]旨在解决与 IOU 有关的问题的是（　　）。
   A．SoftNMS　　　　　　　　　　B．Cascade RCNN
   C．Focal Loss　　　　　　　　　D．以上各项都是

4．[多选题]以下选项中属于在 SSD 模型训练阶段进行的是（　　）。
　　A．正样例挖掘　　　　　　　　　　B．指定正确标签并输出到集合中
　　C．选择检测默认框和尺度集合　　　　D．数据增强
5．[多选题]SSD 模型在训练过程中的损失函数计算包括（　　）。
　　A．总损失等于位置损失和置信损失的平均值
　　B．位置损失是预测框和真实标签值框参数之间的 L2 损失
　　C．对边界框的中心及其宽度、高度进行偏移回归
　　D．置信损失等于 Softmax 损失对多类别置信和权重项设置为 1 的交叉验证

cv-23-c-001

第 24 章 目标检测与跟踪

本章目标

- 理解目标跟踪的主要任务与原理。
- 掌握目标跟踪的主要方法与技能。
- 能够使用目标检测与跟踪模型进行推理。
- 能够对推理结果进行处理与可视化。

目标跟踪（Object Tracking）是计算机视觉领域的一个重要问题。DeepSORT 是多目标跟踪（Multi-Object Tracking）中常用的一种算法，前身是 SORT（Simple Online and Realtime Tracking）。SORT 算法最大的特点是基于 Faster-RCNN 的目标检测，并利用卡尔曼滤波算法+匈牙利算法，极大地提高了多目标跟踪的速度，同时达到了 SOTA 算法的准确率。

本章包含如下一个实验案例。

车辆检测与跟踪：使用 UA-DETRAC 训练 YOLOv3-Tiny 模型，结合 DeepSORT 模型实现车辆检测、跟踪和计数。

24.1 车辆检测与跟踪

城市中汽车数量的增加会导致交通流量的拥堵和交通违规现象的增加，因此，运用机器学习算法智能地监测交通流量、识别违规行为，非常有利于交通执法人员轻松、准确、高效地实现安全交通。

本次实验的目标是实现交通流量监控的自动化,主要实现的功能包含车辆的检测和分类(轿车、公共汽车)、车辆行驶方向的检测,以及对相同目标进行跟踪。实验运行效果如图 24.1 所示。

图 24.1　实验运行效果

24.1.1　UA-DETRAC 数据集

UA-DETRAC 是一个大规模车辆检测和车辆跟踪的数据集,其中包括在北京和天津的 24 个不同地点使用 Cannon EOS 550D 照相机拍摄的 10 小时的视频。视频以每秒 25 帧的速度记录,分辨率为 960 像素×540 像素。UA-DETRAC 数据集中的视频超过 14 万帧,手动注释 8250 台车辆,有 121 万个标记的对象框。

车辆分为四类,即轿车、公共汽车、厢式货车和其他车辆。

天气情况分为三类,即多云、晴天和雨天,同时还包含夜间拍摄的车辆。

标注的车辆的尺度定义为其像素面积的平方根。将车辆分为三种规模,即小型(0~50 像素)、中型(50~150 像素)和大型(大于 150 像素)。

使用车辆包围框被遮挡的比例来定义遮挡的程度,遮挡程度分为三类,即无遮挡、部分遮挡和重遮挡。具体来说,定义了部分遮挡(如果车辆遮挡率在 1%~50%)和重遮挡(遮挡率大于 50%)。

截尾率表示车辆部件在帧外的程度,用于训练样本的选择。

UA-DETRAC 数据集的样本分布如图 24.2 所示。

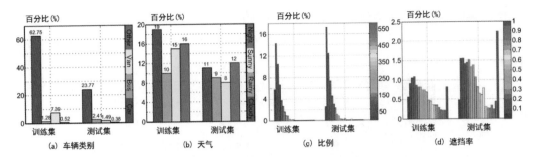

图 24.2　UA-DETRAC 数据集的样本分布

UA-DETRAC 数据集的部分样例如图 24.3 所示。

图 24.3　UA-DETRAC 数据集的部分样例

UA-DETRAC 数据集中的数据存储结构如图 24.4 所示。

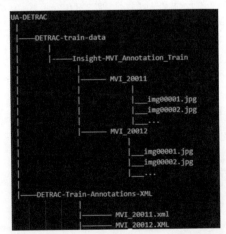

图 24.4　UA-DETRAC 数据集中的数据存储结构

UA-DETRAC 数据集的标签是 XML 格式的，并且一个 XML 文件对应一个视频序列，文件内容包含该视频序列中所有帧的标注信息，如图 24.5 所示。

```
<?xml version="1.0" encoding="utf-8"?>
<sequence name="MVI_20011">
    <sequence_attribute camera_state="unstable" sence_weather="sunny"/>
    <ignored_region>
    <frame density="7" num="1">
        <target_list>
            <target id="1">
                <box left="592.75" top="378.8" width="160.05" height="162.2"/>
                <attribute orientation="18.488" speed="6.859" trajectory_length="5" truncation_ratio="0.1" vehicle_type="car"/>
            </target>
            <target id="2">
            <target id="3">
            <target id="4">
            <target id="5">
            <target id="6">
            <target id="7">
        </target_list>
    </frame>
    <frame density="7" num="2">
    <frame density="7" num="3">
    <frame density="7" num="4">
    <frame density="7" num="5">
    <frame density="6" num="6">
    <frame density="6" num="7">
    <frame density="6" num="8">
    <frame density="6" num="9">
    <frame density="6" num="10">
    <frame density="6" num="11">
```
一帧

图 24.5　UA-DETRAC 数据集的数据标注

一帧中包括多台车辆的标注，标注信息包括车辆 ID、box 坐标，以及方向、速度、轨迹长度、遮挡率、车辆类别。本次实验要求数据符合 Pascal VOC 数据集的格式要求，要求与操作可参考第 14 章的实验内容。

24.1.2　目标跟踪

视频是一系列图像以足够快的频率显示，人眼便可以感知其内容的连续性。所有图像处理技术都可以应用于单个帧。此外，两个连续帧的内容通常是密切相关的。

视频中的对象检测需要验证图像序列中的对象，并精确定位以进行识别。目标跟踪在视频序列中监测目标的空间变化和时间变化（包括是否存在、位置、大小、形状等），通过解决时间对应问题来解决连续帧中目标区域的匹配问题，所以，目标检测与跟踪密切相关。跟踪通常从检测对象开始，而在后续图像序列中则通过目标跟踪验证来检测相同对象。

目标跟踪的任务是获取一组初始检测对象，为每个对象创建唯一 ID，当对象在视频中的帧周围移动时进行跟踪，维护 ID 分配。

视频中不同时刻的同一对象，如果位置发生变化，应如何实现关联呢？

下面介绍两种算法。

1）匈牙利算法

使用匈牙利算法可以判断当前帧中的某个目标是否与前一帧中的某个目标相同。

cv-24-v-001

匈牙利算法将前一帧中的跟踪框与当前帧中的检测框进行关联，通过外观信息和马氏距离或 IOU 来计算代价矩阵。

2）卡尔曼滤波

卡尔曼滤波基于目标前一时刻的位置来预测当前时刻的位置，并且可以比传感器更准确地估计目标的位置。

在目标跟踪中，卡尔曼滤波需要估计跟踪的两个状态，即均值和协方差。

均值表示目标的位置信息，由检测框的中心坐标(c_x, c_y)、宽高比 r、高 h，以及各自的速度变化值组成，由 8 维向量表示为 $x = [c_x, c_y, r, h, v_x, v_y, v_r, v_h]$，各个速度值初始化为 0。

协方差表示目标位置信息的不确定性，用 8×8 的对角矩阵表示，矩阵中的数字越大表明不确定性越大，可以以任意值初始化。

卡尔曼滤波分为两个阶段：先预测跟踪目标在下一时刻的位置，然后基于检测结果来更新预测的位置。

24.1.3 DeepSORT 目标跟踪

SORT 的英文全称为 Simple Online and Realtime Tracking，使用简单的卡尔曼滤波处理逐帧数据的关联性，以及使用匈牙利算法进行关联度量。这种简单的算法在高帧速率下具有良好的性能。但因为 SORT 模型忽略了被检测物体的表面特征，所以适合跟踪状态估计不确定性较低的物体。

DeepSORT 模型使用更加可靠的度量来代替关联度量，先使用卷积神经网络在大规模行人数据集中进行训练，然后提取特征，以增加网络对遗失和障碍的健壮性。

DeepSORT 模型对每帧的处理流程如下。

- 检测器得到检测框 bbox。
- 生成检测结果 detections。
- 使用卡尔曼滤波进行预测。
- 使用匈牙利算法将预测后的跟踪状态 tracks 和当前帧中的检测结果 detections 进行匹配（级联匹配和 IOU 匹配）。
- 卡尔曼滤波更新。

DeepSORT 模型的结构如图 24.6 所示。

先把目标检测得到的边界框传递给 DeepSORT 模型，然后由 DeepSORT 模型输出 128×1 维的特征向量。可以使用以下公式更新距离度量：

$$D = \lambda \times Dk + (1-\lambda) \times Da$$

其中，Dk 是马氏距离，Da 是外观特征向量之间的余弦距离，λ 是权重因子。

Name	Patch Size/Stride	Output Size
Conv 1	3 × 3/1	32 × 128 × 64
Conv 2	3 × 3/1	32 × 128 × 64
Max Pool 3	3 × 3/2	32 × 64 × 32
Residual 4	3 × 3/1	32 × 64 × 32
Residual 5	3 × 3/1	32 × 64 × 32
Residual 6	3 × 3/2	64 × 32 × 16
Residual 7	3 × 3/1	64 × 32 × 16
Residual 8	3 × 3/2	128 × 16 × 8
Residual 9	3 × 3/1	128 × 16 × 8
Dense 10		128
Batch and ℓ_2 normalization		128

图 24.6　DeepSORT 模型的结构

24.2　案例实现

1. 实验目标

（1）对训练数据进行预处理。
（2）使用 YOLOv3-Tiny 模型在训练数据上进行迁移学习。
（3）使用 DeepSORT 模型对检测结果进行跟踪。
（4）正确处理并显示检测与跟踪结果。

2. 实验环境

实验环境如表 24.1 所示。

表 24.1　实验环境

硬　件	软　件	资　源
PC 机/笔记本电脑或 AIX-EBoard 人工智能视觉实验平台	Ubuntu 18.4/Windows 10 Python 3.7.3 TensorFlow 2.4.0 OpenCV-Python 4.5.1.48	训练数据 图像扭曲源码、可视化源码 训练好的模型文件

3. 实验步骤

实验目录结构如图 24.7 所示。
本次实验的模型训练在 GPU 服务器上完成，训练好的模型可以直接使用，实验步骤如下。

名称	大小	类型	修改日期
__pycache__		文件夹	2021/9/10 16:33
deep_sort	目标追踪源码	文件夹	2021/9/10 15:15
model_data	模型文件	文件夹	2021/9/10 16:05
test_video	测试视频	文件夹	2021/9/10 18:11
tools	工具类	文件夹	2021/9/10 15:16
yolo3	YOLO模型	文件夹	2021/9/10 15:16
demo.py	需要编码的文件	Python File	2021/9/10 18:39
yolo.py	YOLO检测源码	Python File	2021/9/10 16:33

图 24.7 实验目录结构

（1）数据预处理。

（2）模型训练与整合。

（3）推理。

（4）运行实验代码。

步骤一：数据预处理

将 UA-DETRAC 数据集的 XML 标注文件转换为 YOLOv3 模型需要的 TXT 格式，就是每张图像对应一个 TXT 标注，bbox 的格式保存为[center_x, center_y, w, h]。

在 tools/ bigxml_txt_1.py 中编写代码，将大 XML 标注拆分为单个 TXT。

```
'''
XML 拆分
'''
import os.path as osp
import os
import numpy as np
import shutil
import xml.dom.minidom as xml
import abc


def mkdirs(d):
    if not osp.exists(d):
        os.makedirs(d)


## train
    seq_root = "/workspace/dataset/DETRAC-dataset/Images/Insight-MVT_Annotation_Train/"          # 图像
```

```python
    xml_root = "/workspace/dataset/DETRAC-dataset/Annotations/DETRAC-Train-Annotations-XML/"    # 原始XML标注
    label_root = "/workspace/dataset/DETRAC-dataset/Annotations/train_detrac_txt/"    # 新生成的标签保存目录
    seqs = [s for s in os.listdir(seq_root)]

'''
read_xml
'''
class XmlReader(object):
    __metaclass__ = abc.ABCMeta
    def __init__(self):
        pass
    def read_content(self,filename):
        content = None
        if (False == os.path.exists(filename)):
            return content
        filehandle = None
        try:
            filehandle = open(filename,'rb')
        except FileNotFoundError as e:
            print(e.strerror)
        try:
            content = filehandle.read()
        except IOError as e:
            print(e.strerror)
        if (None != filehandle):
            filehandle.close()
        if(None != content):
            return content.decode("utf-8","ignore")
        return content

    @abc.abstractmethod
    def load(self,filename):
        pass

class XmlTester(XmlReader):
    def __init__(self):
```

```python
        XmlReader.__init__(self)
    def load(self, filename):
        filecontent = XmlReader.read_content(self,filename)
        seq_gt=[]

        if None != filecontent:
            dom = xml.parseString(filecontent)
            root = dom.getElementsByTagName('sequence')[0]
            if root.hasAttribute("name"):
                seq_name=root.getAttribute("name")
                # print ("*"*20+"sequence: %s" %seq_name +"*"*20)
            # 获取所有的frame
            frames = root.getElementsByTagName('frame')

            for frame in frames:
                if frame.hasAttribute("num"):
                    frame_num=int(frame.getAttribute("num"))

                    # print ("-"*10+"frame_num: %s" %frame_num +"-"*10)

                target_list = frame.getElementsByTagName('target_list')[0]
                # 获取一帧中所有的target
                targets = target_list.getElementsByTagName('target')
                targets_dic={}
                for target in targets:
                    if target.hasAttribute("id"):
                        tar_id=int(target.getAttribute("id"))
                        # print ("id: %s" % tar_id)

                    box = target.getElementsByTagName('box')[0]
                    if box.hasAttribute("left"):
                        left=box.getAttribute("left")
                        # print ("  left: %s" % left)
                    if box.hasAttribute("top"):
                        top=box.getAttribute("top")
                        # print ("  top: %s" %top )
                    if box.hasAttribute("width"):
```

```python
                    width=box.getAttribute("width")
                    # print (" width: %s" % width)
                if box.hasAttribute("height"):
                    height=box.getAttribute("height")
                    # print (" height: %s" %height )
                # [xmin, ymin, xmax, ymax]
                xmin = float(left)
                ymin = float(top)

                xmax = float(left) + float(width)
                ymax = float(top) + float(height)

                attribute = target.getElementsByTagName('attribute')[0]
                if attribute.hasAttribute("vehicle_type"):
                    type=attribute.getAttribute("vehicle_type")
                    if type=="car":
                        type=0
                    if type=="van":
                        type=1
                    if type=="bus":
                        type=2
                    if type=="others":
                        type=3

                seq_gt.append([frame_num, tar_id, xmin, ymin, xmax, ymax, type])
        return seq_gt
tid_curr = 0
tid_last = -1     # 用于下一个视频序列时，ID 接着上一个视频序列的最大值
for seq in seqs:     # 每个视频序列
    print(seq)
    # seq_width = 960
    # seq_height = 540

    gt_xml = osp.join(xml_root, seq + '.xml')
    reader = XmlTester()
    gt = reader.load(gt_xml)
```

```python
# 统计这个序列的所有ID
ids=[]
for line in gt:
    if not line[1] in ids:
        ids.append(line[1])
# print(ids)
# 根据ID将同一ID的不同帧的标注放在一起
final_gt=[]
for id in ids:
    for line in gt:
        if line[1] == id:
            final_gt.append(line)
# print(len(final_gt))
# print(final_gt)
# seq_label_root = osp.join(label_root, seq)
seq_label_root = label_root
if not os.path.exists(seq_label_root):
    mkdirs(seq_label_root)

for fid, tid, xmin, ymin, xmax, ymax, label in final_gt:

    label= int(label)
    # print(" ",fid,label)
    fid = int(fid)
    tid = int(tid)
    if not tid == tid_last:
        tid_curr += 1
        tid_last = tid

    label_fpath = osp.join(seq_label_root, 'img{:05d}_{}.txt'.format(fid, str(seq)))
    label_str = '{:d} {:.6f} {:.6f} {:.6f} {:.6f}\n'.format(0,
                xmin, ymin, xmax, ymax) ## original box
    with open(label_fpath, 'a') as f:
        f.write(label_str)
```

执行上述代码得到每张图像的 XML 标注，如图 24.8 所示。

图 24.8　生成 XML 标注

为了降低目标检测过程中的误检率，将正样本和负样本按照 1∶3 的比例添加样本，负样本是指不包含检测目标的图像，使用以下代码生成 XML 文件。

```python
from tensorflow_examples.models.pix2pix import pix2pix
import os
import xml.dom.minidom
import cv2

img_path = '/workspace/dataset/NAV-dataset/Images/'
xml_path = '/workspace/dataset/DETRAC-dataset/Annotations/DETRAC-Train-Annotations-XML/'

# 删除所有label为背景的XML
import xml.etree.ElementTree as ET
for img_file in os.listdir(xml_path):
    filename = os.path.join(xml_path, img_file)
    root = ET.parse(filename).getroot()
    for ob in root.findall('object'):
        name = ob.find('name').text
        # print(name)
    if name=='Background':
        os.remove(filename)
        continue

# 创建新的XML文件（保留所有原有label为非背景的XML）
for img_file in os.listdir(img_path):
    filename = os.path.join(img_path, img_file)
    img_cv = cv2.imread(filename)
```

```python
    img_name = os.path.splitext(img_file)[0]

    # 创建文档对象
    doc = xml.dom.minidom.Document()
    # 添加根节点
    annotation = doc.createElement('annotation')
    # 将节点添加到文档中
    doc.appendChild(annotation)

    # 添加子节点
    folder = doc.createElement('folder')
    folder_text = doc.createTextNode('VOC2012')
    folder.appendChild(folder_text)
    annotation.appendChild(folder)

    # 指定name
    filename = doc.createElement('filename')
    filename_text = doc.createTextNode(img_file)
    filename.appendChild(filename_text)
    annotation.appendChild(filename)

    # 添加路径
    path = doc.createElement('path')
    path_text = doc.createTextNode(img_path + img_file)
    path.appendChild(path_text)
    annotation.appendChild(path)

    # 资源
    source = doc.createElement('source')
    database = doc.createElement('database')
    database_text = doc.createTextNode('unknown')
    source.appendChild(database)
    database.appendChild(database_text)
    annotation.appendChild(source)

    # size大小
    size = doc.createElement('size')
    width = doc.createElement('width')
    width_text = doc.createTextNode('%s'%img_cv.shape[1])
    height = doc.createElement('height')
```

```
            height_text = doc.createTextNode('%s'%img_cv.shape[0])
            depth = doc.createElement('depth')
            depth_text = doc.createTextNode('%s'%img_cv.shape[2])
            size.appendChild(width)
            width.appendChild(width_text)
            size.appendChild(height)
            height.appendChild(height_text)
            size.appendChild(depth)
            depth.appendChild(depth_text)
            annotation.appendChild(size)

            # 分割
            segmented = doc.createElement('segmented')
            segmented_text = doc.createTextNode('0')
            segmented.appendChild(segmented_text)
            annotation.appendChild(segmented)

            # 保存
            if not os.path.exists(xml_path+'%s.xml'%img_name):
                with open(xml_path+'%s.xml'%img_name, mode="w", encoding="utf-8") as f:
                    fp = open(xml_path+'%s.xml'%img_name, 'w+')
                    doc.writexml(fp, indent='\t', addindent='\t', newl='\n', encoding=
'utf-8')
                    fp.close()
```

使用 tools/voc_annotation.py 进一步处理，生成训练集和测试集的映射 TXT 文件，并存放到 ImageSet 的 Main 目录下。

步骤二：模型训练与整合

如果有训练环境，则按照以下步骤进行训练。

1）使用聚类生成锚框大小

利用 model_data/tiny_yolo_anchors.txt 中的先验框的值来生成 kmeans.py 文件（在根目录下）。

打开 kmeans.py 文件，如图 24.9 所示，修改第 61 行。

```
60      def result2txt(self, data):
61          f = open('model_data/tiny_yolo_anchors.txt', 'w')
62          row = np.shape(data)[0]
```

图 24.9　输出结果

如图 24.10 所示，修改第 98 行。

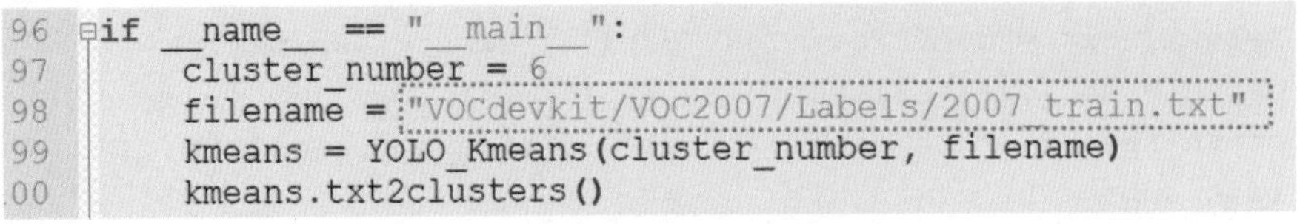

```
96  if __name__ == "__main__":
97      cluster_number = 6
98      filename = "VOCdevkit/VOC2007/Labels/2007_train.txt"
99      kmeans = YOLO_Kmeans(cluster_number, filename)
00      kmeans.txt2clusters()
```

图 24.10 需要聚类的数据

执行命令 python kmeans.py，打开 tiny_yolo_anchors.txt 文件查看聚类结果，如图 24.11 所示。

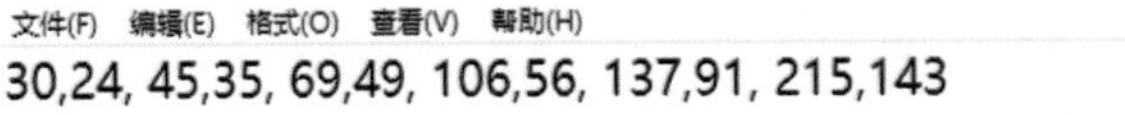

30,24, 45,35, 69,49, 106,56, 137,91, 215,143

图 24.11 聚类结果

2）修改类名称

如图 24.12 所示，将 model_data/voc_classes.txt 文件的 classes 修改为实际的 classes。

3）使用 train.py 文件对模型进行训练

使用两块 GTX1080Ti，BatchSize=16，Epochs=50，训练时长约为 4 小时。

训练结束后，相关模型文件如图 24.13 所示。

图 24.12 修改类名称

图 24.13 相关模型文件

步骤三：推理

在 demo.py 文件中编写以下代码。

1）导入模块

```
# 导入
from __future__ import division, print_function, absolute_import
import os
import datetime
from timeit import import time
import warnings
import cv2
import numpy as np
import argparse
from PIL import Image
```

```python
from yolo import YOLO
from deep_sort import preprocessing
from deep_sort import nn_matching
from deep_sort.detection import Detection
from deep_sort.tracker import Tracker
from tools import generate_detections as gdet
from collections import deque
from keras import backend
```

2）定义检测和跟踪对象

定义 main() 函数，在函数中定义检测模块、目标跟踪模块与视频流对象。

```python
def main(yolo):

    start = time.time()
    # 定义检测参数
    max_cosine_distance = 0.5    # 余弦距离的控制阈值
    nn_budget = None
    nms_max_overlap = 0.5        # 非极大值抑制的阈值

    counter = []
    # 加载目标跟踪模型
    model_filename = 'model_data/mars-small128.pb'
    encoder = gdet.create_box_encoder(model_filename,batch_size=1)
    # 验证跟踪状态
    metric = nn_matching.NearestNeighborDistanceMetric("cosine", max_cosine_distance, nn_budget)
    tracker = Tracker(metric)

    # 定义视频流对象
    # video_capture = cv2.VideoCapture('test_video/video7.mp4')
    video_capture = cv2.VideoCapture(0)
```

3）目标检测与跟踪

在 main() 函数中进行目标检测与跟踪，并显示结果。

```python
while True:
    # 读取1帧
    ret, frame = video_capture.read()    # frame shape 640*480*3
    if ret != True:
        break
```

```python
        t1 = time.time()
        # 图像格式转换
        image = Image.fromarray(frame[...,::-1]) # 由 BGR 转换为 RGB
        # 目标检测
        boxs,class_names = yolo.detect_image(image)
        features = encoder(frame,boxs)
        # 对检测结果进行格式化
        detections = [Detection(bbox, 1.0, feature) for bbox, feature in zip(boxs, features)]
        # 进行非极大值抑制
        boxes = np.array([d.tlwh for d in detections])
        scores = np.array([d.confidence for d in detections])
        indices = preprocessing.non_max_suppression(boxes, nms_max_overlap, scores)
        detections = [detections[i] for i in indices]

        # 进行跟踪
        tracker.predict()
        tracker.update(detections)

        # 绘制框
        i = int(0)
        indexIDs = []
        c = []
        boxes = []
        for det in detections:
            bbox = det.to_tlbr()
            cv2.rectangle(frame,(int(bbox[0]), int(bbox[1])), (int(bbox[2]), int(bbox[3])),(255,255,255), 2)

        # 显示跟踪结果和目标数量
        for track in tracker.tracks:
            if not track.is_confirmed() or track.time_since_update > 1:
                continue
            # 目标 ID
            indexIDs.append(int(track.track_id))
            counter.append(int(track.track_id))
            bbox = track.to_tlbr()
            color = [int(c) for c in COLORS[indexIDs[i] % len(COLORS)]]
```

```python
            cv2.rectangle(frame, (int(bbox[0]), int(bbox[1])), (int(bbox[2]), int(bbox[3])),(color), 3)
            cv2.putText(frame,str(track.track_id),(int(bbox[0]), int(bbox[1]-50)),0, 5e-3 * 150, (color),2)
            if len(class_names) > 0:
                class_name = class_names[0]
                cv2.putText(frame, str(class_names[0]),(int(bbox[0]), int(bbox[1]-20)),0, 5e-3 * 150, (color),2)
            i += 1
            center = (int(((bbox[0])+(bbox[2]))/2),int(((bbox[1])+(bbox[3]))/2))
            pts[track.track_id].append(center)
            thickness = 5
            cv2.circle(frame,  (center), 1, color, thickness)

            # 绘制跟踪路径
            for j in range(1, len(pts[track.track_id])):
                if pts[track.track_id][j - 1] is None or pts[track.track_id][j] is None:
                    continue
                thickness = int(np.sqrt(64 / float(j + 1)) * 2)
                cv2.line(frame,(pts[track.track_id][j-1]), (pts[track.track_id] [j]),(color),thickness)

        # 显示计数结果
        count = len(set(counter))
        cv2.putText(frame, "total-counter: "+str(count),(int(20), int(120)),0, 5e-3 * 200, (0,255,0),2)
        cv2.putText(frame, "current-counter: "+str(i),(int(20), int(80)),0, 5e-3 * 200, (0,255,0),2)
        cv2.putText(frame, "FPS: %f"%(fps),(int(20), int(40)),0, 5e-3 * 200, (0,255,0),3)
        cv2.namedWindow("YOLO3_Deep_SORT", 0);
        cv2.resizeWindow('YOLO3_Deep_SORT', 640, 480);
        cv2.imshow('YOLO3_Deep_SORT', frame)
        fps = ( fps + (1./(time.time()-t1)) ) / 2
        if cv2.waitKey(1) & 0xFF == ord('q'):
            break

    print(" ")
    print("[结束]")
    end = time.time()
```

```
    if len(pts[track.track_id]) != None:
        print(str(count) + " " + str(class_name) +' Found')

    else:
        print("[没有找到]")

# 释放资源
video_capture.release()
cv2.destroyAllWindows()
```

步骤四：运行实验代码

在终端输入命令 python demo.py 运行实验代码。

4. 实验小结

默认对象检测阈值（默认值 = 0.5）。可以调整 yolo.py 文件中的 score 在[0,1]范围内的浮点值，更接近于 1 的值将产生更少的具有更高确定性的检测，而更接近于 0 的值将产生更多的具有更低确定性的检测。通常，最好在确定性比较低的一侧出错，因为在后期处理期间总是可以过滤掉这些对象。

本章总结

- 本章在车辆检测的基础上，实现对指定目标的跟踪，采用的目标跟踪模型是 DeepSORT。
- DeepSORT 模型使用简单的卡尔曼滤波处理逐帧数据的关联性，使用匈牙利算法进行关联度量。DeepSORT 模型适用于不确定性比较低的场景。
- 实际的交通违规监测主要是针对违规车辆进行跟踪，如车辆逆行，因此，在完成本章实验后，读者可以扩展车辆行驶方向识别，以及对逆行车辆进行跟踪的功能。

作业与练习

1. [单选题]在目标检测中，检测道路标志（停车标志、行人过路标志、前方施工标志）和交通信号灯（红灯和绿灯）的图像，目标是识别这些图像中的哪个标志出现在每张图像中。关于激活函数的使用正确的是（　　）。

　　A．在隐藏层使用 ReLU　　　　　　　B．在输出层使用 Softmax

C．在隐藏层使用 Tanh   D．在输出层使用 Sigmoid

2．[单选题]数据的分布包含使用汽车的前置摄像头拍摄的图像，这与在网上找到并下载的图像不同。以下（　　）是将数据集分割为训练集、验证集、测试集的正确方法。

　　A．将 10 万张前置摄像头拍摄的图像与在网上找到的 90 万张图像随机混合，使所有数据都随机分布：训练集 60 万张、验证集 20 万张、测试集 20 万张

　　B．将 10 万张前置摄像头拍摄的图像与在网上找到的 90 万张图像随机混合，使所有数据都随机分布：训练集 98 万张、验证集 1 万张、测试集 1 万张

　　C．从网上找到的 90 万张图像和汽车前置摄像头拍摄的 8 万张图像作为训练集，剩余的 2 万张图像由验证集和测试集平均分配。

　　D．从网上找到的 90 万张图像和汽车前置摄像头拍摄的 2 万张图像作为训练集，剩余的 8 万张图像由验证集和测试集平均分配。

3．[多选题]要识别红色和绿色的灯光，以下属于端到端学习的是（　　）。

　　A．将图像输入神经网络，并直接学习映射，以预测是否存在红光和绿光

　　B．首先检测图像中的交通信号灯（如果有），然后确定交通信号灯中照明灯的颜色。

　　C．将图像输入任意模型，并直接学习映射，以预测是否存在红光和绿光

　　D．先确定灯的颜色，然后检测交通信号灯

4．[多选题]某数据集中包含 100 000 张使用汽车前置摄像头拍摄的图像和 900 000 张从网上下载的道路图像。

每张图像的标签都精确地表示特定路标和交通信号灯的组合，以下数据标签正确的是（　　）。

　　A．y(i)= [10010]　　B．y(i)= [0?11?]　　C．y(i)= [0????]　　D．y(i)= [01111]

5．扩展功能：对车辆行驶方向进行识别，监测逆行车辆并进行跟踪。

cv-24-c-001

第 25 章

风格迁移

本章目标

- 理解风格迁移的相关概念。
- 理解风格迁移的基本原理。
- 能够实现固定内容和固定风格的迁移。
- 能够使用预训练模型实现任意风格的迁移。

神经风格迁移也称为艺术风格迁移,通过算法操纵数字图像或视频,以采用另一幅图像的外观或视觉风格。神经风格迁移算法的特点是使用深度神经网络进行图像转换。

神经风格迁移就是使用计算机进行艺术创作的过程,也就是用另一种风格绘制一幅图像的内容的过程。

本章包含如下一个实验案例。

图像与视频风格迁移:使用 TensorFlow 基于风格转换和超分辨率感知损失实现实时风格迁移,将两幅图像或图像与视频无缝融合,以创建具有视觉吸引力的艺术作品。

25.1 图像与视频风格迁移

本次实验首先通过代码实现固定内容和固定风格的风格迁移,然后使用提供的预训练模型实现任意内容、多风格的图像风格迁移。实验运行效果如图 25.1 所示。

 +  =

图 25.1　实验运行效果

视频风格迁移的效果如图 25.2 所示。

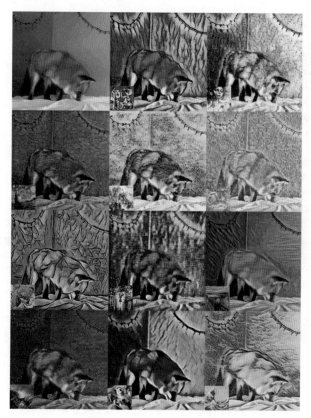

图 25.2　视频风格迁移的效果

25.1.1　理解图像内容和图像风格

1）图像内容

图像中可以包含很多内容对象，如一个人、一辆车或一座建筑等。

图像内容由线条、形状按照一定的结构和布局组合而成，包含轮廓、位置等。

2）图像风格

图像风格其实是很难定义的东西，通常包含纹理、笔触、色调等。但是在神经网络中，风格一般指的是纹理。纹理的特点也很难定义，但纹理的一个特点是和所在位置无关，基于这个特点，只要是和位置无关的特征信息，都可以试着来表示纹理的特征。

卷积神经网络实际上学习图像代表什么或图像中可见的内容，并且由于神经网络的固有非线性特性，从浅层到更深层的隐藏单元，它能够从给定图像中检测出越来越复杂的特征，这个过程如图 25.3 所示。

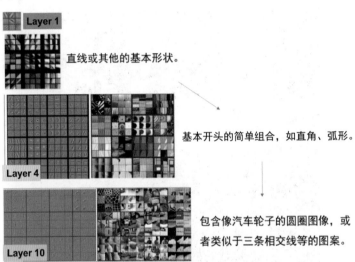

图 25.3　卷积神经网络的学习过程

25.1.2　图像重建

卷积神经网络通过梯度下降法进行图像重建。

神经网络可以看作一种变换，输入在每一层变换后都可以看作一个向量，这个向量经过下一层继续变换为新的向量。因为是变换，所以很自然会想到是否可以做逆变换，也就是根据提取的特征进行图像重建。对于一般的卷积神经网络来说，严格的逆变换常常是不行的，不过这个问题有不少人研究过，其中一种比较有代表性的方法是 VGG 组于 2015 年在 CVPR 上发表的 *Understanding Deep Image Representations by Inverting Them*。该方法的基本思路是原始图像经过变换后会得到一个向量作为特征，此时保持提取特征的网络的参数不变，先用任意输入（如白噪声）经过网络变换得到一个特征，然后定义一种损失函数来计算这个特征和原始图像得到特征的差异，并利用梯度下降法进行优化，同时加入规范化的项对要重建的图像进行约束。这就

转换成一个优化问题，其公式为

$$\hat{x} = \arg\min_{x \in R^{H \times W \times C}} \left(G(x) - G(x_{\text{img}})\right)^2 + \lambda R(x)$$

其中，x_{img} 是目标图像，是迭代过程中的图像，所以维度是图像的宽（W）乘以高（H）再乘以通道数（C）。优化的目标函数是要让目标图像经过一个卷积神经网络得到的特征，和要重建的图像经过卷积神经网络得到的特征尽量一致。采用欧氏距离作为损失函数，另外，因为通常是一个不可逆问题，所以需要加上规范项。规范项有很多选项，*Understanding Deep Image Representations by Inverting Them* 中采用的是图像的梯度，以及考虑了图像分辨率大小的取值幅度。

求解这个问题就可以得到重建图像。至于变换 G，既可以是不同的网络，也可以是同一个网络中任何层得到的特征。对于一般的分类/检测网络等，越靠近输入的特征越简单，如纹理、边缘等；越靠近输出的特征则包含越多的语义信息，如不同种类的物体或某类物体的明显特点。在图像重建中，特征所处的位置则反映在重建的完整性上。对于底层的卷积核，如果数量足够，是能够很好地保存原始图像中的信息的。另外，因为低层的特征响应图的维度通常远高于输入的图像，这时只要特征足够多样化，几乎是可以完美重建输入图像的。随着特征的不断传播，丢失的信息越来越多，尤其是到了很高的层之后，特征的维度也会降下来，这时通过梯度下降重建输入图像成了典型的病态问题，重建的效果就不会很好，最后的结果受到规范项的影响也比较大。体现在视觉上就是利用低层特征重建的图像和原始图像更像，如线条等细节都能够得到很好的还原，而利用高层特征重建的图像则会丢失较多内容，尤其是细节部分。

25.1.3 风格重建

风格，一般指的是纹理。纹理的特点和所在位置无关，即图像中只要是和位置无关的统计信息，都可以表示纹理的特征，如 Gram 矩阵就是在卷积神经网络中表示特征的一种方法。

$$G_{ij}^l = \sum_k F_{ik}^l F_{jk}^l$$

其中，G^l 代表第 l 层响应图对应的 Gram 矩阵，F_i^l 代表该层第 i 个卷积核对应的响应图。通常一个响应图是二维的，这里把响应图展开为一个一维向量，F^l_{ik} 代表该层第 i 个响应图的第 k 个元素。所以，Gram 矩阵的每个元素就是求了一个内积，即求的是两个响应图之间和位置无关的一种相关性。

$$\hat{x} = \arg\min_x \sum w_l E_l$$

把每层的 Gram 矩阵作为特征，让重建图像的 Gram 矩阵尽量接近原始图像的 Gram 矩阵，这也是一个优化问题。其中，E_l 是每层的 loss，w_l 是该层 loss 的权重。

重建内容和风格的方法都已确定,接下来是把某个较高层的特征作为内容重建的目标,同时把每层响应的 Gram 矩阵以某个比例求和作为风格的重建目标,对输入图像进行优化:

$$E_l = \frac{1}{4N_l^2 M_l^2} \sum_{i,j}(G_{ij}^l - G_{ij}^{l,\text{img}})^2$$

编码表示本身的这种性质是风格迁移的关键,可以用来计算生成图像与内容图像、样式图像之间的损失。

对于同一类图像、具有相似内容或样式的图像,模型能够生成相似的特征来表示。因此,使用生成图像与内容图像、样式图像的特征表示差异来作为风格迁移过程的损失函数。

进一步的问题则是如何实现生成图像(img_g)与内容图像(img_c)、样式图像(img_s)之间的内容迁移、样式迁移?

这可以通过将损失函数分为两部分来解决,一部分是内容损失,另一部分是风格损失。

定义两个距离用于内容(DC)和样式(DS)。DC 测量两张图像之间的内容有多少不同之处,而 DS 测量两张图像之间样式的差异。获取第三张图像(输入),并将其转换为最小化与内容图像的内容距离和与样式图像的样式距离。

25.2 案例实现

1. 实验目标

(1)加载图像并进行预处理。
(2)定义损失函数。
(3)固定内容固定风格的迁移。
(4)任意内容多种风格的迁移。

2. 实验环境

实验环境如表 25.1 所示。

表 25.1 实验环境

硬　件	软　件	资　源
PC 机/笔记本电脑或 AIX-EBoard 人工智能视觉实验平台	Ubuntu 18.4/Windows 10 Python 3.7.3 TensorFlow 2.4.0	训练数据 训练好的模型文件 风格迁移实用函数

3. 实验步骤

实验目录结构如图 25.4 所示。

名称	说明	类型	大小
configs	配置文件	文件夹	
data	测试数据	文件夹	
output	输出目录	文件夹	
style_model	样式模型	文件夹	
style_transfer	风格迁移模块	文件夹	
utils	工具模块	文件夹	
slow_style_transfer.py	风格迁移测试代码	Python File	4 KB
style_image.py	单张图片风格迁移	Python File	2 KB
style_multi_images.py	多张图片风格迁移	Python File	2 KB
style_video.py	视频风格迁移	Python File	3 KB
style_webcam.py	摄像头风格迁移	Python File	3 KB
train.py	训练代码	Python File	5 KB
transfer.py	固定图片风格迁移	Python File	17 KB

图 25.4 实验目录结构

实验步骤如下。

（1）加载图像并进行预处理。

（2）定义损失函数。

（3）固定内容固定风格的迁移。

（4）任意内容多种风格的迁移。

步骤一：加载图像并进行预处理

为了确保正确导入相关图像，需要显示样式图像和内容图像。

将图像的副本转换为 PIL 格式，使用 plt.imshow 来显示图像。

```python
from __future__ import print_function

import matplotlib.pyplot as plt
import matplotlib as mpl
mpl.rcParams['figure.figsize'] = (10,10)
mpl.rcParams['axes.grid'] = False

import numpy as np
from PIL import Image
import time
import functools
```

```python
import tensorflow as tf

from tensorflow.python.keras.preprocessing import image as kp_image
from tensorflow.python.keras import models
from tensorflow.python.keras import losses
from tensorflow.python.keras import layers
from tensorflow.python.keras import backend as K
# # ### 3.2 加载图像
# #
# # 导入样式图像和内容图像


content_path = 'data/images/content.jpg'
style_path = 'data/images/style.jpg'

# 设置输入图形


def load_img(path_to_img):
    max_dim = 512
    img = Image.open(path_to_img)
    long = max(img.size)
    scale = max_dim/long
    img = img.resize((round(img.size[0]*scale), round(img.size[1]*scale)), Image.ANTIALIAS)

    img = kp_image.img_to_array(img)

    img = np.expand_dims(img, axis=0)
    return img



# ### 3.3 显示图像
#
# 为了确保正确导入相关图像，需要显示样式和内容图像。创建一个通过将图像的副本转换为 PIL 格式并使用 plt.imshow 来显示图像。



def imshow(img, title=None):
```

```python
    # 删除样本数量维度
    out = np.squeeze(img, axis=0)
    # 标准化
    out = out.astype('uint8')
    plt.imshow(out)
    if title is not None:
        plt.title(title)
        plt.imshow(out)
plt.figure(figsize=(10,10))

content = load_img(content_path).astype('uint8')
style = load_img(style_path).astype('uint8')

plt.subplot(1, 2, 1)
imshow(content, 'Content Image')

plt.subplot(1, 2, 2)
imshow(style, 'Style Image')
plt.show()
```

步骤二：定义损失函数

```python
# # ### 3.4 定义损失函数
# 内容层
content_layers = ['block5_conv2']

# 风格层
style_layers = ['block1_conv1',
                'block2_conv1',
                'block3_conv1',
                'block4_conv1',
                'block5_conv1'
               ]

num_content_layers = len(content_layers)
num_style_layers = len(style_layers)
```

```python
# 内容损失
def get_content_loss(base_content, target):
    return tf.reduce_mean(tf.square(base_content - target))
```

(2) 风格损失

```python
# 风格损失
def gram_matrix(input_tensor):
    channels = int(input_tensor.shape[-1])
    a = tf.reshape(input_tensor, [-1, channels])
    n = tf.shape(a)[0]
    gram = tf.matmul(a, a, transpose_a=True)
    return gram / tf.cast(n, tf.float32)


def get_style_loss(base_style, gram_target):
    height, width, channels = base_style.get_shape().as_list()
    gram_style = gram_matrix(base_style)

    return tf.reduce_mean(tf.square(gram_style - gram_target))
```

步骤三：固定内容固定风格的迁移

引入一个预先训练好的 19 层的预训练 VGG 模型（VGG19）。

```python
## ### 3.5 加载神经网络模型
# 引入一个预先训练好的19层的预训练VGG模型（VGG19）。

# 加载VGG19模型


def get_model():
    # Load our model. We load pretrained VGG, trained on imagenet data
    vgg = tf.keras.applications.vgg19.VGG19(include_top=False, weights='imagenet')
    vgg.trainable = False
    # 模型中的内容层和输出层
    style_outputs = [vgg.get_layer(name).output for name in style_layers]
```

```python
        content_outputs = [vgg.get_layer(name).output for name in content_layers]
        model_outputs = style_outputs + content_outputs
        # Build model
        return models.Model(vgg.input, model_outputs)


    # 创建一个模块使输入图像标准化,以便我们可以轻松地将其放入


    def load_and_process_img(path_to_img):
        img = load_img(path_to_img)
        img = tf.keras.applications.vgg19.preprocess_input(img)
        return img


    def deprocess_img(processed_img):
        x = processed_img.copy()
        if len(x.shape) == 4:
            x = np.squeeze(x, 0)
        assert len(x.shape) == 3, ("输入图像的维度必须符合维度dimension [1, height, width, channel] 或 [height, width, channel]")
        if len(x.shape) != 3:
            raise ValueError("数据维度错误")

        # 数据归一化
        x[:, :, 0] += 103.939
        x[:, :, 1] += 116.779
        x[:, :, 2] += 123.68
        x = x[:, :, ::-1]

        x = np.clip(x, 0, 255).astype('uint8')
        return x


    def get_feature_representations(model, content_path, style_path):

        # 内容图像和样式图像
```

```python
    content_image = load_and_process_img(content_path)
    style_image = load_and_process_img(style_path)

    # 内容输出和样式输出
    style_outputs = model(style_image)
    content_outputs = model(content_image)

    # 获取样式特征和内容特征
    style_features = [style_layer[0] for style_layer in style_outputs[:num_style_layers]]
    content_features = [content_layer[0] for content_layer in content_outputs[num_style_layers:]]
    return style_features, content_features


def compute_loss(model, loss_weights, init_image, gram_style_features, content_features):

    style_weight, content_weight = loss_weights

    model_outputs = model(init_image)

    style_output_features = model_outputs[:num_style_layers]
    content_output_features = model_outputs[num_style_layers:]

    style_score = 0
    content_score = 0

    # 计算样式损失
    weight_per_style_layer = 1.0 / float(num_style_layers)
    for target_style, comb_style in zip(gram_style_features, style_output_features):
        style_score += weight_per_style_layer * get_style_loss(comb_style[0], target_style)

    # 计算内容损失
    weight_per_content_layer = 1.0 / float(num_content_layers)
```

```python
        for target_content, comb_content in zip(content_features, content_
output_features):
            content_score += weight_per_content_layer* get_content_loss(comb_content
[0], target_content)

        style_score *= style_weight
        content_score *= content_weight

        # 获取总损失
        loss = style_score + content_score
        return loss, style_score, content_score


    def compute_grads(cfg):
        with tf.GradientTape() as tape:
            all_loss = compute_loss(**cfg)
        # 计算梯度
        total_loss = all_loss[0]
        return tape.gradient(total_loss, cfg['init_image']), all_loss



#风格迁移可视化

    def run_style_transfer(content_path,style_path, num_iterations=300, content_
weight=1e3, style_weight=1e-2):
        model = get_model()
        for layer in model.layers:
            layer.trainable = False
        style_features, content_features = get_feature_representations(model,
content_path, style_path)
        gram_style_features = [gram_matrix(style_feature) for style_feature in
style_features]

        init_image = load_and_process_img(content_path)
        init_image = tf.Variable(init_image, dtype=tf.float32)

        opt = tf.keras.optimizers.Adam(learning_rate=5, beta_1=0.99)

        # For displaying intermediate images
```

```python
    iter_count = 1

    best_loss, best_img = float('inf'), None

    loss_weights = (style_weight, content_weight)
    cfg = {
        'model': model,
        'loss_weights': loss_weights,
        'init_image': init_image,
        'gram_style_features': gram_style_features,
        'content_features': content_features
    }

    # For displaying
    num_rows = 2
    num_cols = 5
    display_interval = num_iterations/(num_rows*num_cols)
    start_time = time.time()
    global_start = time.time()

    norm_means = np.array([103.939, 116.779, 123.68])
    min_vals = -norm_means
    max_vals = 255 - norm_means

    imgs = []
    for i in range(num_iterations):
        grads, all_loss = compute_grads(cfg)
        loss, style_score, content_score = all_loss
        opt.apply_gradients([(grads, init_image)])
        clipped = tf.clip_by_value(init_image, min_vals, max_vals)
        init_image.assign(clipped)
        end_time = time.time()

        if loss < best_loss:
            # 更新损失
            best_loss = loss
            best_img = deprocess_img(init_image.numpy())
```

```python
        if i % display_interval == 0:
            start_time = time.time()
            # 可视化
            plot_img = init_image.numpy()
            plot_img = deprocess_img(plot_img)
            imgs.append(plot_img)


            print('iter: {}'.format(i))
            print('总损失: {:.4e}, '
                  '样式损失: {:.4e}, '
                  '内容损失: {:.4e}, '
                  'time: {:.4f}s'.format(loss, style_score, content_score,
time.time() - start_time))
    print('Total time: {:.4f}s'.format(time.time() - global_start))

    plt.figure(figsize=(14,4))
    for i,img in enumerate(imgs):
        plt.subplot(num_rows,num_cols,i+1)
        plt.imshow(img)
        plt.xticks([])
        plt.yticks([])
    return best_img, best_loss

best, best_loss = run_style_transfer(content_path,  style_path, num_iterations=300)

Image.fromarray(best)
```

显示迁移结果。

```python
def show_results(best_img, content_path, style_path, show_large_final= True):
    plt.figure(figsize=(10, 5))
    content = load_img(content_path)
    style = load_img(style_path)

    plt.subplot(1, 2, 1)
    imshow(content, 'Content Image')
```

```
    plt.subplot(1, 2, 2)
    imshow(style, 'Style Image')

    if show_large_final:
        plt.figure(figsize=(10, 10))

        plt.imshow(best_img)
        plt.title('Output Image')
        plt.show()
show_results(best, content_path, style_path)
```

在终端输入命令 python transfer.py，运行效果如图 25.5 所示。

图 25.5　运行效果

步骤四：任意内容多种风格的迁移

（1）可以使用配置文件或命令行参数来设置脚本的输入参数。

（2）所有配置文件都位于 configs 文件夹中。

（3）如果配置文件路径作为命令行参数传递，则脚本将从中读取所有参数，否则需要将输入参数作为命令行参数进行传递。使用配置文件将减少在命令行中输入的行数，也很容易跟踪所有可以调整的参数。

对 configs 目录下的文件进行配置，并指定模型文件路径。

```
{
"checkpoint":"style_model/starry_nights/model_checkpoint.ckpt",
"format":"XVID",
    "video":"data/videos/fox.mp4",
    "output":"output/styled_video.avi",
    "size":[1280,720]
}
```

（4）图像风格迁移。

在终端输入以下命令执行不同的风格迁移。

单张图像风格迁移命令如下。

```
python style_image.py --config=configs/image_config.json
```

运行后，显示风格迁移的结果。

多张图像风格迁移命令如下。

```
python style_multi_images.py --checkpoint style_model/udnie/model_checkpoint.ckpt --path data/content --image_size 1366 768 --output output
```

4. 实验小结

计算风格损失时使用的是 Gram 矩阵，可以简单地理解为去除空间信息在各个通道的特征响应，得到图像风格信息。

本章总结

- 样式迁移常用的损失函数由三部分组成：内容损失使合成图像与内容图像在内容特征上接近，样式损失使合成图像与样式图像在样式特征上接近，而总变差损失则有助于减少合成图像中的噪声。
- 可以通过预训练的卷积神经网络来抽取图像的特征，并通过最小化损失函数不断更新合成图像。
- 用 Gram 矩阵表达样式层输出的样式。

作业与练习

1．[单选题]在一个包含 100 个不同类别的数据集上训练卷积神经网络，如果要找到一个对猫的图像很敏感的隐藏节点（即能够强烈激活该节点的图像大多数是猫的图像的节点），则正确的是（　　）。

　　A．所有层都需要检测　　　　　　B．在第一层
　　C．在第四层　　　　　　　　　　D．没有固定的位置

2．[单选题]在卷积神经网络的深层，每个通道对应一个不同的特征检测器，风格矩阵 $G[l]$ 度量的结果是（　　）。

　　A．l 层中不同的特征探测器的卷积
　　B．l 通道中不同的特征探测器的卷积结果
　　C．l 通道中不同的特征探测器的激活（或相关）程度
　　D．l 层中不同的特征探测器的激活（或相关）程度

3．[单选题]在神经风格转换中，优化算法的每次迭代更新的是（　　）。

　　A．神经网络的参数　　　　　　　B．生成图像的像素值
　　C．正则化参数　　　　　　　　　D．内容图像的像素值

4．如果在风格迁移神经网络模型中选择不同的内容层和样式层，那么输出有什么变化？

5．调整风格迁移神经网络损失函数中的权重值超参数，输出是否保留更多内容或减少更多噪声？

cv-25-c-001

附录

企业级综合教学项目介绍

达内时代科技集团在职业培训领域深耕近 20 年，累计服务 20 多万家企业、1200 多所高校及超过 100 万名学生。2018 年 1 月，教育部学校规划建设发展中心与达内时代科技集团合作，启动了"人工智能+智慧学习"共建人工智能学院项目，助力高校人工智能领域人才的培养。至今，达内时代科技集团已协助 40 多所高校完成了人工智能课程、学科及学院的建设。

在共建人工智能学院项目的过程中，很多院校领导提出了进一步研发企业级综合教学项目的要求，用于实现项目贯穿、案例驱动、场景化教学，使学生真正、全面掌握项目开发的过程，无缝对接企业技能需求。达内时代科技集团专门成立了项目开发团队，经过大量的企业实地调研和专家访谈，结合自身在教育领域雄厚的资源积累，基于达内时代科技集团自主研发的 AIX-EBoard 人工智能实验平台，成功设计开发了智慧停车场管理系统、智慧景区管理系统、智能考勤打卡系统等一系列企业级综合教学项目。

1.1 智慧停车场管理系统

智慧停车场属于智慧城市发展的一部分，该项目使用达内时代科技集团自主研发的人工智能计算实验平台 AIX-EBoard 及实验套件，在沙盘中模拟构建一个符合真实场景的停车场管理系统。

1.1.1 项目概述

智慧停车场项目主要实现车辆进出停车场的管理，在车辆进入停车场时自动识别车牌号，并根据停车区域的车位剩余情况自动分配一个空闲车位，引导车辆驶入指定位置。同时，在停车区域会实时监控车位占用情况,并智能识别出是否存在非法停车,如果发现有非法停车将会进行语音提示。

当车辆驶离停车场时会再次进行车牌号识别,根据进入的时间计算停车时长,得出停车费用,并通过出口闸机屏幕显示时长和费用,同时进行语音播放。等支付停车费用后会自动打开出口闸机栏杆,让车辆离开。

在车辆进出停车场的整个过程中,正常情况下是不需要人工干预的,实现全自动化管理。但出于安防方面的考虑,会在每个停车区域添加监控摄像头,监控画面会实时显示到监控大屏,如附图1.1所示,这样停车场的工作人员就可以直观地了解当前停车场的情况。

附图 1.1　智慧停车场监控大屏

智慧停车场项目实现的功能有车牌号识别、停车位占用识别、异常停车报警、语音播报、远程视频监控、数据记录和数据显示。

通过 Web 前端页面,显示停车场概况和车位使用信息,同时对停车场记录的数据进行分析和统计,并以图表形式进行展示,如附图 1.2 所示。

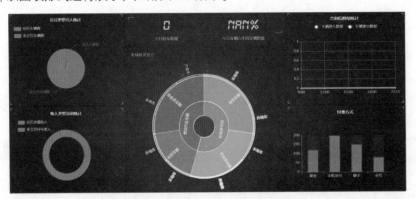

附图 1.2　停车场数据分析可视化页面

1.1.2 技能目标

智慧停车场管理系统属于综合性人工智能实战项目。开发该项目涉及人工智能设备、服务器和 Web 前端等领域的知识。

（1）Python 编程基础知识及技巧。
（2）OpenCV 图像处理技术。
（3）机器学习算法——SVM。
（4）使用 YOLOv3 模型实现目标检测。
（5）RK3399Pro-NPU 的使用。
（6）使用语音合成模块合成语音并播报。
（7）HTTP 网络协议。
（8）Python 中 Requests 库的使用。
（9）Web 前端开发技术，包括 HTML、CSS、JS 等。
（10）基于 Django 框架的服务器开发。
（11）MySQL 数据库的使用。

智慧停车场项目附带了多个实验，通过这些实验可以将整个项目进行复现，每个实验均包含说明文档和代码，读者可以参考这些实验全面掌握项目开发的过程。

1.2 智慧景区管理系统

智慧景区项目属于智慧旅游的一部分。该项目结合达内时代科技集团自主研发的人工智能实验平台 AIX-EBoard 及实验套件，模拟实现一个符合真实场景的智慧景区管理系统。

1.2.1 项目概述

智慧景区项目围绕游客进入景区的业务流程展开，游客在手机上注册账号，上传本人照片后方可进行购票操作。游客进入景区时通过人脸识别方式检票，如果身份信息正确方可进入景区，同时游客还可以在手机页面获取语音导游信息。

另外，在景区内会安放多个监控设备，用于实现火灾监控、吸烟监控及人流量监控。景区工作人员在管理端页面就可以看到监控设备上传的所有数据，包括售票信息、火灾监控信息、吸烟监控信息和人流量统计信息等，如附图 1.3 所示。

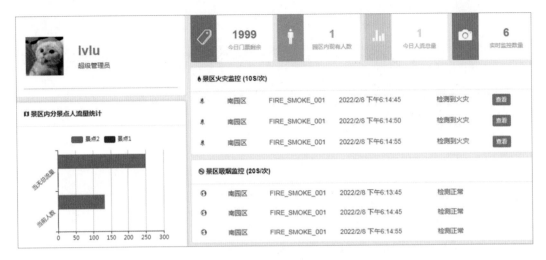

附图1.3　景区管理端页面

游客也可以通过一键求助功能将问题反馈到管理系统，一旦出现安全隐患，将及时安排工作人员处理。

智慧景区项目实现的功能有用户管理、人脸识别检票、人流监控、安全监控、智能导游和一键求助。

1.2.2　技能目标

智慧景区管理系统属于综合性人工智能实战项目。开发该项目涉及人工智能设备、服务器和Web前端等领域的知识。

（1）Python编程基础知识及技巧。

（2）OpenCV图像处理技术。

（3）基于face_recognition的人脸识别。

（4）基于PyTorch和YOLOv5的模型训练。

（5）使用YOLOv5模型进行火灾监控和吸烟监控。

（6）使用YOLOv3或MobileNet-SSD实现目标检测。

（7）RK3399Pro-NPU的使用。

（8）基于DeepSORT模型的目标跟踪。

（9）Python中Requests库的使用。

（10）前端开发技术，包括Vue、HTML、CSS、JS等。

（11）基于Django框架的服务器开发。

(12) MySQL 数据库的设计和使用。

为了方便学习,我们将智慧景区项目的代码按照实际的开发过程拆分成多个实验,每个实验包含说明文档和代码。

1.3 智能考勤打卡系统

智能考勤打卡系统是智慧校园的一部分。该项目结合达内时代科技集团自主研发的人工智能实验平台 AIX-EBoard,并配备深度摄像头、人体红外传感器等实验套件,模拟实现一个符合学校上课场景的考勤打卡系统。

1.3.1 项目概述

智能考勤打卡项目围绕智慧校园考勤打卡的场景展开,使用 AIX-EBoard 模拟考勤打卡设备,并将考勤设备和指定教室绑定,学生根据课表到指定教室上课前完成上课打卡,如附图 1.4 所示。

附图 1.4 智能考勤打卡

智能考勤打卡项目使用三维人脸识别技术,相比传统的指纹打卡机,更加快捷方便,并且利用深度摄像头采集的三维立体图像,可以有效地防止"照片欺诈",确保考勤数据的真实、有效。另外,在考勤打卡过程中,考勤设备还会自动进行体温校测、口罩检测、表情分析,并给出适当的语音提醒，这可以为疫情防控提供很大的便利。

智能考勤打卡项目实现的功能有学生管理、三维人脸识别、口罩检测、语音播报、表情分析和数据管理。

1.3.2 技能目标

智能考勤打卡系统属于综合性实战项目，业务场景易于理解，广泛适用于需要提高项目开发能力的学生群体。开发该项目涉及人工智能设备、服务器和 Web 前端等领域的知识。通过学习该项目，读者可以全面提高开发能力，同时掌握以下技能。

（1）Python 编程基础知识及技巧。

（2）OpenCV 图像处理技术。

（3）使用 face_recognition 库的人脸识别。

（4）使用深度摄像头采集人脸深度图，以及人脸的真实性判断。

（5）使用红外测温模块，采集人体体温数据。

（6）基于 TensorFlow 模型进行口罩检测。

（7）基于 TensorFlow 模型识别人脸表情。

（8）使用语音合成模块实现语音播报提示。

（9）Python 中 Requests 库的使用。

（10）Web 前端开发技术，包括 Vue、HTML、CSS、JS 等。

（11）基于 Django 框架的服务器开发。

（12）MySQL 数据库的设计和使用。

为了方便学习，我们将每部分源代码拆分成多个实验，每个实验包含说明文档和代码。读者可以动手完成这些实验，从而真正掌握项目开发的完整过程。